U0396315

大学物理实验

主　编　黄绍江　陈明东
参　编　吴丹丹　王　达　刘坤坤　张伶俐　候冬曼

华南理工大学出版社
SOUTH CHINA UNIVERSITY OF TECHNOLOGY PRESS
·广州·

图书在版编目（CIP）数据

大学物理实验/黄绍江，陈明东主编. —广州：华南理工大学出版社，2023.8
ISBN 978 – 7 – 5623 – 6976 – 9

Ⅰ. ①大… Ⅱ. ①黄… ②陈… Ⅲ. ①物理学 – 实验 – 高等学校 – 教材 Ⅳ. ①O4 – 33

中国版本图书馆 CIP 数据核字（2022）第 029120 号

大学物理实验

黄绍江 陈明东 主 编

出 版 人：柯 宁
出版发行：华南理工大学出版社
　　　　　（广州五山华南理工大学 17 号楼，邮编 510640）
　　　　　http：//hg. cb. scut. edu. cn　E-mail：scutc13@ scut. edu. cn
　　　　　营销部电话：020 – 87113487　87111048（传真）
责任编辑：欧建岸
责任校对：王洪霞　詹伟文
印 刷 者：广州小明数码印刷有限公司
开　　本：787mm×960mm　1/16　印张：22.5　字数：452 千
版　　次：2022 年 3 月第 1 版　2023 年 8 月第 2 次印刷
定　　价：45.50 元

前　言

　　物理学是一门以实验为基础的科学。大学物理实验是为理工科专业独立开设的主干课程，它注重学生动手能力、综合素质以及创新精神的培养和训练。物理实验不仅对加深物理概念的认识与理解，培养学生发现问题、解决问题的能力有重要意义，而且是一项探索性和创新性的实践活动。所以，物理实验课程的开设对于培养高层次、高素质的新工科人才具有十分重要的意义。

　　本教材以新工科人才培养中对物理实验的需求为目标，采用基础测量实验、开放性探索实验和智能型平台实验项目相结合的模式，按基础实验、进阶实验以及粒子物理实验与虚拟仿真等进行编排，包含实验项目四十多个。实验内容既能满足基础物理实验对实验操作能力、观察能力等的培养，又能满足新工科背景下创新能力、思维能力、协作能力等的培养。本教材在实验项目和内容编排上，重视基础实验、基本能力的培养，强化思维能力、创新力和行动力的培养。

　　本教材根据华南理工大学广州国际校区近两年开设或近两年计划更新的实验项目编写，由黄绍江、陈明东主编，吴丹丹、王达、刘坤坤、张伶俐、侯冬曼等参编。实验教学是一项集体性工作，本教材是全体任课教师长期教学实践经验的总结，多数实验题目和内容都有前辈如陈明光、倪新蕾、周晓明、贝承训、梁海生等老师的贡献。在编写过程中还参阅了许多兄弟院校的教材以及教学仪器厂家提供的资料，在此向他们表示衷心的感谢！

　　由于水平有限，书中难免有疏漏谬误之处，恳请读者批评指正。

编　者

2021 年 12 月于华南理工大学

目　录

绪　论

物理学是一门实验科学，物理规律的研究都以严密的客观事实为基础，并且不断受到实验的检验。物理实验不仅在其自身发展中有重要作用，而且对于推动自然科学和工程技术的发展也起着重要的作用。物理实验是高等学校学生进行科学实验基本训练的一门独立的必修基础课，是学生进入大学后系统地学习实验方法和实验技能的开端，同时在培养科学工作者的良好素质及科学世界观方面也起着潜移默化的作用。因此，高校学生应认真学好物理实验课，努力掌握科学实验技术，以适应科学技术不断进步和社会主义现代化建设迅速发展的需要。

一、物理实验课的目的

(1)使学生学会并且熟练应用误差分析及数据处理知识，为后续的物理实验打下坚实的理论基础。

(2)通过对物理实验现象的观察、分析和对物理量的测量，掌握物理实验的基本知识、基本方法和基本技能，加深对物理学原理的理解。

(3)培养和提高学生的科学实验能力。通过阅读实验教材或参考资料做好实验前的准备；借助教材或仪器说明书正确使用实验仪器；学会运用物理学理论对实验现象进行初步的分析和判断；准确获得足够的实验数据，正确记录和处理实验数据，分析实验结果，撰写合格的实验报告；能够独立完成教学性的设计实验。

(4)培养和提高学生从事科学实验的素质。使学生具有理论联系实际和实事求是的科学作风、严肃认真的工作态度、遵守纪律、团结协作和爱护公共财物的优良品德，热爱科学，勇于创新，力戒浮躁，讲究诚信。

(5)培养和提高学生提出问题、解决问题的能力。从知道实验项目开始，学生就要拟好解决实验问题的计划，并且想一想在实验过程中能否做一些自己想要做的或者能解惑的实验内容。在实验过程中遇到突发仪器故障，应能察觉并判断出故障，且能在不损坏仪器的情况下想出办法(包括借助各种帮助)排除故障。

(6)拓展学生的眼界：实验项目有一些理论课中没有的知识，有一些与现实应用结合得比较紧密。学生在预备实验项目的过程中，应该围绕实验内容了解一些应用实例。

二、物理实验课的主要教学环节

物理实验是学生在教师指导下独立或者协作进行实验操作和测量获得结论的一

项实践活动。要有效地学习、完成一个实验，必须遵循以下 3 个环节：

（一）课前预习

实验前学生必须预习实验教材和仪器说明书等有关资料，明确实验目的，基本弄懂实验原理和实验内容并对测量仪器和测量方法有所了解，在此基础上写出实验预习报告。报告内容应包括实验名称、实验目的、实验仪器、简要实验原理和实验记录表格等。

（二）实验过程（调整实验装置，进行测量记录）

操作和测量是实验教学的主要环节。学生进入实验室后应认真听取教师对本实验的要求、重点、难点和注意事项的讲解。开始实验时应先检查实验仪器设备并简单练习操作，待基本熟悉仪器性能和使用方法后才开始进行实验测量。在实验过程中，要严肃认真，仔细观察物理现象，正确读取和记录测量数据。要学会分析和排除实验故障，若发现问题而无法解决时，应及时向教师或实验管理人员报告，由教师或实验管理人员协助处理。仪器设备调整、操作、测量和记录是科学实验的基本功。实验记录内容包括：

（1）与实验条件有关的物理量（如室温、气压、相对湿度等）；

（2）仪器设备型号、精度等级、允许误差范围及量程等；

（3）每次测量的物理量数值、有效数字和单位等原始数据。这些原始数据应如实地记录在表格上。若发现记录数据有问题，可以删除或再测量，但绝不允许抄袭或篡改实验数据。实验完毕，应将记录数据交给指导老师检查签名，整理好实验仪器后才能离开实验室。

（三）课后实验总结

实验后要对实验数据及时进行处理，并写出完整的实验报告。实验报告是实验工作的总结，要求用统一印刷的实验报告纸书写，要求字体工整、文理通顺、数据齐全、图表规范、结论明确、纸面整洁。实验报告的格式和内容如下：

（1）实验名称、实验者姓名、实验日期。

（2）实验目的。

（3）实验仪器（注明型号和精度等级）。

（4）实验原理：简要叙述实验原理、计算公式、实验电路图或光路图等。

（5）实验内容和主要步骤：简要写出实验内容、步骤和实验注意事项。

（6）数据记录与处理：将原始记录数据转记于实验报告上（签名的原始数据也应附在报告上，以便教师检查），按照实验要求计算测量结果，该作图的要作图。计算要遵循有效数字的运算规则进行，用标准差或不确定度评估测量结果的可靠性。

（7）结果与讨论：这部分要明确给出实验测量结果，并对结果进行评论，如分析实验中观察到的现象、讨论实验中存在的问题、回答思考题等。也可以对实验本身的设计思想、实验仪器的改进等提出建设性意见。

三、如何学好物理实验课并且有较大的收获

（1）首先要知道物理实验课与理论课大不相同，学习方式差异很大。要想学习好物理实验课，首先要珍惜成本很高的实验课，其次要有一个好的心态，要抱着认真、好奇的学习态度。

（2）每一个实验项目都要在规定的时间内完成。很多实验内容都是诺贝尔奖级的科学发现。在这么短的时间内重复如此重大的实验内容，一定要预先熟悉实验内容、实验仪器、实验原理，并且计划好实验方案、实验步骤以及在实验中弄清楚问答题的答案内容。应该把每次实验课都当作一场考试。凡是没有预先学习的，一定做不好实验。

（3）实验课有平时表现分，有课前讲解、讨论，不要迟到。

（4）一定要遵守实验室安全规则。不要带食品进入实验室，水杯禁止放在实验台上。保持实验室整洁，实验完毕一定要关闭仪器电源。

（5）认真撰写规范、完整的实验报告。切记要按时提交。

第1章 测量误差、不确定度和实验数据处理

物理实验离不开物理量的测量。在测量过程中，由于任何测量方法、测量仪器、测量环境和测量人员的观察力都不可能做到绝对精确，使得测量不可避免地伴随有误差。分析测量中可能产生的各种误差，尽可能消除其影响，并对测量结果中未能消除的误差做出评估，这是物理实验中必不可少的一个重要环节。没有测量误差的基本知识，就无法获得正确的测量值，无法正确评价测量结果的可靠性，就不会处理实验数据或者处理数据方法不当，得不到正确的实验结果。本章从实验教学的角度出发，主要介绍测量误差、不确定度的基本知识和常用的实验数据处理方法。

1.1 测量和测量误差

1.1.1 测量及其分类

进行物理实验，最重要的就是把要了解的物理量通过实验方法用仪器测量出来。测量就是在一定条件下使用具有计量标准单位的计量仪器对被测物理量进行比较，从而确定被测量的数值和单位。例如，物体长度的测量，可以用具有标准单位标度的米尺与之比较而得到其数值和单位。

按获得测量结果的手段不同，可将测量分为直接测量和间接测量。直接测量是使用仪器或量具直接测得被测量量的测量。由直接测量所得的物理量称为直接测量量。例如，用米尺测量物体的长度，用天平测量物体的质量，用秒表测量物体运动的时间等，都是直接测量。间接测量是通过直接测量量，再根据某一函数关系把待测量量计算出来的测量。这些待测量由于还没有直接测量的仪器，需要用间接的方法获得，所以这类测量称为间接测量。例如，用单摆测量某地的重力加速度 g，是根据直接测得的单摆摆长 l 和周期 T，再通过单摆公式

$$g = \frac{4\pi^2 l}{T^2} \tag{1.1-1}$$

计算出来的，g 亦称为间接测量量。

按测量条件的异同，测量还可以分为等精度测量和不等精度测量。若对同一个物理量的多次测量都是在相同条件(包括测量方法、使用的仪器、外界环境条件和观察者都不变)下进行的，则称其为等精度测量；否则称其为不等精度测量。

1.1.2　测量误差及其分类

1.1.2.1　真值、约定真值

任何被测量的物理量在特定条件下都具有客观存在的确定的真实量值，通常称为该物理量的真值，记作 μ。测量的任务就是把真值找出来。但在实际测量过程中，由于受到测量仪器、测量方法、测量条件、实验者等种种因素的影响，所有的测量值都不可能是待测量的真值。真值一般是不知道的，也是无法测得的，但在某种情况下可以找到近似真值和理论真值，称为约定真值。

（1）由国际计量会议约定的值（或公认的值）可以作为近似真值，如基本物理常数、基本单位标准。

（2）由高一级仪器校验过的计量标准器的量值，也可以作为近似真值。这些高级标准器都是经过逐级校对和各级计量检定系统核准的。

（3）理论真值是指由理论计算所得的量值，如三角形三个内角和为 180°、圆周率 π 等。

（4）在理想条件（无系统误差和无限多次测量）下，多次测量的算术平均值可作为近似真值，或称为真值的最佳估计值。

1.1.2.2　误差的定义

设某物理量 X 的测量值为 x，真值为 μ。则测量值 x 和真值 μ 的差定义为测量误差，记作 Δx，即

$$\Delta x = x - \mu \tag{1.1-2}$$

误差 Δx 有正、有负。Δx 表示测量值与真值之间偏离的大小和方向，以此衡量测量结果的准确程度。Δx 又称为绝对误差。

在实际测量条件下，由于待测量的真值不可知，只能取对待测量作多次测量所得的多个测量值的算术平均值 $\bar{x}$ 作为待测量的近似真值。测量值 x 的测量误差（又称偏差或残差）定义为

$$\Delta x = x - \bar{x} \tag{1.1-3}$$

误差 Δx 的大小还不能完全地评价测量结果的准确程度。虽然误差绝对值相等，若被测量本身的大小不同，其准确程度显然不同。例如，有两个工件，其长度分别为 1000mm 和 10mm，如果测量误差均为 0.5mm，显然前者的准确程度远大于后者。为了能更好地反映测量的准确程度和评价测量结果的可靠性，引入相对误差概念。相对误差定义为绝对误差与真值之比。当误差较小时，相对误差也可以近似表示为绝对误差与测量值之比。由于相对误差 E 是反映测量的准确程度，故常用百分数来表示，即

$$E = \frac{\Delta x}{\mu} \times 100\% \approx \frac{\Delta x}{x} \times 100\% \tag{1.1-4}$$

1.1.2.3　误差的分类

误差的产生有多方面原因，从误差性质、来源和服从的规律来看，可将误差分为系统误差、偶然误差和粗大误差3种。

（1）系统误差。系统误差是由于实验系统的原因在测量过程中所造成的误差。其特点是误差的大小和符号总是保持恒定，或按一定规律以可约定的方式变化。系统误差来源大致有：

①仪器误差。主要是由仪器本身的缺陷、灵敏度和分辨能力的限制所产生的误差。

②方法误差。是由测量方法不完善以及理论公式的近似性所产生的误差。

③个人误差。主要是由测量人员的分辨能力、感觉器官的不完善和生理变化、固有习惯、反应的快慢等因素引起的误差。例如，有的人在读数时总是偏大或偏小，按动秒表计时总是滞后或提前等。

④环境误差。当测量仪器偏离了规定的条件使用时，例如受气压、温度、湿度、电磁场等发生变化的影响，使测量产生的误差。

处理系统误差比较复杂，它要求实验者既要有较好的理论基础，又要有丰富的实验经验。在物理实验中，主要考虑由于仪器准确度所限和实验方法、原理不完善而导致的系统误差的处理，根据系统误差的来源，设法消除或减少其影响。对未能消除的未定系统误差可以作为偶然误差处理。如何限制或消除系统误差没有一个普遍适用的方法，只能针对某个具体情况采取相应的具体措施。

系统误差直接影响测量结果接近真值的程度，因此用"正确度"来表示系统误差的大小。测量结果的正确度高，则表示测量的系统误差小；反之，系统误差大。

（2）偶然误差。偶然误差又称随机误差。实验时在同一条件下对某物理量进行多次测量，由于环境的起伏变化和各种不稳定因素的干扰，使每次测量值总会略有差异（即误差）。测量仪器精度越高就越能反映出这种差异。这种误差的绝对值和符号变化不定，即具有随机性，因此称其为偶然误差。

偶然误差的来源是多方面的，主要有：

①环境和实验条件的无规则变化。如电源电压的微小波动、温度和湿度的变化、气流扰动、振动等。

②观察者的生理分辨能力、器官灵敏度的限制。如读电表示值有时偏大有时偏小，按停表有时快有时慢等。

偶然误差的量值和符号以不可约定的方式变化着，对每次测量值来说，其变化是无规则的，但对大量测量值，其变化则服从确定的统计分布规律。大部分基础实验测量的偶然误差服从正态分布规律。其特点是：

①单峰性。绝对值小的误差出现的概率大，而绝对值大的误差出现的概率小。

②对称性。绝对值相等的正、负误差出现的概率大致相等。

③有界性。绝对值非常大的正、负误差出现的概率趋于零。

设在相同条件下对某物理量 X 进行 n 次测量，测量值分别为 x_1，x_2，$\cdots$，x_n，其算术平均值为

$$\bar{x} = \frac{x_1 + x_2 + \cdots + x_n}{n} = \frac{1}{n} \sum_{i=1}^{n} x_i \qquad (1.1-5)$$

设测量值中无系统误差。则每个测量值的偶然误差为

$$\Delta x_i = x_i - \mu \qquad (1.1-6)$$

n 次测量的平均误差为

$$\Delta \bar{x} = \frac{1}{n} \sum_{i=1}^{n} \Delta x_i = \bar{x} - \mu \qquad (1.1-7)$$

由于各测量值的误差有正有负，相加时有部分将相互抵消，n 越大，相互抵消的部分越多，平均值 $\bar{x}$ 的误差 $\Delta \bar{x}$ 就越小。当测量值没有系统误差时，在相同条件下，若测量次数 $n \to \infty$，则有

$$\Delta \bar{x} = \lim_{n \to \infty} \frac{1}{n} \sum_{i=1}^{n} \Delta x_i = 0 \qquad (1.1-8)$$

$$\bar{x} = \lim_{n \to \infty} \frac{1}{n} \sum_{i=1}^{n} \Delta x_i + \mu = \mu \qquad (1.1-9)$$

由此可见，在相同条件下，增加测量次数可以减少测量结果的偶然误差，并且多个测量值的算术平均值 $\bar{x}$ 是真值 μ 的最佳估计值。所以，可取多次测量的算术平均值作为待测量的测量结果。

偶然误差反映了该实验测量结果的重复性和离散性，因此用"精密度"来反映偶然误差的大小。测量结果的精密度高，是指对某物理量的多次测量重复性好，偶然误差小；反之，是指多次测量值之间分散程度大，即重复性差，偶然误差大。

把系统误差和偶然误差综合起来考虑，我们用"准确度"表示，作为对测量结果可靠性的总的评价。

(3)粗大误差。粗大误差是由于观察者粗心大意，或测量条件发生突变，导致明显超过规定条件下预期的误差。粗大误差的特点是误差值很大，且无规律。实验中凡含有粗大误差的测量数据都要按照一定的规律将其剔出，不能用含有粗大误差的测量数据计算测量结果。显然，只要观察者细心观察，认真读取、记录和处理数据，这种粗大误差是完全可以避免的。

1.2 测量结果的误差估算

本节主要讨论测量量偶然误差的估算，并且是在错误数据已经剔除，粗大误差已经消除或系统误差相对于偶然误差小很多的情况下进行的。估算偶然误差常用的有算术平均误差和标准差两种方法。我国采用标准差表示测量结果的准确度。虽然在普通物理实验中对测量结果的准确度要求不高，但考虑到现代生产实践和科学实验要求能正确地评价测量结果的准确度，因此完全有必要要求和训练学生在实验中按照较严格的误差理论来处理实验数据，即用标准差、置信概率和置信限等来评价测量结果的准确度和可靠性。

标准差又称均方根误差，它是建立在偶然误差统计理论基础上，用以较为合理地估算测量数据列的离散程度和测量结果的可靠性。

采用标准差表示测量准确度，最大的优点是，在理论上，若只计算合成的标准差，则不论各随机误差的概率分布是否相同，只要误差彼此独立，它们共同影响该量总的标准差为

$$\sigma = \sqrt{\sigma_1^2 + \sigma_2^2 + \cdots + \sigma_n^2} \qquad (1.2-1)$$

所以国内外普遍采用 σ 值来估算测量误差。

1.2.1 直接测量量偶然误差的估算

1.2.1.1 测量列的标准差

测量列就是指一组测量值。设对某一真值为 μ 的物理量 X 进行 n 次等精度测量（无系统误差或系统误差已修正），得一列测量值 x_1，x_2，$\cdots$，x_n。测量列的标准差定义为各测量值误差平方和的平均值的正平方根，即

$$\sigma_s = \sqrt{\frac{\sum_{i=1}^{n}(x_i - \mu)^2}{n}} \qquad (1.2-2)$$

实际上，在实验测量过程中，真值 μ 是未知值，只能以测量值 $\bar{x}$ 的算术平均值作为待测量 X 的最佳估计值。而且物理实验的测量次数是有限的，通常 $3 \sim 5$ 次，因此其偶然误差可以用标准偏差 σ_x 来处理，即

$$\sigma_x = \sqrt{\frac{\sum_{i=1}^{n}(x_i - \bar{x})^2}{n-1}} = \sqrt{\frac{\sum_{i=1}^{n}\Delta x_i^2}{n-1}} \qquad (1.2-3)$$

式中，$\Delta x_i = x_i - \bar{x}$，称为第 i 次测量的偏差或残差。标准偏差与残差的"方和根"成正比，它是目前国际上处理偶然误差的通用公式。

σ_x 为测量列的标准偏差，表示该测量列中的测量值的离散程度，即测量列中各个测量值相对于测量值的算术平均值的分布情况。标准偏差 σ_x 可以用来对测量列的可靠性进行评估：σ_x 值小则测量的偶然误差小，测量列中各个测量值分布比较集中，测量的可靠性就大些；σ_x 值大则测量的偶然误差大，测量值分散，测量的可靠性就小些。根据偶然误差的统计理论，如测量列的标准偏差为 σ_x，说明此测量列中的某一测量值 x_i 的实际误差 Δx 落在 $(-\sigma_x, +\sigma_x)$ 区间内的概率为 68.3%。换句话说，测量列中某一测量值 x_i 有 68.3% 的概率落在 $(\mu-\sigma_x, \mu+\sigma_x)$ 区间内。由此可知，在测量同一物理量并以相同的测量次数 n 得到几个测量列，在消除了系统误差之后，σ_x 值小的，其最佳估计值 $\bar{x}$ 较可靠。

1.2.1.2　算术平均值 $\bar{x}$ 的标准偏差

由标准差求和公式可以推得，若算术平均值 $\bar{x}$ 的标准偏差以 $\sigma_{\bar{x}}$ 表示，则它与测量列的标准偏差 σ_x 之间的关系为

$$\sigma_{\bar{x}} = \frac{\sigma_x}{\sqrt{n}} = \sqrt{\frac{\sum\limits_{i=1}^{n}(x_i-\bar{x})^2}{n(n-1)}} \qquad (1.2-4)$$

测量列的算术平均值 $\bar{x}$ 的标准偏差 $\sigma_{\bar{x}}$，表示该测量列的算术平均值 $\bar{x}$ 以一定的概率落在真值附近的范围。同样，算术平均值的标准偏差是对测量结果 $\bar{x}$ 可靠性的估计。当平均值的标准偏差为 $\sigma_{\bar{x}}$ 时，表示平均值 $\bar{x}$ 的误差 $\Delta\bar{x}$ 落在 $(-\sigma_{\bar{x}}, +\sigma_{\bar{x}})$ 区间内的概率为 68.3%。由于 $\sigma_{\bar{x}} < \sigma_x$，可见平均值 $\bar{x}$ 的可靠性大于测量列中任一测量值 x_i，且 $\sigma_{\bar{x}}$ 随着测量次数 n 的增大而减少（并非无限减少）而使测量列的算术平均值 $\bar{x}$ 越来越接近待测量的真值。

1.2.1.3　偶然误差与系统误差的合成

上面从偶然误差统计理论出发讨论了测量列的偶然误差分量。在实验测量中还存在着系统误差。虽然确定的系统误差已在测量列中做出了修正，但仍不可避免地会存在未定的系统误差分量。这些未定的系统误差分量仍然会影响测量结果的可靠性，因此有必要在测量结果中给出总的标准偏差。

设待测量 X 的测量列的算术平均值 $\bar{x}$ 的标准偏差为 $\sigma_{\bar{x}}$（偶然误差分量），未定的系统误差分量为 σ_d（估计标准差）。根据误差传播定律可求得算术平均值 $\bar{x}$ 的总的标准偏差 σ 为

$$\sigma = \sqrt{\sigma_x^2 + \sigma_d^2} \qquad (1.2-5)$$

即测量列的算术平均值的总的标准偏差是由偶然误差分量和系统误差分量合成的。

1.2.1.4　测量结果的表示

设测量列的算术平均值及其总的标准偏差分别为 $\bar{x}$ 和 σ，则测量结果可表示为

$$x = \bar{x} \pm \sigma(单位) \tag{1.2-6}$$

根据偶然误差统计理论，式（1.2-6）的物理意义是：待测量 X 的真值落在（$\bar{x} - \sigma$，$\bar{x} + \sigma$）区间的概率 P 为 68.3%。或

$$x = \bar{x} \pm 2\sigma \qquad (P = 95.4\%) \tag{1.2-7}$$

$$x = \bar{x} \pm 3\sigma \qquad (P = 99.7\%) \tag{1.2-8}$$

式中，σ、2σ、3σ 为置信区间，1、2、3 为置信因子，P 称为置信概率或置信水平。

1.2.1.5　异常数据的判别与剔除

在一个测量列中，误差超出极限值的测量数据称为异常数据。它的出现，往往是由于某种错误或预测不到的环境突变引起的。这些异常数据会歪曲实验或测量结果。为了使测量数据能真实地反映实际情况，需要有一个鉴别异常数据的科学标准，用一定的方法鉴别并剔除异常数据。

鉴别异常数据的基本思想是：以一定置信水平确定一个置信限，凡是超过该限度的误差就认为它不属于偶然误差的范围，而将对应的数据判为异常数据予以剔除。

剔除一次异常数据之后，应重新检查余下的数据……直到测量列余下的数据都在规定的置信范围内，才使用这些数据计算测量结果。

（1）"3σ"准则（也称拉依达准则）。根据偶然误差统计理论，当测量的标准偏差为 σ 时，任一测量值的误差落在（-3σ，$+3\sigma$）区间的概率为 99.7%，而落在 $\pm 3\sigma$ 区间之外的概率仅为 0.3%。对于有限的测量来说，测量值的误差实际上不会超过 3σ，故称 3σ 为极限误差。在一个测量列中，如果有某个测量值 x_i 的残差的绝对值大于 3σ，则可认为该测量值为异常数据而予以剔除。

"3σ"准则只适用于测量次数 n 足够大的场合。当测量次数 n 小于 10 时，一般不采用"3σ"准则剔除异常数据。

（2）格拉布斯准则。格拉布斯准则是 1960 年以后才提出的，是公认可靠性最高的一种异常数据取舍准则。

设某一服从正态分布的测量列为 $x_1, x_2, \cdots, x_n$，将此测量列按其数值大小由小到大重新排列，得

$$x'_1 \leqslant x'_2 \leqslant x'_3 \leqslant \cdots \leqslant x'_n$$

格拉布斯导出了 $g_i = \dfrac{x_i - \bar{x}}{\sigma_x}$ 的分布：选定一显著水平 a（亦称为危险率），a 是判为异常数据的概率，一般取 0.05 或 0.01；对应于某一定的测量次数 n 和显著水平 a，可得到一临界值 $g_0(n,a)$，（$g_0(n,a)$ 数值见表 1.2-1），若测量列中某一测量值（通常先取最大值或最小值判断）的 $g_i = \dfrac{x_i - \bar{x}}{\sigma_x} \geqslant g_0(n,a)$，则认为测量值 x_i 为异常数据。

采用格拉布斯准则判断和剔除异常数据的步骤和方法是：

①计算测量列的算术平均值 $\bar{x}$ 和标准偏差 σ_x。

②根据测量次数 n 和选定的显著水平 a 选取临界值 $g_0(n,a)$。

③从测量列中取数值最大或最小的测量值并按 $g_i = \dfrac{x_i - \bar{x}}{\sigma_x}$ 计算 g_i 值，将 g_i 值与 $g_0(n,a)$ 值比较，若 $g_i \geq g_0(n,a)$ 则 x_i 为异常数据，反之为正常数据。

④剔除此异常数据后，对余下的数据重新用格拉布斯准则判别，直至所有余下的数据都符合要求，才使用这些余下的数据计算测量结果。

表 1.2 -1　$g_0(n, a)$ 数值表

$g_n(n, a)$　　　n　　　　a	4	5	6	7	8	9	10	11	12
0.05	1.45	1.67	1.82	1.94	2.03	2.11	2.18	2.23	2.28
0.01	1.49	1.75	1.94	2.10	2.22	2.32	2.41	2.48	2.55

1.2.1.6　单次直接测量的标准差估算

在科学实验的测量实践中，特别是教学实验的某些测量，经常会对某些物理量只作单次测量。这时应如何估算测量结果的标准差? 作单次测量时，其测量值的最大误差就是所使用仪器出厂时或经校准时注明的仪器允许误差。但这里所指的是一种极限误差，而不是测量值的估计标准差。要使之能合理地给出测量结果的误差范围，就必须对其进行转换。通常的转换方法有两种:

①当仪器的误差限 $\Delta_{仪}$ 是以 2σ 或 3σ 的相应置信概率给出时，单次测量值的标准差分别为

$$\sigma_{仪} = \frac{\Delta_{仪}}{2} \quad 或 \quad \sigma_{仪} = \frac{\Delta_{仪}}{3} \qquad (1.2 - 9)$$

②当仪器只给出误差限或最大允许误差而未给出相应的置信概率时，可以当作均匀分布处理，测量值的标准差为

$$\sigma_{仪} = \frac{\Delta_{仪}}{\sqrt{3}} \qquad (1.2 - 10)$$

单次直接测量的结果表示为

$$x = x_{测} \pm \sigma_{仪}(单位) \qquad (1.2 - 11)$$

1.2.1.7　直接测量偶然误差估算举例

例 1 - 1　对某物体的长度进行 10 次等精度测量，设仪器误差限为 0.05cm，测量数据见表 1.2 -2。求测量结果，并将结果表示为 $x = \bar{x} \pm \sigma$ 形式。

表 1.2 -2　长度测量数据

n	1	2	3	4	5	6	7	8	9	10
$x(cm)$	63.57	63.58	63.55	63.56	63.56	63.65	63.54	63.57	63.57	63.55
$\Delta x(10^{-2}cm)$	0	1	-2	-1	-1	8	-3	0	0	-2
$\Delta x^2(10^{-4}cm^2)$	0	1	4	1	1	64	9	0	0	4

解　①计算测量列算术平均值：

$$\bar{x} = \frac{1}{n} \sum_{i=1}^{n} x_i = 63.57(cm)$$

②计算测量列的标准偏差。

$$\sigma_x = \sqrt{\frac{\sum_{i=1}^{n} (x_i - \bar{x})^2}{n-1}} = 3 \times 10^{-2}(cm)$$

③根据格拉布斯准则判别异常数据。取显著水平 $a = 0.01$，测量次数 $n = 10$，对照表 1.2 -1 查得临界值 $g_0(10, 0.01) = 2.41$。取 Δx_{max} 计算 g_i 值，有

$$g_6 = \frac{\Delta x_6}{\sigma_x} = \frac{0.08}{0.03} = 2.67$$

由 $g_6 = 2.67 > g_0(10, 0.01) = 2.41$ 判定 $x_6 = 63.65cm$ 为异常数据，应剔除。

④用余下的数据重新计算测量结果。

重列数据如表 1.2 -3 所示。

表 1.2 -3　重列长度测量数据

n	1	2	3	4	5	6	7	8	9	10
$x(cm)$	63.57	63.58	63.55	63.56	63.56	#	63.54	63.57	63.57	63.55
$\Delta x(10^{-2}cm)$	1	2	-1	0	0	#	-2	1	1	-1
$\Delta x^2(10^{-4}cm^2)$	1	4	1	0	0	#	4	1	1	1

分别计算 $\bar{x}$、σ_x 得

$$\bar{x} = 63.56cm \qquad \sigma_x = \sqrt{\frac{\sum_{i=1}^{n} \Delta x_i^2}{n-1}} = 0.013(cm)$$

再经格拉布斯准则判别，所有测量数据都符合要求。则算术平均值 $\bar{x}$ 的标准偏差为：

$$\sigma_{\bar{x}} = \frac{\sigma_x}{\sqrt{n}} = \frac{0.013}{\sqrt{9}} = 0.005(\text{cm})$$

按均匀分布计算系统误差分量的标准偏差

$$\sigma_{仪} = \frac{\Delta_{仪}}{\sqrt{3}} = 0.029(\text{cm})$$

合成标准偏差 σ 为

$$\sigma = \sqrt{\sigma_x^2 + \sigma_{仪}^2} = 0.029(\text{cm})$$

$$\sigma = 0.03(\text{cm})$$

测量结果表示为

$$x = \bar{x} \pm \sigma = 63.56 \pm 0.03(\text{cm})$$

以上计算结果有效位数的取值方法见下节。

1.2.2　间接测量量偶然误差的估算

物理实验中，多数待测量属于间接测量量。如前面所说，间接测量量是依据直接测量量通过一定的函数关系计算出来的，因而各直接测量量的误差也必然传递给间接测量量，使间接测量量也必然存在误差，这称为误差的传递。计算间接测量量误差的公式称为误差传递公式。

1.2.2.1　间接测量的标准偏差传递公式

设间接测量量 N 是各独立的直接测量量 $x, y, z, \cdots$ 的函数，即

$$N = f(x, y, z, \cdots) \tag{1.2 - 12}$$

各直接测量量的测量结果为

$$x \pm \sigma_x, y \pm \sigma_y, z \pm \sigma_z, \cdots$$

则 N 的测量结果为

$$N = f(\bar{x}, \bar{y}, \bar{z}, \cdots) \tag{1.2 - 13}$$

根据方差合成定律可得间接测量量 N 的标准偏差 σ_N 为

$$\sigma_N = \sqrt{\left(\frac{\partial f}{\partial x}\right)^2 \sigma_x^2 + \left(\frac{\partial f}{\partial y}\right)^2 \sigma_y^2 + \left(\frac{\partial f}{\partial z}\right)^2 \sigma_z^2 + \cdots} \tag{1.2 - 14}$$

上式称为间接测量标准偏差传递公式，它反映各直接测量量的误差对间接测量量误差的贡献，公式中的 $\frac{\partial f}{\partial x}, \frac{\partial f}{\partial y}, \frac{\partial f}{\partial z}, \cdots$ 称为误差传递系数。由此可见，一个直接测量量的误差对总误差的贡献，不仅取决于本身误差的大小，而且还取决于误差传递系数。因此，在间接测量中，要特别注意误差传递系数较大的直接测量量的测量，应当通过合理选择测量仪器和测量方法，尽量减少其测量误差，以保证间接测量量在允许的误差范围内。

1.2.2.2　估算间接测量量偶然误差的一般方法

根据间接测量标准偏差传递公式，求间接测量量标准偏差的方法和步骤可以归纳为：

①求给定函数关系式的全微分。

②合并同类项。

③以误差量代替微分量，并取各项的平方和再开平方，即可得给定函数的标准偏差传递公式。

④将各测量值及其误差代入公式中对各项进行运算，即可求得标准偏差 σ_N。

当给定的函数关系式只是积或商的形式时，为了简化运算，可以先对函数两边取自然对数，再进行全微分求得间接测量量相对误差的传递公式，最后由测量值 N 和相对误差求得标准偏差。

$$\frac{\sigma_N}{N} = \sqrt{\left(\frac{\partial \ln f}{\partial x}\right)^2 \sigma_x^2 + \left(\frac{\partial \ln f}{\partial y}\right)^2 \sigma_y^2 + \left(\frac{\partial \ln f}{\partial z}\right)^2 \sigma_z^2 + \cdots} \qquad (1.2-15)$$

$$E = \frac{\sigma_N}{N} \quad 或 \quad \sigma_N = EN \qquad (1.2-16)$$

表 1.2-4　常用函数的标准偏差传递公式

函数关系式 $N = f(x, y, z, \cdots)$	标准偏差传递公式
$N = x \pm y$	$\sigma_N = \sqrt{\sigma_x^2 + \sigma_y^2}$
$N = xy$ 或 $N = \dfrac{x}{y}$	$\dfrac{\sigma_N}{N} = \sqrt{\left(\dfrac{\sigma_x}{x}\right)^2 + \left(\dfrac{\sigma_y}{y}\right)^2}$
$N = kx$	$\sigma_N = k\sigma_x$
$N = x^{\frac{1}{k}}$	$\dfrac{\sigma_N}{N} = \dfrac{1}{k}\left(\dfrac{\sigma_x}{x}\right)$
$N = \sin x$	$\sigma_N = \lvert \cos \bar{x} \rvert \cdot \sigma_x$
$N = \ln x$	$\sigma_N = \dfrac{\sigma_x}{\bar{x}}$
$N = \dfrac{x^k y^m}{z^n}$	$\dfrac{\sigma_N}{N} = \sqrt{\left(k\dfrac{\sigma_x}{x}\right)^2 + \left(m\dfrac{\sigma_y}{y}\right)^2 + \left(n\dfrac{\sigma_z}{z}\right)^2}$

间接测量标准偏差估算举例：

例 1-2　用单摆公式 $g = \dfrac{4\pi^2 l}{T^2}$ 测量重力加速度 g。直接测量量 $T = \bar{T} \pm \sigma_T = 2.009 \times 0.002(\text{s})$，$l = \bar{l} \pm \sigma_l = 1.000 \pm 0.001(\text{m})$，计算测量结果和标准偏差。

解　①计算重力加速度 g。

$$g = \frac{4\pi^2 l}{T^2} = \frac{4 \times 3.14^2 \times 1.000}{2.009^2} = 9.771 (\text{m} \cdot \text{s}^{-2})$$

②计算 g 的误差。对函数两边取自然对数，得

$$\ln g = \ln 4\pi^2 + \ln l - 2\ln T$$

求全微分，得

$$\frac{\text{d}g}{g} = \frac{\text{d}l}{l} - 2\frac{\text{d}T}{T}$$

以误差量代替微分量，取各项平方和再开平方，得

$$\frac{\sigma_g}{g} = \sqrt{\left(\frac{\sigma_l}{l}\right)^2 + \left(2\frac{\sigma_T}{T}\right)^2} = \sqrt{\left(\frac{0.001}{1.000}\right)^2 + \left(2 \times \frac{0.002}{2.009}\right)^2} = 2.2 \times 10^{-3}$$

③求标准偏差，得

$$\sigma_g = g \cdot \left(\frac{\sigma_g}{g}\right) = 9.771 \times 2.2 \times 10^{-3} = 0.03 (\text{m} \cdot \text{s}^{-2})$$

④测量结果表示为

$$g = 9.77 \pm 0.03 (\text{m} \cdot \text{s}^{-2})$$

1.3　测量不确定度表示

　　科学研究和工程技术离不开测量。要测量，就要讲究测量的质量，努力提高测量的水平。如前所述，测量误差是测量值与真值之差。由于测量的不完善，测量误差总是客观存在的，使测量结果在不同程度上偏离真值。然而，在很多场合下，真值或约定真值是不可知的，故误差和误差分析的方法并不是在所有测量场合都适用。另外，由于测量误差分析方法不统一，影响了计量测量乃至整个科学技术的交流与发展。因此，国际标准化组织公布了《测量不确定度表示》1993(E)指南文件，它代表了当前国际上在评价测量结果可靠性方面的约定作法。测量不确定度是用以表示测量结果的一个容易定量的并便于操作的质量指标。

　　本节以《测量不确定度表示》1993(E)指南文件为基础，介绍有关测量不确定度表示的基础知识。

1.3.1　基本概念和专用术语

1.3.1.1　测量不确定度的基本概念

　　测量不确定度是指对测量结果不能确定的程度，它是表征测量结果离散性的一个参数，即提供测量结果的范围或区间，使被测量的值能以一定的概率位于其中。

测量不确定度的大小决定了测量结果的使用价值，测量不确定度越小，测量值的离散性就越小；反之，测量不确定度越大，测量值的离散性越大，测量结果与真值差别越大，可靠性就越低，使用价值也越小。

测量的目的是确定被测量的值。由于测量的不完善，测量误差总是客观存在的。传统上，将误差分为偶然误差、系统误差和粗大误差。偶然误差不可避免。根据抵偿性，可适当增加测量次数以减少偶然误差。系统误差如已知其来源，可采取技术措施消除，或者通过分析其对测量结果的影响而加以修正。显著的粗大误差可以通过科学的检验方法判别并剔除。剩下尚未认识的误差(包括减少后的偶然误差、修正不完善的系统误差、不显著的粗大误差以及其他尚未认识的误差等)仍然对测量结果的不确定度有贡献。

1.3.1.2 《测量不确定度表示》的专用术语

(1)标准不确定度。用标准偏差表示的测量结果的不确定度，称为标准不确定度，用 $u(x)$ 表示。按数值的估算方法不同可以分为两类标准不确定度，即 A 类和 B 类标准不确定度。

①A 类标准不确定度。在同一条件下多次重复测量时，由一系列观测结果用统计分析方法评定的标准不确定度，用 u_A 表示。

②B 类标准不确定度。用其他非统计分析方法评定的标准不确定度，用 u_B 表示。

③合成标准不确定度。表示间接测量结果的标准不确定度，用 $u_C(y)$ 表示。它提供间接测量结果的范围或区域，使间接测量的被测量的值以一定的概率位于其中。

1.3.2 标准不确定度的评定

1.3.2.1 A 类标准不确定度的评定

设对待测量 X 在相同条件下做 n 次等精度重复测量，所得的各次测量值分别为 x_1，x_2，$\cdots$，x_n，X 的最佳估计值为算术平均值 $\bar{x}$，即

$$\bar{x} = \frac{1}{n} \sum_{i=1}^{n} x_i \qquad (1.3-1)$$

由概率分布理论可得算术平均值的标准偏差为

$$s(\bar{x}) = \sqrt{\frac{\sum_{i=1}^{n} (x_i - \bar{x})^2}{n(n-1)}} \qquad (1.3-2)$$

定义算术平均值的标准偏差为 A 类标准不确定度，即

$$u_A = s(\bar{x}) = \sqrt{\frac{\sum_{i=1}^{n} (x_i - \bar{x})^2}{n(n-1)}} \qquad (1.3-3)$$

这种评价 A 类标准不确定度的方法称为贝塞尔法。

1.3.2.2 B 类标准不确定度的评定

B 类标准不确定度的评定是标准不确定度评定中的一个难点。B 类分量的评定应考虑到影响测量准确度的各种可能因素，这要通过对测量过程的仔细分析，根据经验和有关信息来估计。为简化起见，在物理实验教学中，假定标准不确定度的 B 类分量主要来自测量仪器的仪器误差 $\Delta_{\text{仪}}$。$\Delta_{\text{仪}}$ 是指计量器具的示值误差，或者是按仪表准确度等级算得的基本误差。在仅考虑仪器误差的情况下，B 类分量的表征值为

$$u_{\text{B}} = \frac{\Delta_{\text{仪}}}{c} \tag{1.3-4}$$

式中，c 是一个大于 1 且与误差分布特征有关的系数。若仪器误差的概率密度函数是遵从均匀分布规律的，则 $c = \sqrt{3}$。本课程所用计量器具和仪表多属于这种情况。

1.3.2.3 标准不确定度 u 的评定

标准不确定度 u 由上述两类不确定度采用方和根合成而得到，即

$$u = \sqrt{u_{\text{A}}^2 + u_{\text{B}}^2} \tag{1.3-5}$$

待测量 X 的测量结果表示为

$$x = \bar{x} \pm u \tag{1.3-6}$$

1.3.3 合成标准不确定度的评定

设间接测量量 y 和若干直接测量量 x_1，x_2，$\cdots$，x_n 的函数关系为 $y = f(x_1, x_2, \cdots, x_n)$，各直接测量量的标准不确定度分别为 $u(x_1)$，$u(x_2)$，$\cdots$，$u(x_n)$。若各直接测量量相互完全独立无关，应用方差传递公式，可得 y 的标准不确定度为

$$u_{\text{C}}(y) = \sqrt{\sum_{i=1}^{n} \left(\frac{\partial f}{\partial x_i} \right)^2 u^2(x_i)} \tag{1.3-7}$$

式中，$\dfrac{\partial f}{\partial x_i}$ 称为各直接测量量标准不确定度的传递系数。

1.4 有效数字及其运算规则

由于实验中所测得的被测量都是含有误差的数值，对这些数值的尾数取舍不能任意，而应反映出测量值的标准度。因此，在记录数据、计算测量结果时，应该取多少位有严格的要求。测量结果不论是直接从测量仪器上读取的记录，还是多次测量计算的平均值，或者是利用直接测量值通过函数关系计算的间接测量值，都不可避免地要碰到这些数值应该取多少位的问题。根据测量结果值有效数字由测量误差

确定的原则，首先必须计算测量结果的误差，然后才能正确地确定测量结果值的位数。但实际上在测量结果误差未计算之前，以及测量数据在运算过程中，也要求我们正确取位和运算，因此提出了有效数字及其运算规则问题。

1.4.1 有效数字概念

1.4.1.1 有效数字的定义

　　任何一个物理量，其测量的结果总是或多或少地存在误差，因此所有测量值都由可靠数和含有误差的可疑数组成。测量结果中所有可靠数字加上末位的可疑数字统称为测量结果的有效数字。有效数字中所有位数的个数称为有效数字的位数。

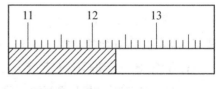

图 1.4 – 1

　　例如，用一把最小刻度为毫米的米尺测量某一长度 L，如图 1.4 – 1 所示。物体长度 L 大于 12.3cm，小于 12.4cm，其右端点超过 12.3cm 刻度线，估读为 0.05cm 或 0.06cm。前三位数字"12.3"是直接读出的，称为可靠数字，而最后一位数"5"或"6"是在最小刻度间估读出来的，估读的结果因人而异，存在误差，称为可疑数字。这些可靠数字和一位可疑数字合称有效数字，读数为 12.35cm 或 12.36cm，它们都是 4 位有效数字。

1.4.1.2 有效数字的基本性质

　　(1)有效数字的位数随着仪器的精度(最小分度值)而变化。一般来说，有效数字位数越多，相对误差越小，测量仪器精度越高。例如 2.50(±0.05)cm 为 3 位数，相对误差为百分之几(2%)；2.500(±0.005)cm 为四位数，相对误差为千分之几(0.2%)。

　　(2)有效数字的位数与小数点的位置无关。在十进制单位中，有效数字的位数与单位变换无关，即与小数点的位置无关。例如，物件长度测量量为 10.20cm，可以变换为 0.1020m，也可以变换为 0.0001020km，它们都有 4 位有效数字。由此不难看出：凡数值中间和末尾的"0"(包括整数小数点后的"0")均为有效数字，但数值前的"0"则不属于有效数字。

　　(3)有效数字的科学记数法。为了便于书写，对数量级很大或数量级较小的测量量，常采用科学记数法记数，即写成 $\pm a \times 10^{\pm n}$ 的幂次形式，其中 a 为 1 ～ 9 之间的数，n 为任意整数。例如地球半径是 6 371km，用科学记数法表示为

$$6.371 \times 10^3 km = 6.371 \times 10^6 m$$

　　(4)物理常数如 π、e 以及常系数如 2、$\sqrt{2}$ 等的有效数字位数在计算中可以任意取位。

1.4.1.3　有效数字的读取规则

因为有效数字是由仪器引入的绝对误差决定的，所以在测量前应记录测量仪器的精度、级别、最小分度值（最小刻度值），估计测量仪器的仪器误差，记录有效数字时要记录到误差所在位。若仪器未标明仪器误差，则取仪器最小分度值的一半作为仪器误差。

例 1-3　用 300mm 长的毫米分度钢尺测量长度，其最小分度值为 1mm。仪器误差取最小分度值的一半，即 $\Delta_{仪} = 0.5mm$。因此，正确记录数值时除了确切读出钢尺上有刻线的位数外，还应估读一位，即读到 0.1mm 位。

例 1-4　用螺旋测微计测量长度，最小分度值为 0.01mm，仪器误差取最小分度值的一半，即 $\Delta_{仪} = 0.005mm$。因此，记录数值时，应读到 0.001mm 位。

例 1-5　用伏安法测量电压和电流，用 0.5 级的电压表和电流表，量程分别为 10V 和 10mA。

解　由公式

$$\Delta_{仪} = a\% \times 量程 = 0.5\% \times 量程$$

计算仪器误差得 $\Delta_V = 0.05V$，$\Delta_A = 0.05mA$。

因此，记录电压和电流的有效数字时，应分别记录到 0.01V 和 0.01mA 位。

有些仪器仪表一般不进行估读或不可能估读。例如数字显示仪表只能读出其显示器上所记录的数字。当该仪表对某稳定的输入信号表现出不稳定的末位显示时，表明该仪表的不确定度可能大于末位显示的 ±1，此时可记录一段时间间隔内的平均值。

1.4.2　有效数字的运算规则

有效数字的运算规则是一种近似计算法则，用以确定测量结果有效数字大致的位数。其总的要求是：计算结果的位数应与测量误差完全一致，若位数不恰当时，则最终由相应误差确定。有关运算原则：①可靠数与可靠数运算，结果为可靠数；②可疑数与任何数运算，结果均为可疑数，但进位数为可靠数。

下面介绍有效数字的运算规则：

（1）加减法运算。各测量量相加或相减时，其和或差在小数点后应保留的位数与各测量量中小数点后位数最少的一个相同。例如：

$$71.3 + 0.735 = 72.1$$
$$71.3 - 0.735 = 70.5$$

（2）乘除法运算。一般情况下，积或商结果的有效数字位数，和参与乘除运算各量中有效数字位数最少的一个相同，有时也可能多一位或少一位。例如：

$$23.1 \times 2.2 = 51$$
$$23.1 \times 8.4 = 194(2 乘 8 有进位)$$
$$237.5 \div 0.10 = 2.4 \times 10^3$$
$$76.000 \div 38.0 = 2.0(76.0 被 38.0 整除)$$

（3）乘方、开方运算。这一类运算结果的有效数字位数与其底数的位数相同。例如：

$$765^2 = 5.85 \times 10^5$$
$$\sqrt{200} = 14.1$$

（4）函数运算。一般来说，函数运算的有效数字位数应由误差分析来决定。在物理实验中，为了简便统一起见，对常用的对数函数和三角函数的有效数字位数作以下规定：

①对数函数运算后的尾数与真数的位数相同。例如：

$$\lg 1.983 = 0.2973$$

②三角函数在 $0° < \theta < 90°$ 时，$\sin\theta$ 和 $\cos\theta$ 都在 0 和 1 之间，三角函数的取位与角度的有效数字位数相同。例如：

$$\sin 30°02' = 0.5005$$

（5）尾数舍入规则。为了使运算过程简单或准确地表达有效数字，需要对不应保留的尾数进行舍入。四舍五入是通常采用的舍入规则，这种见五就入的规则使入的几率大于舍的几率，容易造成较大的舍入误差。为了使严格等于五的舍入误差产生正负相消的机会，采用新的较为合理的"四舍六入五凑偶"舍入法则，即小于五舍，大于五入，等于五时则把尾数凑成偶数。例如，将下列数字保留为 4 位有效数字：

3.14346 保留 4 位有效数字为 3.143。

3.14372 保留 4 位有效数字为 3.144。

1.26453 保留 4 位有效数字为 1.264(舍 5 不进位)。

1.26353 保留 4 位有效数字为 1.264(舍 5 进位)。

1.4.3　测量结果的有效数字

1.4.3.1　测量误差(或不确定度)的有效位数

由于误差或不确定度是根据概率理论估算得到的，它只是在数量级上对实验结果给予恰当的评价，因此把它们的结果计算得十分精确是没有意义的。物理实验教学中规定误差只取 1 位有效数字，计算过程中误差可以预取 2 ～ 3 位有效数字，直到算出最终误差值时，才修约成 1 位，多余的位数按"只进不舍"的原则取舍。

1.4.3.2　间接测量结果值的有效数字

间接测量量的有效数字一般与有效数字运算规则得到的结果相同，但是由于误差的传递和积累，有时间接测量的误差较大，因此测量结果值的有效位的末位要与误差所在的位对齐，舍去其他多余的存疑数字。例如 1.2 节中例 1 – 2 的重力加速度 g 的测量，按有效数字运算得

$$g = \frac{4\pi l}{T^2} = \frac{4 \times 3.14^2 \times 1.000}{2.009^2} = 9.771(\mathrm{m \cdot s^{-2}})$$

而估算标准偏差为

$$\sigma_g = g \cdot \left(\frac{\sigma_g}{g}\right) = 9.771 \times 2.2 \times 10^{-3} = 0.03(\mathrm{m \cdot s^{-2}})$$

在表示测量结果时，应表示为 $g = 9.77 \pm 0.03(\mathrm{m \cdot s^{-2}})$。

1.5　实验数据处理

实验数据是分析和讨论实验结果的依据。物理实验离不开定量的测量和计算，经常要做大量的采用专门方法的数据处理。因此，数据处理是物理实验的一个重要组成部分。

在普通物理实验中，要求掌握的实验数据处理方法有列表法、图示与图解法、最小二乘法和逐差法。

1.5.1　列表表示法

在记录和处理数据时，将数据列成表。数据列表可以简单而明确地表示出有关物理量之间的对应关系，使数据有条不紊，便于随时检查，减少甚至避免错误，及时发现问题和分析问题，有助于从中找出规律性的联系，求出经验公式。列表的要求有：

（1）要简单明了，便于看出各物理量之间的关系，要根据具体情况决定需列出哪些项目。

（2）要写明表中各符号所代表物理量的意义，并注明单位。单位写在标题栏中，不要重复记在各个数据上。

（3）表中所列数据要正确反映测量结果的有效数字位数。

（4）必要时给予附加说明。

列表表示法举例见表 1.5 - 1。

表 1.5 - 1　铜丝电阻与温度的关系

$T/℃$	10. 0	20. 0	30. 0	40. 0	50. 0	60. 0	70. 0
R/Ω	10. 4	10. 7	10. 9	11. 3	11. 8	11. 9	12. 3

表的形式一般有 3 种：定性式（实验记录表格）、函数式（按函数关系列出函数表）、统计式（列出统计表，函数关系形式未知）。一般将实验数据按自变量和因变量各个对应，依增加或减少的顺序——列出来，其中包括序号、名称、项目、数据和说明等。其分栏要合理、均匀，以便查阅。

1.5.2　图示与图解法

图示法是根据几何原理将实验数据用图线简明、直观、准确地揭示出物理量之间的关系，以及绘制校正曲线。特别是当无法确定物理量之间的适当的函数关系时，只能用实验曲线来表示实验结果。

图解法是根据已作好的曲线，用解析方法进一步求得曲线所对应的函数关系、经验公式，以及其他参数值。

1.5.1.1　图示法规则

为了使图线简明、直观、准确，符合原始测量数据，对作图提出了一定的规范格式和要求。

（1）选用坐标纸的类型和大小。按实验参量要求选用毫米方格纸（直角坐标纸）或双对数坐标纸。根据实验数据的有效数字位数和数值范围确定坐标纸的大小。原则上坐标纸的一小格代表可疑数字前面的一位数。

（2）定坐标和坐标标度。一般横轴代表自变量，纵轴代表因变量，并标出坐标轴代表的物理量和单位。在坐标轴上按选用的比例标出若干等距离的整齐的数值标度，其数值位数应与实验数据的有效数字位数一致，其标度通常用 1，2，5，而不用 3，7，9。横轴和纵轴的标度可以不同。如果数据特别大或特别小，可以提出乘积因子（如"10^3"或"10^{-2}"）写在坐标轴末端。

（3）标出实验点并画出图线。依据实验数据用铅笔尖在坐标图上标出各数据点的坐标，然后用直尺或曲尺板将实验点连成直线或光滑曲线。连线时应使多数实验点在连线上，不在连线上的实验点大致均匀分布在图线的两侧。如果是校准曲线，则要通过校正点连成折线。如果要求在一张坐标图上同时画出几条曲线时，每条曲线的数据点应该采用不同的标记（如"×""△""·"等）使之区别开来。

（4）写出图线名称。一般在图纸下部写出简洁完整的图名。字形要端正。

1.5.1.2 图解法求直线的斜率和截距

以 x 为横坐标轴，y 为纵坐标轴。设所作的 $x - y$ 图线为一直线，其函数形式为

$$y = ax + b \qquad (1.5 - 1)$$

则该直线的斜率 a 可用"两点式"求解。方法是：在靠直线的两端选取两点 $A_1(x_1, y_1)$，$A_2(x_2, y_2)$（一般不宜取测量点，因为测量点不一定在图线上），将其分别代入式 $(1.5-1)$，可得

$$a = \frac{y_2 - y_1}{x_2 - x_1} \qquad (1.5 - 2)$$

而截距

$$b = y_3 - ax_3 \qquad (1.5 - 3)$$

$(x_3，y_3)$ 为在直线上选取的某点的坐标。当 x_3 为零时，则可以从图线与 y 坐标轴的交点读取该直线的截距 $b = y_3$。

下面介绍用图解法求两物理量线性关系的实例。

例 1-6 按公式 $R_T = R_0(1 + \beta T)$ 测定铜丝电阻温度系数 β（R_0 为 0℃时铜丝的电阻），测量数据如表 1.5-2 所示。

表 1.5-2

$T/℃$	10.0	20.0	30.0	40.0	50.0	60.0	70.0
R/Ω	10.4	10.7	10.9	11.3	11.8	11.9	12.3

解 ①以电阻 R 为纵坐标，温度 T 为横坐标，在直角坐标纸上作 $R-T$ 图线（图 1.5-1）。

②求出直线的斜率和截距，进而求出铜丝电阻温度系数 β 和铜丝在 0℃ 时的电阻值 R_0。

在图中直线两端内侧取两个特征点（其坐标最好为整数）$A(16.0，10.6)$、$B(67.0，12.2)$，根据"两点式"得直线的斜率

$$a = \frac{R_B - R_A}{T_B - T_A} = \frac{12.2 - 10.6}{67.0 - 16.0}$$

$$= 3.14 \times 10^{-2}(\Omega \cdot ℃^{-1})$$

从图上读取直线的截距 $b = 10.1(\Omega)$，从测量公式可知 $R_0 = b = 10.1(\Omega)$，所以

$$R_0\beta = a$$

$$\beta = \frac{a}{R_0} = \frac{3.14 \times 10^{-2}}{10.1} = 3.11 \times 10^{-3}(℃^{-1})$$

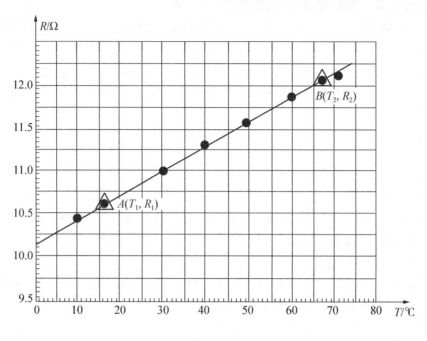

图 1.5 – 1

1.5.3　最小二乘法拟合直线

在研究物理量 x、y 之间的函数关系时，对它们进行直接测量，并记录到两组数据 $(x_1, x_2, \cdots, x_n)$ 和 $(y_1, y_2, \cdots, y_n)$，如使用上述图示与图解法可以比较简便地取得有关物理量的函数曲线和经验公式。如果它们是线性关系，则图线为直线，方程式为 $y = ax + b$，并可以从图线上求得斜率 a 和截距 b。从实验数据求得经验方程称为方程的回归，又称为曲线拟合。但是图示与图解法带来的误差较大，所作的直线有一定的随意性，即对上述两组数据可以画出多条直线，彼此间的偏差也较大。误差理论指出：对于测量误差为近正态分布时，且在 x_i 测量误差远小于 y_i 的测量误差的条件下，运用最小二乘法可以求得拟合测量数据的最佳直线或相应的最佳近似公式。即对于 $x - y$ 线性函数关系已知时，可以求得斜率和截距，从而确定一条唯一的最佳直线；而对于 $x - y$ 函数关系未知时，则可以用最小二乘法确定待测量而求得经验公式。

最小二乘法原理是：对于满足 y 与 x 为线性关系条件的一组测量数据 (x_i, y_i)，$i = 1, 2, \cdots$ 若存在一条最佳拟合直线 $y = ax + b$，则测量值 y_i 与这条直线相应值之间的偏差的平方和最小。设 Q 表示测量值的偏差平方和，即

$$Q_{\min} = \sum_{i=1}^{n} \left[y_i - (ax_i + b) \right]^2 \tag{1.5-4}$$

最佳拟合直线的斜率和截距可以根据数学分析中求极值的方法求出。式中 y_i 和 x_i 是实验测量值。要使方程得到最小值解，必须把 a、b 当作变量，根据求极值条件将式 (1.5-4) 分别对 a 和 b 求偏导数并令其为零，即

$$\frac{\partial Q}{\partial a} = \frac{\partial}{\partial a} \sum_{i=1}^{n} \left[y_i - (ax_i + b) \right]^2 = 0$$

$$\frac{\partial Q}{\partial b} = \frac{\partial}{\partial b} \sum_{i=1}^{n} \left[y_i - (ax_i + b) \right]^2 = 0$$

整理得

$$\sum_{i=1}^{n} y_i x_i - a \sum_{i=1}^{n} x_i^2 - b \sum_{i=1}^{n} x_i = 0$$

$$\sum_{i=1}^{n} y_i - a \sum_{i=1}^{n} x_i - nb = 0$$

消去 b 得

$$a = \frac{n \sum_{i=1}^{n} (x_i y_i) - \sum_{i=1}^{n} x_i \sum_{i=1}^{n} y_i}{n \sum_{i=1}^{n} x_i^2 - \left(\sum_{i=1}^{n} x_i \right)^2} = \frac{\overline{xy} - \bar{x} \cdot \bar{y}}{\overline{x^2} - (\bar{x})^2} \tag{1.5-5}$$

因此

$$b = \bar{y} - a\bar{x} \tag{1.5-6}$$

用最小二乘法求出的 a、b 虽然是最佳值，但也存在误差。因其误差计算较为复杂，故其推算在此从略。

为了检验最小二乘法拟合结果有无意义，在数学上引入相关系数 R，其定义为

$$R = \frac{L_{xy}}{\sqrt{L_{xx} \cdot L_{yy}}} \tag{1.5-7}$$

式中，

$$L_{xy} = \overline{xy} - \bar{x} \cdot \bar{y} \qquad L_{xx} = \overline{x^2} - (\bar{x})^2 \qquad L_{yy} = \overline{y^2} - (\bar{y})^2$$

R 表示两变量之间的函数关系与线性函数的符合程度。可以证明 $|R| \leqslant 1$。$|R|$ 越接近 1，表示两变量之间的线性关系越好，拟合的结果合理；若 $|R|$ 接近 0，则可认为两变量之间不存在线性关系，用线性函数进行拟合不合理。$R > 0$，拟合直线的斜率为正，称为正相关；$R < 0$，拟合直线的斜率为负，称为负相关。

例 1-7 现测得 x、y 两个物理量的数据如表 1.5-3 所示。根据表中数据推测 x、y 的函数关系为 $y = ax + b$。试用最小二乘法进行拟合，求出回归方程。

表 1.5 - 3 x、y 两物理量的数据

编号 i	x_i	y_i	x_i^2	y_i^2	$x_i y_i$
1	15.0	39.4	225	1552	591
2	25.8	42.9	666	1840	1107
3	30	44.4	900	1971	1332
4	36.6	46.6	1340	2172	1706
5	44.4	49.2	1971	2421	2184
$\sum$	151.8	222.5	5102.0	9956.0	6920.0
平均值	30.4	44.5	1020.4	1991.2	1384.0

解   ①根据最小二乘法公式求斜率和截距：

$$a = \frac{\overline{xy} - \bar{x} \cdot \bar{y}}{\overline{x^2} - (\bar{x})^2} = \frac{1384 - 30.4 \times 44.5}{1020 - 30.4} = 0.032$$

$$b = \bar{y} - a\bar{x} = 44.5 - 0.032 \times 30.4 = 43.54$$

②求相关系数，检验 y 和 x 的关系：

$$L_{xy} = \overline{xy} - \bar{x} \cdot \bar{y} = 1384 - 30.4 \times 44.5 = 31$$

$$L_{xx} = \overline{x^2} - (\bar{x})^2 = 1020 - 30.4^2 = 96$$

$$L_{yy} = \overline{y^2} - (\bar{y})^2 = 1991 - 44.5^2 = 11$$

$$R = \frac{L_{xy}}{\sqrt{L_{xx} \cdot L_{yy}}} = \frac{31}{\sqrt{96 \times 11}} = 0.95$$

由此可见，变量 y 和 x 之间具有良好的线性关系。

③根据所求得的回归直线的斜率和截距，得回归方程：

$$y = 0.32x + 34.8$$

1.5.4   逐差法

逐差法是物理实验中常用的数据处理方法之一，一般用于等间距线性变化测量中所得数据的处理。因为对等间距连续测量值仍按一般常用方法取各次测量值的平均，根据测量数据的后项减去前项逐次相减后再取平均会造成所有中间测量值彼此抵消，只剩首尾两个数据起作用，因此未能达到利用多次测量来减少偶然误差的目的。例如，在测量弹簧倔强系数实验中，在弹性限度内，先测出弹簧的自然长度 l_0，然后用每次增加 0.2mg 砝码来改变弹簧的受力状态，弹簧长度依次为 $l_1, l_2, \cdots, l_7$。对应于每增加 0.2mg 砝码，弹簧相应伸长 $\Delta l_1 = l_1 - l_0, \Delta l_2 = l_2 - l_1, \cdots,$ $\Delta l_7 = l_7 - l_6$。

$$\overline{\Delta l} = \frac{\Delta l_1 + \Delta l_2 + \cdots + \Delta l_7}{7}$$

$$= \frac{(l_1 - l_0) + (l_2 - l_1) + (l_3 - l_2) + \cdots + (l_7 - l_6)}{7} = \frac{l_7 - l_0}{7}$$

由此可见，中间测量值全部抵消了，只剩首尾两个数据。为了合理利用所有测量数据，保持多次测量的优点，可以采用逐差法。逐差法是将一组测量数据前后对半分成一、二两组，用第二组的第一项与第一组的第一项相减，第二项与第二项相减……即顺序逐项相减，然后取平均值求得结果。例如将上述弹簧长度测量值分成两组，一组为 (l_0, l_1, l_2, l_3) 另一组为 (l_4, l_5, l_6, l_7)，取对应的差值(逐差)：

$$\Delta l_1 = l_4 - l_0 \qquad \Delta l_2 = l_5 - l_1 \qquad \Delta l_3 = l_6 - l_2 \qquad \Delta l_4 = l_7 - l_3$$

再取平均值：

$$\overline{\Delta l} = \frac{1}{4} \sum_{i=1}^{4} \Delta l_i = \frac{1}{4} \big[(l_4 - l_0) + (l_5 - l_1) + (l_6 - l_2) + (l_7 - l_3) \big]$$

这就是利用逐差法计算的每增加 0.8mg 砝码时弹簧伸长量的平均值。

1.6　系统误差的处理

处理系统误差比处理偶然误差更为复杂，它要求实验者既要有较好的理论基础，又要有丰富的实践经验。在物理实验中，主要考虑由于仪器准确度所限制和实验方法、原理不完善而导致的系统误差的处理，要根据系统误差的来源设法消除其影响，对未能消除的误差进行限制和消除。

1.6.1　发现系统误差的一些常用方法

发现系统误差的一些常用方法有如下几种：

(1)用对比法发现系统误差。

①实验方法对比。用不同方法测量同一物理量，看结果是否一致。若结果不一致，而它们之间的差别又超出了偶然误差的范围，则可以肯定存在系统误差。

②仪器对比法。例如在电路中串入两个电表，其中一个高一级的电表作为标准表。若两个电表的读数不一致，就可以找出其修正值。

③改变实验中某些参量的数值。例如在光学实验中，改变电路中电流的数值，若测量结果有单调或规律性变化，则说明存在某种系统误差。

④改变实验条件。例如在磁测量中将带有磁性的物质移近，在热学实验中将一热源移开，然后观察对测量是否有影响。

(2)用理论分析的方法发现系统误差。分析实验条件是否满足实验所依据的理论公式的要求。例如，单摆的周期公式

$$T = 2\pi\sqrt{\frac{l}{g}}$$

所要求的条件是摆角在5°以下。若摆角大于5°而仍用此公式计算就会引入系统误差。另外，也要考虑仪器所要求的正常使用条件是否已达到，使用条件达不到要求，也会引起系统误差。

（3）分析实验数据发现系统误差。分析实验数据发现系统误差的理论依据是：偶然误差是服从一定的统计分布规律的，如果测量的数据不服从统计规律，则说明存在系统误差。在相同条件下测量到大量数据时，就可以用此方法。例如，若测量的数据是单向或周期性地变化，就说明存在着固定的或变化着的系统误差。

上述介绍的几种发现系统误差的方法，只是从普遍意义上介绍，在实验中常常会有许多更具体的方法。

1.6.2 如何限制或消除系统误差

应当指出，任何"标准"的仪器也有它的不足之处，因此要绝对消除误差是不可能的。如何限制或消除系统误差没有一个普遍适用的方法，只能针对每一种具体情况采取不同的具体方法。

（1）采用符合实际的理论公式。例如利用单摆测量重力加速度时，公式

$$T = 2\pi\sqrt{\frac{l}{g}}$$

是近似的。实际上周期与摆角有关，即

$$T = 2\pi\sqrt{\frac{l}{g}}\left\{1 + \left(\frac{1}{2}\right)^2\sin^2\frac{\theta}{2} + \left(\frac{1\times3}{2\times4}\right)^2\sin^4\frac{\theta}{2} + \cdots + \right.$$

$$\left.\left[\frac{1\times3\times\cdots\times(2n-1)}{2\times4\times\cdots\times2n}\right]^2\sin^{2n}\frac{\theta}{2} + \cdots\right\} \tag{1.6-1}$$

摆角不同，周期就不同。

（2）保证仪器装置是在规定的正常条件下工作。例如，使用电表必须按规定的方式放置电表，接通电源前必须调整电表的机械零点。

（3）用修正值对测量结果进行修正。用标准仪器对测量仪器进行校准，找出修正值或校准曲线，对测量结果进行修正。

（4）从测量方法上消除系统误差。

①示零法。在测量时，使被测量量的作用效应与已知（标准量）的作用效应相互抵消（即平衡），以使总的效应减少到零。这种方法被称为示零法。例如电位差计法和电桥法就是其典型的运用。

②代替法。在一定测量条件下，选择一个量值大小适当的可调标准器，使它的

量值在测量中代替被测量而不致引起测量仪器示值的改变，就可以肯定被测的未知量等于这个可调的标准器量值，从而避免了测量仪器本身不准所引起的误差。此种测量方法被称为代替法或置换法，是常用的测量方法之一。

③异号法（正负补偿法）。改变测量中的某些条件（如测量方法）使两次测量的误差符号相反，取其平均值。这种方法称为异号法。例如利用霍尔效应测磁化曲线时，利用电流反向可以抵消霍尔元件的某些系统误差。

④对称观测法（共轭法）。若有随时间变化的系统误差，可将观测程序对称地再做一次。例如，测电阻温度系数实验和金属热胀系数实验，在测量参数前记录一次温度，测量读数后再记一次温度，取两次测量值的平均值作为该点温度值。

对称观测法应用在光学仪器角度盘的读数时，可在对称位置（相距 $180°$ 两边的角游标上）读取两个数，取平均值，以此消除角度盘偏心引起的系统误差。

以上仅仅列举了几种减少甚至消除某些系统误差的方法和处理系统误差一般的原则，更重要的是要根据具体情况进行分析，并采取不同方法解决。

本章习题

1. 如果一个物理量 x 的测量平均值为 58.2075kg，标准差为 0.0034。那么下面哪些结果的表达是正确的？

(1) $x = 58.2075 \pm 0.0034(\text{kg})$　　　　(2) $x = 58.207 \pm 0.003$

(3) $x = 58.208 \pm 0.004(\text{kg})$　　　　(4) $x = x \pm \sigma = 58.208 \pm 0.004$

(5) $x = x \pm \sigma = 58.207 \pm 0.003(\text{kg})$　　(6) $x = x \pm \sigma = 58.208 \pm 0.004(\text{kg})$

(7) $x = x \pm 3\sigma = 58.208 \pm 0.009(\text{kg})$　(8) $x = x \pm 3\sigma = 58.21 \pm 0.01(\text{kg})$

(9) $x = x \pm 3\sigma = 58.21 \pm 0.02(\text{kg})$　(10) $x = x \pm 5\sigma = 58.21 \pm 0.02(\text{kg})$

2. 下列各量各有几位有效数字？

(1) 地球平均半径 $R = 6371.22\text{km}$；

(2) 实验测得某单摆的周期 $T = 2.0010\text{s}$；

(3) 真空中的光速为 $c = 299792458\text{m/s}$；

(4) 地球到太阳的平均距离 $s = 1.496 \times 10^8 \text{km}$。

3. 指出以下测量中引起系统误差和偶然误差的主要因素分别有哪些：

(1) 用天平称衡物体的质量。

(2) 用温度计测量金属容器内的水温。

(3) 用秒表测量单摆摆动 50 个周期的时间。

4. 用精度为 0.02mm 游标卡尺测量某物体的长度。以下多个测量数据中，正确的有哪些？

45.3mm，45.30mm，45.48mm，45.49mm，45.51mm，45.52mm，45mm

5. 用级别为 0.5、量程为 10 mA 的电流表对某电路的电流作 10 次等精度测量，测量数据如下表所示。试计算测量结果及标准差，并以测量结果形式表示之。（要求判别和剔除异常数据）

n	1	2	3	4	5	6	7	8	9	10
I/mA	9.55	9.56	9.50	9.53	9.60	9.40	9.57	9.62	9.59	9.56

6. 一个圆柱体，测得其直径为 $d = (10.987 \pm 0.006)\,\text{mm}$，高度为 $h = (4.526 \pm 0.005)\,\text{cm}$，质量为 $m = (149.106 \pm 0.006)\,\text{g}$。试计算该圆柱体的密度、标准误差、相对误差以及正确表达测量结果。

7. 根据公式 $l_T = l_0(1 + \alpha T)$ 测量某金属丝的线胀系数 α。l_0 为金属丝在 0℃时的长度。实验测得温度 T 与对应的金属丝的长度 l_T 的数据如下表所示。试用图解法求 α 和 l_0 值。

$T/℃$	23.3	32.0	41.0	53.0	62.0	71.0	87.0	99.0
l_T/mm	71.0	73.0	75.0	78.0	80.0	82.0	86.0	89.1

8. 凹面镜成像公式为

$$\frac{1}{v} + \frac{1}{u} = \frac{2}{r}$$

u 为物距，v 为像距，r 为凹面镜的曲率半径。测得 $u - v$ 关系数据如下表所示。试用最小二乘法求该凹面镜的曲率半径 r。

u/cm	22.8	27.9	33.7	38.2	52.2
v/cm	68.0	43.1	34.5	31.1	25.1

9. 试根据下面 6 组测量数据用最小二乘法求出热敏电阻值 R_T 随温度 T 变化的经验公式，并求出 R_T 与 T 的相关系数。

$T/℃$	17.8	26.9	37.7	48.2	58.8	69.3
R_T/Ω	3.554	3.687	3.827	3.969	4.105	4.246

第2章 物理实验基础知识

2.1 基本物理量及定义

物理量是指物理学中所描述的现象、物体或物质可定性区别和定量确定的属性。物理量之间存在密切的联系，如万有引力定律 $F = G\dfrac{Mm}{r^2}$。这些定律和方程使人们不必对每个物理量的单位都独立规定，只需选出一些最基本的量，这些物理量有固定的名称、单位符号，如基本物理量有长度、质量、时间、电流、热力学温度、物质的量、发光强度等，其单位符号分别为 m、kg、s、A、K、mol、Cd。物理学各个领域的其他量都可以由这七个基本量通过乘、除、微分或积分等数学运算导出。表2.1-1 为从第一届国际计量大会开始前后确定的七个基本物理量。

表2.1-1

	基本量	单位名称	单位符号	单位定义
1	长度、距离	米	m	光在真空中（1/299792458）s 时间间隔内所经历的路线长度
2	质量	千克	kg	千克是质量的单位，等于国际千克原器的质量
3	时间	秒	s	铯-133 原子基态的两个超精细能级间跃迁所对应的辐射的 9192631770 个周期对应的持续时间
4	电流	安[培]	A	安培是电流的单位。在真空中，截面积可忽略的两根相距1m 无限长平行圆直导线内通以等量恒定电流时，若导线相互作用力在每米长度为 2×10^{-7}N，则每根导线中的电流为1A
5	热力学温度	开[尔文]	K	热力学温度的单位。1 开尔文是水三相点热力学温度的 1/273.16
6	物质的量	摩[尔]	mol	摩尔是一系统的物质的量，该系统中所包含的基本单元数与 0.012kg ^{12}C 的原子数目相等
7	发光强度	坎[德拉]	Cd	坎德拉是一光源在给定方向上的发光强度，该光源发出频率为 540×10^{12}Hz 的单色辐射，且在此方向上的辐射强度为 1/683 W/Sr

除了以上七个基本单位外，还有两个辐助单位：平面角（单位是弧度，rad）和球面角（单位是球面度，Sr）。

2.2　基本测量方法

物理实验思想方法包括实验设计思想及实施测量和数据处理的方法。在经典物理实验思想中，通常采用"实验—理论—实验—理论"的思想模式。目前，物理研究的对象更加复杂、更加广泛，其物理规律也比经典规律更复杂，重大理论的突破更离不开物理实验的验证。物理实验思想和方法在推动现代物理学的发展过程中仍起着重要的作用。因此物理思想方法和技术是构成现代高科技人才知识结构的基础，是应用技术的基础和源泉，其实验思想和方法并不局限于某个具体的实验教学和探索，具有普遍的指导意义。物理实验方法主要有放大法、比较法、转换测量法、模拟法等。下面介绍几种常见的物理实验基本测量方法。

2.2.1　放大法

所谓的放大法就是按照一定的规律将被测物理量放大以提高测量精度的测量方法。这种方法通常用于测量值很小甚至无法被实验者或仪器直接感觉和反应的实验中，如果直接用给定的某种仪器进行测量就会造成很大的误差，此时可以借助一些方法将待测量进行放大后再进行测量。放大法是一种极其巧妙又十分重要的实验方法。放大法可分为直接放大法和间接放大法两类。

（1）直接放大法。在被测物理量能够简单线性叠加的条件下，将它放大若干倍再进行测量的方法，称为直接放大法或累积放大法（叠加放大法）。在物理实验中运用直接放大法的实例很多，如使用一把千分尺精确测一张 A4 纸的厚度很困难，若把同样尺寸的一千张 A4 纸叠在一起，再用千分尺测量就容易多了。除此之外还有单摆周期的测量、等厚干涉相邻明条纹的间隔等，都是将这些物理量累积放大若干倍后再进行测量。直接放大法的优点是在不改变测量性质的情况下，将被测量扩展若干倍后再进行测量，从而增加测量结果的有效数字位数，减小测量的相对误差。在使用直接放大法时应注意避免引入新的误差因素。

（2）间接放大法。所谓间接放大法是按照一定的原理和变换关系把被测量的微小量转换成易于观察、高精度的另一放大物理量，从而实验测量的方法。在物理实验中，这种实验方法也经常用到，如灵敏电流计、光杠杆原理。间接放大法包括机械放大法、光学放大法和电学放大法等。

①机械放大法。机械放大法包括杠杆放大法、轮轴放大法和齿轮放大法等。在应用中通常表现为体积、长度、角度等改变引起的放大。例如，游标卡尺的读数原

理、游标盘的设计(盘的半径做得越大，其分辨率越高)、螺旋测微计的原理等皆属于机械放大。

②光学放大法。光学放大具有稳定性好、受环境的干扰小的优点。常用的光学放大法有两种，一种是使被测物通过光学装置放大视角形成放大像，以便于观察判别，从而提高测量精度。例如放大镜、显微镜、望远镜等。另一种是使用光学装置将待测微小物理量进行间接放大，通过测量放大了的物理量来获得微小物理量。例如测量微小长度和微小角度变化的光杠杆镜尺法就是一种常用的光学放大法。

③电学放大法。电信号的放大是物理实验中最常用的技术之一，包括电压放大、电流放大、功率放大等。例如普遍使用的三极管就是对微小电流进行放大，示波器中也包含了电压放大电路。由于电信号放大技术成熟且易于实现，所以也常将其他非电量转换为电学量放大后再进行测量。例如在利用光电效应法测量普朗克常数的实验中，是将微弱光信号转换为电信号再放大后进行测量。但是对有用电信号放大的同时，电路中的噪声也会被放大，对信噪比没有改善甚至会有所降低，因此电信号放大技术通常与提高信号信噪比技术结合使用。

2.2.2　比较法

所谓比较法就是在相同的实验条件下将待测物理量与选作标准单位的物理量进行比较的方法。因为比较可以消去一些已知和未知系统的误差，因此比较法在物理实验中经常使用。常见的比较法有测量物体长度、用天平称量质量、用电桥测电阻等。比较法可分为直接比较法与间接比较法两种。

2.2.2.1　直接比较法

直接比较法是将待测物理量与同类物理量的标准量直接进行比较或采用标准仪器进行直接测量而取得实验结果。典型的例子有：长度测量——用米尺、游标卡尺等直接测量长度；质量测量——用天平测量物体的质量；时间测量——用秒表、数字毫秒计测量时间；电压和电流的测量——用电表、万用电表直接测量电压和电流等电学量。

直接比较法的测量精度受到测量仪器精度的影响，欲提高测量精度就得提高量具的精度。因此，需依靠不同物理量的标准件，例如用于长度测量的"块规"，用于测质量的高精度砝码，标准电阻、标准电池等高精度的标准器件。

图 2.2-1 为利用标准电阻进行直接比较测量的实验电路。图中 R_s 为标准电

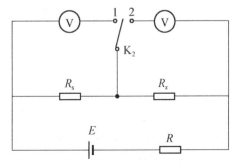

图 2.2-1　直接比较测量法

阻，R_x 为待测电阻，且伏特表的内阻远远大于标准电阻 R_s 和待测电阻 R_x。当电路联通后，开关 K_2 分别打到"1"和"2"，测出相应的电压 V_s 和 V_x，即可利用电路公式 $R_x = \dfrac{V_x \cdot R_s}{V_s}$ 计算待测电阻。

2.2.2.2 间接比较法

间接比较法是当某些物理量无法直接比较时，需要通过物理量间的函数转换关系设计出相应的仪器或实验来实现测量。严格意义上说，除了长度测量可视为直接比较测量外，温度、时间、电量等均可视为间接比较测量，因为它们都是通过某种传感器或媒介来实现测量的。如电流表就是利用电磁力矩和机械力矩平衡时，电流大小与电流表指针偏转量之间存在一定的对应关系，然后通过定标制成的。还有一些通过标准量直接比较的例子，如在用示波器测量频率时，分别向 CH1 通道（x 轴）和 CH2 通道（y 轴）输入待测信号和标准信号，调出标准信号的输出频率和对应显示的李萨如图形，然后根据李萨如图与两个信号频率比的关系求出待测频率。

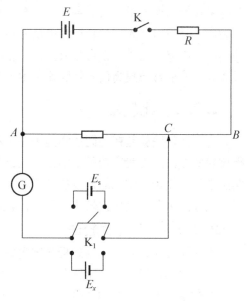

图 2.2 是利用补偿法进行间接比较测电动势的原理图。K_1 是双刀双掷开关，E_s 是标准电池。合上 K 调节 R 使 AB 电阻丝中的电流 I 为某定值，让 K_1 投向 E_x，调节滑动触点 C 使 G 示零；在 I 不变的情况下将 K_1 投向 E_s，再滑动触点 C 至 C' 使 G 又示零。则可对前后两次达到补偿的情况进行比较：

图 2.2-2   间接测量

$$E_x = U_{AC} = I \cdot R_{AC} = I \cdot \rho \cdot \frac{l_{AC}}{S} \qquad (2.2-1)$$

$$E_s = U_{AC'} = I \cdot R_{AC'} = I \cdot \rho \cdot \frac{l_{AC'}}{S} \qquad (2.2-2)$$

得

$$E_x = \frac{l_{AC}}{l_{AC'}} \cdot E_s \qquad (2.2-3)$$

式中，ρ 为电阻丝 AB 的电阻率，l_{AC} 是第一次测量达到补偿时 AC 间的电阻丝长度，$l_{AC'}$ 是第二次测量达到补偿时 AC' 间的电阻丝长度，S 为 AB 电阻丝的截面积。

可见，对 E_x 的测量被转换成对电阻丝长度的测量，故称其为间接测量。从推导过程来看，上述测量必须保证 l 与 ρ 皆不随时间而变化才是正确的。

2.2.3　转换测量法

所谓转换测量法，即根据物理量之间的定量关系、能量守恒关系及各种物理效应把不易测量的物理量转换为容易测量的物理量，或为提高待测物理量的测量精度将待测量转换成另一种测量精度较高的物理量的测量。转换测量法实际上是间接测量法的具体应用，一般分为参量换测法和能量换测法两大类。

2.2.3.1　参量换测法

在一定实验条件下，利用各物理量间的函数关系来实现待测物理量变换的测量。如：钢丝的杨氏模量 E 的测量是利用应变与应力成线性变化的规律，将待测量 E 转换成对应变量 $\Delta L/L$ 与应力量 F/S 的测量，即通过测量 L、ΔL、F、S，以 $E = (F/S)/(\Delta L/L)$ 求出待测量；在声速的测量实验中，换能器根据压电效应将机械波的测量转换成电压的测量；牛顿环实验中，牛顿环器件通过等厚干涉原理把球面曲率半径的测量转换成干涉图样几何尺寸测量；在热电偶的定标与测温实验中，热电偶根据温差电理论将温度的测量转换为电势差的测量。

转换测量法是物理实验中最常见的方法之一。随着新材料、新技术的不断出现，各种各样传感器的不断诞生提高了转换物理量测量的精度。

2.2.3.2　能量换测法

在物理实验中，许多物理量之间存在着多种效应和关系。某些物理量无法用仪器直接测量，或者即使能够测量但不方便，准确性差，因此常通过能量变换器把这些物理量转换成其他物理量进行测量。这称为能量换测法。

能量换测法的关键器件是传感器。从原则上讲，所有物理量如尺寸、形状、速度、加速度、振动参量、粗糙度等力学量以及温度、压力、流量、湿度、气体成分等热学量，都能找到与之对应的传感器，从而将这些物理量转换为其他信号进行测量。下面介绍压电传感器、电感传感器、光电传感器等常用的传感器。

(1)压电传感器。压电传感器是利用某些材料的压电效应制成的器件。某些固体电介质，由于结晶点阵的特殊结构，当晶体发生机械形变例如受到压力作用而缩短时，它会产生极化，在其表面产生束缚电荷，形成与极化方向一致的电场。于是可以将压力的测量转换为电场的测量。利用压电传感器可以测量各种各样情况下的压力、振动或加速度。

压电晶体是力－电转换元件，在压电晶体上加电场时，晶体会发生机械变形，即逆压电效应(或称为电致伸缩效应)。因此，利用压电传感器还可以在液体中产生超声波。

(2)电感传感器。电感传感器是建立在电磁感应基础上的传感器，可以利用线圈电感的改变实现非电学量的电测量。在电路中放上带有铁芯的线圈后便会产生自感现象。线圈自感的大小与铁芯的位置有关，所以可以通过对电信号变化的测量来测量线圈自感的变化，从而确定与铁芯连在一起的物体的位移、振动、压力等物理量。

（3）光电传感器。光电传感器是将光信号转换为电信号进行测量的换能器。利用光电效应制造的光电管、光电倍增管等光电转换器件，可将光强转换为电流或电压进行测量。根据光敏器件受到某种光的照射后其电阻率会发生变化的特点，可利用光敏电阻、光电管测量光束中某些谱线的光强度。光电池等器件受到光照后会产生与光强有一定关系的电动势，从而可将光强转换成电信号进行测量。

2.2.4　模拟法

在研究某些自然现象、物质的运动规律或解决工程技术问题时，经常会遇到一些诸如危险性大、难以直接进行实验测量或耗资巨大等情况，这就要求研究人员或工程技术人员能够通过模拟的方法克服不利因素以实现实验目的。模拟法并不直接研究某物理现象或物理过程的本身，而是对与之相似的数学或物理问题进行模拟实验。这种方法对于不便于或无法直接测量的物理量是行之有效的。特别是对于耗资巨大、危险性极大的工程项目，通过模拟实验得到优化合理的结果，用模拟得到的参数可以一次性成功完成这种工程项目的建设。物理实验中的模拟法通常可分为物理模拟和计算机模拟等。

（1）物理模拟。所谓物理模拟即根据类比体或系统之间具有相似的物理过程或相似的几何形状而建立的模拟方法。常见的模拟方法有几何模拟法、物理量替代模拟法、行动规律模拟法。如利用"风洞"试验设计、改进飞机机翼，用"流槽"模拟预演河流的冲积作用等皆属于物理模拟，以及用稳恒电场模拟静电场，用电场模拟温度场等。

模拟法的基本思想是物理上的可比性。理论研究表明，在被研究的区域内两个性质不同的物理场如果满足以下条件：

①描述两个物理量满足相同形式的微分方程；

②被研究区域的边界条件相同；

③在各自的边界上描述这两个场的物理量其法向导数（即梯度）的分布相同。则这两个场具有相同的分布。

例如，质量为 m 的物体在弹性回复力 kx、阻尼力 $\beta \cdot \dfrac{\mathrm{d}x}{\mathrm{d}t}$ 和外力 $F\sin\omega t$ 的作用下沿 x 方向的振动方程为

$$m\frac{\mathrm{d}x^2}{\mathrm{d}t^2} + \beta \cdot \frac{\mathrm{d}x}{\mathrm{d}t} + kx = F\sin\omega t \qquad (2.2-4)$$

对 R、L、C 串联电路，在交流电压 $V\sin\omega t$ 作用下，电容上的电荷 q 随时间变化为

$$L\frac{\mathrm{d}q^2}{\mathrm{d}t^2} + R \cdot \frac{\mathrm{d}q}{\mathrm{d}t} + \frac{q}{C} = V\sin\omega t \qquad (2.2-5)$$

上述力学过程和电学过程的微分方程相同，其系数对应关系 $m \to L$，$\beta \to R$，$k \to 1/C$；参量对应关系 $\omega = \sqrt{k/m} \to \omega = \sqrt{1/LC}$，$\sqrt{km}/\beta \to \sqrt{L/C}/R$，所以可以调整电路系统的物理量模拟力学振动系统。

(2)计算机模拟法。计算机模拟法是计算机仿真实验或利用 3D 图形设计虚拟仪器并建立的虚拟实验环境，让学生在虚拟环境中操作仿真仪器来虚拟操作真实的实验过程。

计算机模拟法的优点主要有以下几个方面：

①既易于调整和改变各种操作条件或参量，又可以在屏幕上实时显示，从而使模拟的物理过程(如李萨如图形的合成)直观、准确；

②易于通过参数的选择优化物理实验过程中的最佳条件和最佳实验方案；

③易于控制实验的过程，使实验变得快捷方便，同时减少实验过程中的费用。

虽然计算机模拟有很多优点，但在实际使用中必须遵循虚拟仿真实验的"虚实结合，能实不虚，相互补充"等原则。

2.2.5　修正法

修正法是由于环境、仪器等因素的影响而在测量过程中产生了偏离实际的结果，在具体的测量及数据处理中需要修正上述测量偏差。在众多的仪器中，如欧姆表、高斯计等，调零就是修正法的一种实验操作；在霍尔效应测量磁场实验中，由于受地磁场的影响，因此测量结果也必须扣除地磁场的背景磁场；在单缝衍射测量光强分布规律时，由于无法把实验室做成理想的暗室，总存在背景光强，所以在光电测量中必须扣除背景光强的影响；除此之外，游标卡尺固定刻度线与可动刻度线的零线不重合时，也需要进行相应的修正操作。

2.3　物理实验中的基本操作技能

在物理实验中，正确的仪器调整和操作技术不仅可将系统误差减小到最低限度，而且对提高实验结果的准确度有直接影响。因此掌握仪器的基本调节和操作方法是提高实验结果准确程度和精度的关键。有关实验调整和操作技术的内容相当广泛，需要通过一个个具体的物理实验的训练逐渐积累起来。熟练的实验操作技能来源于具体的实践。在实验过程中，必须养成良好的习惯。例如，在进行任何测量前首先必须调整好仪器，并且按正确的操作规程进行实验。任何正确的结果都来自仔细的

调节、严格的操作、认真的观察和合理的分析。

对某一实验具体使用仪器的调整和操作将在以后有关实验中介绍，下面介绍一些最基本的、具有一定普遍意义的调整技术，以及电学实验、光学实验的基本操作规程。

2.3.1　基本操作

2.3.1.1　零位调整

由于外界环境(如温度、湿度等)的变化或其他原因，仪器的零位往往已经发生了偏离，因此实验前应仔细检查和校准仪器的零位，避免和减少系统误差。对于刚进入大学的本科生来说，往往会忽略仪器或量具的零位是否准确，总以为它们都已校准好了，就直接进行测量实验，因此造成了测量结果产生较大的误差。零位的调整，事实上就是要求测量前必须检查各测量仪器的初始位置是否正确。如万用表、电子天平等仪器的使用，在使用前必须检查零位是否正确，必须校准到零位或天平平衡才能进行实验。对电学仪表，如检流计、电压表等，在接通电源前必须进行零位调节，否则容易烧坏仪表。

还有一种情况是仪器不能进行零位调整或不能进行零位校准，如磨损的游标卡尺或螺旋测微器，应在测量前先记录"零点偏差"读数，以便在测量结果中加以修正。注意，"零点偏差"有正负之分。这也就是前面所说的修正法。

2.3.1.2　水平、铅直调整

在实验中经常遇到要对使用仪器进行水平和铅直的调整。这种调整可借用水平仪和悬锤。如天平的水平和铅直调整，首先调节天平底座下的调节螺钉使底座上水准仪的气泡移至中央，或使立柱上悬挂的重锤下端的尖端与底座上的准尖对准，立柱即被调整到铅直方向，从而保证立柱上部的平面水平。一般而言，仪器的水平和铅直状态的调节往往可以相互转化互为补充，能够同时满足。

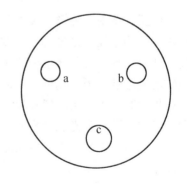

图 2.3 – 1　分光计载物台水平调整

如图 2.3 – 1 所示，要粗调分光计时，需调整分光计载物台水平，只需在载物台上放置水平仪，调节载物台下面三个螺钉使水平仪的气泡移至中间即可。

2.3.1.3　消除空程误差

空程误差也叫回程误差，是由机械装置的间隙造成的。由于仪器的机械连动结构依靠齿轮，而螺纹间的啮合无法达到完美，是有一定间距的，所以相对运动的机械部件之间的间隙是必然存在的，如反复（例如旋钮的顺时针旋转和逆时针旋转）动作过程中产生空程是必然的。许多仪器（如测微目镜、迈克尔逊干涉仪、读数显微镜）的读数装置都由丝杆–螺母的螺旋机构组成，在刚开始测量或反向移测时，丝杆须转动一定的角度才能与螺母啮合，由此引起的虚假读数，称为空程误差。这种空程误差有可能会由于空程的累积而加大，如迈克尔逊干涉仪的读数机构。为了消除空程误差，使用时除了一开始就要注意排除这种误差之外，还要保持整个操作过程沿同一方向行进。

2.3.1.4　消除视差

当实验者观测距离不同的两个物体时，改变视线方向，这两个物体存在相对运动的现象，称为视差现象。在物理实验测量中，通常会遇到读数标线（指针、叉丝）和标尺平面不重合的情况。例如，电表的指针和标度面总是有一定的间隙，因此当眼睛在不同位置观察时，读得的指示值会有差异，这就是视差。有无视差可根据观测时人眼睛稍稍移动，标线与标尺刻度是否有相对运动来判断。

如图 2.3 -2 所示，实验者从不同视线方向观测时，得到不同的测量数值，即存在视差现象。为了消除测量读数时的视差，应做到正面垂直观测。又如对电表读数则应垂直于表面正视，使指针与刻度槽下面平面镜中的像重叠，这时读下标尺上无视差的读数才是正确的。

另外，在用带有叉丝的测微目镜、望远镜等这些非接触式仪器进行测量时，若观察物的像不与叉丝共面，则人眼移动时，也可能存在

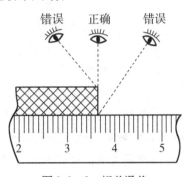

图 2.3 -2　视差误差

两者有相对运动，即存在视差。消除这种视差的方法是仔细调节目镜（连同叉丝）与物镜之间的距离或物镜焦距，使被观察物经物镜后成像于叉丝所在的平面内，边微调边稍稍移动人眼，观察两者是否有相对运动，直至无相对运动为止。消除视差不仅可以使读数准确可靠，还可以利用实物来确定像的位置，发挥仪器应有的性能。

2.3.1.5　焦距调整

在做光学实验时，必须事先进行焦距调节操作。如在"分光计调整与使用"实验中：首先调节目镜焦距使分划板位于目镜的焦平面上，即目镜视场中的十字线最清晰。其次调节望远镜聚焦于无限远处，前后移动目镜筒即调节物镜与分划板间的距离使分划板位于物镜的焦平面上，即绿色的亮十字像最清晰。又如：在"弯曲法测杨氏模量"实验中，测微目镜中目镜的调整，首先调节目镜焦距使视场中的标尺清晰，然后再按照消除视差的方法调节测微目镜，再调节物镜焦距使望远镜能清晰看到挂钩的标线。

2.3.1.6 共轴等高调节

光学系统等高共轴调节是各种光学元件组合特定光学系统的成像实验时，满足该光学系统符合或接近理想光学系统的条件、获得优良的像质、保证光学系统符合各种理论计算公式的最基本的操作。因此，实验中必须进行等高共轴调节的理由包括如下两个方面：

（1）共轴调节：调节光学系统中各种元件的光轴使各元件的主光轴重合，以满足近轴成像规律。

（2）等高调节：在成像公式中，物距、像距都是指光学系统光轴上的距离，因此只有保证光轴与光具座导轨严格平行才能从光具座导轨的刻度尺上正确读出实际的物距与像距等。

光学实验中的等高共轴调节一般可分为粗调和细调：

①粗调：先把物、透镜、像屏等元件置于光具座上，并将它们尽量靠拢，用眼睛观察进行粗调，使各元件的中心大致在与导轨平行的一条直线上，并使物平面、透镜平面、像屏面相互平行且垂直于光具座导轨。

②细调：依靠成像规律进行调节。例如在焦距测定实验中，若物和像屏相距较远，则移动透镜时，会先后在屏上呈现大、小两个实像，若物的中心处在透镜光轴上，且光轴与导轨基线平行，则移动透镜时大小两次成像的中心必将重合；若物的中心偏离光轴或导轨与光轴不平行，则当透镜移动时，两次成像时像的中心不重合，这时可根据像中心的偏移情况调节至共轴等高状态。

2.3.1.7 逐次逼近法

逐次逼近法，也可称"渐进性接近法"。任何仪器的调节都可能会有粗调和细调两个环节。粗调是否到位，对细调起着重要的作用。也就是说任何调整几乎都不是一蹴而就的，都要经过仔细、反复的调节。一个简便而有效的技巧是"逐次逼近"。如"分光计的调节"实验分为目测粗调和细调。目测粗调：调节望远镜和平行光管的高低螺钉、载物台下的三个调节螺钉使它们大致垂直于旋转主轴。粗调是否调节好，对望远镜的调节非常重要，对后期的"各半调节法"调节反射十字到上分划线交叉点也有重要影响。当然，"各半调节法"调节反射十字到上分划线交叉点是逐次逼近法调节的典型实例。总之，仪器的调节往往不是一次就可以调好的，需要经过仔细、反复的调节。

2.4 常用实验仪器

2.4.1 游标卡尺

游标卡尺是一种常用的量具，具有结构简单、使用方便、精度中等和测量的尺寸范围大等特点，可以用它测量零件的外径、内径、长度、宽度、厚度、深度和孔距等，应用范围很广。

2.4.1.1 游标卡尺结构

游标卡尺由主尺 D、游标 E、外量爪 A 和 B、内量爪 M 和 N 组成，如图 2.4 - 1 所示。主尺上刻有间距为 1mm 的刻度，尺框可沿尺身滑动，游标固定在尺框上。外量爪用于测量厚度和外径，内量爪用来测量内径，深度尺 C 用来测量深度，F 为固定螺钉。

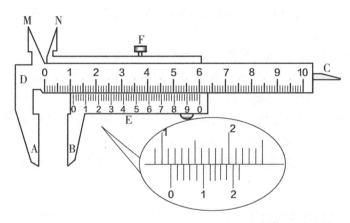

图 2.4 - 1 游标卡尺的结构及使用

2.4.1.2 游标卡尺的读数方法

游标就是附在主尺上的一个可移动、刻有 n 条分度线的小尺 E。其结构原理在于游标上的 n 个分格的总长度与主尺上 $n-1$ 个分格的总长度相等。设 y 代表主尺上一个分格的长度，x 代表游标上一个分格的长度，则有

$$nx = (n-1)y$$

$$x = (1 - \frac{1}{n})y$$

这说明主尺上每一分格长度与游标上每一分格长度之差是

$$\Delta x = y - x = \frac{y}{n}$$

Δx 就是从游标卡尺上可以精确读出的最小数值，称为游标卡尺的分度值。

实验室常用的是五十分(即 $n=50$)游标卡尺，游标 50 个分格的长度等于主尺上 49mm，分度值

$$\Delta x = \frac{1\,\text{mm}}{50} = 0.02\,\text{mm}$$

游标卡尺的读数规则是：

①从游标零刻线所对的主尺刻度位置读出主尺毫米以上的数据。

②找出游标尺与主尺刻线对齐的游标刻度位置，读出毫米以下的数据，两者相加就是用游标卡尺测量所得的结果。

如图 2.4-1 所示，游标零刻度所对主尺的位置为 11mm，游标的第 7 条线与主尺刻线对齐，则所测的长度数据为

$$L = 11 + 7 \times 0.02 = 11.14(\text{mm})$$

2.4.1.3 使用游标卡尺的注意事项

①合拢外量爪，检查游标"0"线与主尺的"0"线是否重合。如不重合，应记下零点读数加以修正。

②测量外尺寸时应先把外量爪开得比被测尺寸稍大，测量内尺寸时应把内量爪张开得比被测量尺寸稍小，然后慢慢推或拉尺框使量爪轻轻地接触被测物体表面。测量内尺寸时，不要使劲转动卡尺，可轻轻摆动以找出最大值。

③当量爪接触被测物体后，用力的大小应正好是两个量爪恰恰能接触被测物体表面。如果用力过大，尺框和量爪会倾斜一个角度，这样量出的尺寸比实际尺寸小。

④不要用游标卡尺测量粗糙物体。夹紧物体后，不要在卡口挪动物体以防止卡口磨损。

2.4.2 螺旋测微器

螺旋测微器是一种比游标卡尺更精密的长度测量仪器，又称千分尺。

2.4.2.1 螺旋测微器的结构

如图 2.4-2 所示，螺旋测微器由尺架 1、测砧 2、隔热垫 3、测微螺杆 4、锁紧螺丝 5、螺母套管 6、固定套管 7、微分筒 8、棘轮旋柄 9 等组成。测微螺杆、微分筒和棘轮旋柄是连在一起的，螺旋微分筒时微分筒和测微螺杆一起旋转。测微螺杆旋转的同时也就改变了测微螺杆端面与测砧之间的距离。

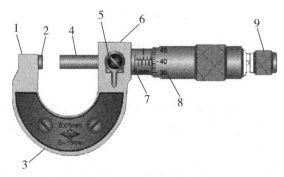

图 2.4-2　螺旋测微器结构

2.4.2.2　螺旋测微器的测量原理

读数机构由固定套管和微分筒组成。在固定套管上刻有水平刻度线作为微分筒读数的基准线。水平刻线上方(或下方)有 25 个格,间距为 1mm,作为整毫米标尺;水平刻度线下方(或上方)靠右错开 0.5mm 刻有 24 分格,作为半毫米标尺。微分筒的棱边作为整毫米和半毫米的读数准线。微分筒的圆周斜面上刻有 50 个分格,侧位螺杆的螺距为 0.5mm,当微分筒旋转 1 个分格时,测微螺杆向左或向右移动 0.01mm。因此,微分筒上每分格的分度值为 0.01mm。可见,微分筒旋转一周,测微螺杆移动 0.5mm。

螺旋测微器读数规则:

读数时,先从微分筒棱边的固定套管上读出整毫米数和半毫米数,再从微分筒上读出 0.5mm 以内部分,还要估读到 0.001mm 那一位。两者相加即为测量值,即

$$待测尺寸 = 固定套管上读数 + 微分筒上读数(含估读位)$$

注意事项:

(1)使用螺旋测微器时,用右手旋转微分筒,当待测物体与测量面快接触时,应小心旋转棘轮旋柄,使测量面轻轻地和待测物接触,当听到"哒哒"的响声后,就可以读数了。

(2)使用螺旋测微器测量前一定要检查仪器的零点,对测量值作零点修正,并注意修正值的符号。

(3)使用完毕,应使测砧和测微螺旋杆两测量面之间留出一定间隙以防止因热胀而损坏螺纹,并将螺旋测微器放入量具盒中。

2.4.3　测微目镜

测微目镜外形结构如图 2.4 - 3 所示,它的主要部件包括目镜、分划板、物镜及测量系统。在目镜的焦平面上固定不动地装着刻有从 0 到 9mm 标尺的分划板,一格的分划值为 1 mm。在这块分划板的前面,在允许间隙(0.02 ~ 0.05 mm)范围内装着第二块玻璃分划板,在其朝向目镜的一边刻有相交的二根长线。调节目镜,实验者可以在目镜内看到如图 2.4 - 4 所示图像。分划板 2 可以沿读数鼓轮的测微螺丝的轴心移动,当旋转读数鼓轮 4 时,分划板 2 随着移动。读数鼓轮的测微螺丝的螺距等于 1 mm,而不动的分划板 1 的分划值也等于 1 mm,所以读数鼓轮转动一周,分划板 2 的长线就相对分划板 1 移动一格,这样根据不动的分划板 1 便可以读出读数鼓轮的整转数 x_1。读数鼓轮分成 100 格,而测微螺丝的螺距等于 1 mm,因而读数鼓轮转动一格便为 0.01 mm。全部读数 x 等于分划板 1 上的读数 x_1 加上读数鼓轮上的读数 x_2,即:

$$x = x_1 + 0.01 \times x_2$$

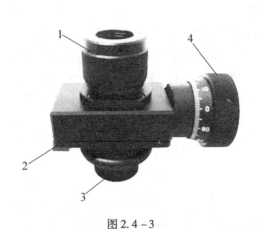

图 2.4 – 3

1—测微目镜组；2—镜筒锁紧螺丝；

3—物镜组；4—读数鼓轮

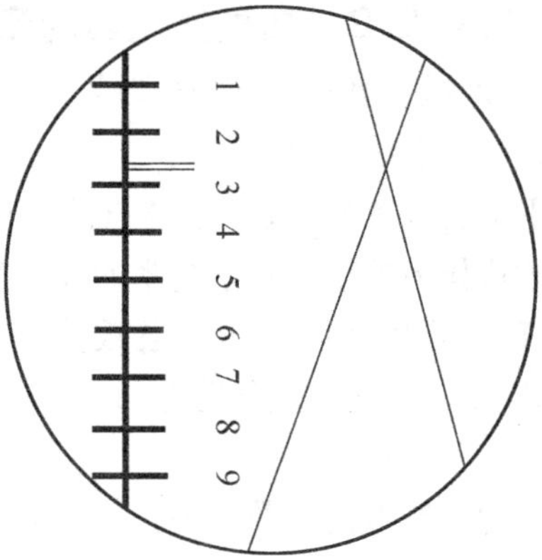

图 2.4 – 4

示例：若在目镜视场内看到测量基线处于标尺刻线 2 和 3 之间(图 2.4 – 5a)，而读数鼓轮上的读数如图 2.4 – 5b 所示，即读数鼓轮的整转数 $x_1 = 2$，读数鼓轮上的读数 $x_2 = 64.5 \times 0.01 = 0.645$ mm，则测微目镜的全部读数为：$2 + 0.645 = 2.645$(mm)。

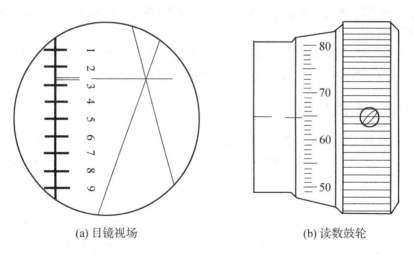

(a) 目镜视场

(b) 读数鼓轮

图 2.4 – 5

使用测微目镜应注意以下几点：

(1)测量时先调节目镜与分划板的间距，看清楚十字叉丝。

(2)调节整个目镜筒与被测实像的间距，直到在视场中看到被测的像最清晰，并须自行调节到被测像与叉丝像无视差，亦即两者处在同一平面上。只有无视差的调焦才能保持测量精度。

（3）松开测微目镜固定螺丝，旋转它使分划板移动方向与被测间隔方向一致，然后再固定好。

测量过程中应缓慢转动鼓轮，且沿一个方向转动，中途不要反向。因为丝杆与螺母的螺纹间有间隙（称为螺距差），当反向旋转时，必须转过此间隙后分划板（叉丝）才能跟着螺旋移动。因此若旋过了头，必须退回一圈，再从原方向旋转推进，重测。

要求叉丝中心不得移出刻度尺所示的刻度范围，如叉丝已达刻度尺一端，则不能再强行旋转测微鼓轮。

2.4.4 读数显微镜

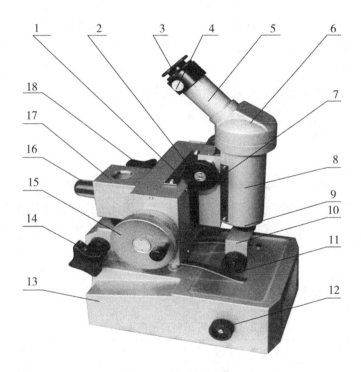

图 2.4 - 6 读数显微器

1—标尺；2—调焦手轮；3—目镜；4—锁紧螺钉；5—目镜接筒；6—棱镜室；7—刻度尺；8—镜筒；
9—物镜组；10—半反镜组；11—压片；12—反光镜旋轮；13—底座；14—锁紧手轮Ⅱ；
15—测微鼓轮；16—方轴；17—接头轴；18—锁紧手轮Ⅰ

2.4.4.1 结构说明

读数显微镜即为测量显微镜。显微镜通常起放大物体的作用，而读数显微镜除放大物体外，还能测量物体的大小。读数显微镜的规格和型号很多，但基本结构是相同的。本试验使用 JCD3 型读数显微镜，实验装置及各部分如图 2.4 - 6 所示。目镜 3 可用锁紧螺钉 4 固定于任一位置，棱镜室 6 可在 360° 方向上旋转，物镜组 9 用丝扣拧入镜筒内，镜筒 8 用调焦手轮 2 完成调焦。转动测微鼓轮 15，显微镜沿燕尾导轨作纵向移动，利用锁紧手轮 I 18，将方轴 16 固定于接头轴十字孔中。接头轴 17 可在底座 13 中旋转、升降，用锁紧手轮 II 14 紧固。根据使用要求不同，方轴可插入接头轴另一个十字孔中使镜筒处于水平位置。压片 11 用来固定被测件。旋转反光镜旋轮 12 调节反光镜方位。

2.4.4.2 使用说明

将被测件放在工作台面上用压片固定。旋转棱镜室 6 至最适当位置，锁紧螺钉，调节目镜进行视场调整使分划板清晰。转动调焦手轮，从目镜中观察，直到被测件成像清晰为止。调整被测件使其被测部分的横面和显微镜移动方向平行。转动测微鼓轮使十字分划板的纵丝对准被测件的起点，记下此值：在标尺 1 上读取整数，在测微鼓轮上读取小数，此两数之和即为此点的读数 A；沿同方向转动测微鼓轮使十字分划板的纵丝恰好停止于被测件的终点，记下此值 A'，则所测之长度 $L = |A - A'|$。为提高测量精度，可多次测量取其平均值。

2.4.5 光源

2.4.5.1 汞灯

汞灯又称水银灯，是一种气体放电灯，其真空石英玻璃管内充以汞蒸气和少量氩气。汞蒸气是发光物质。汞灯常压下不易点燃，因此管内充以氩气作为辅助气体。通电时氩气首先电离放电使灯管温度升高，汞受热产生蒸气。汞蒸气的气压不同，其发出光谱的亮度也不同。按汞蒸气气压大小，汞灯可分为低压汞灯、高压汞灯。高压汞灯的光谱线在可见光区共十余条，低压汞灯只有其中最亮的五至七条。可见光范围内强谱线见表 2.4 - 1。

表 2.4 - 1 可见光范围内强谱线

波长/nm	404.6	407.8	435.8	491.6	546.1	576.9	579.6	623.4
颜色	紫	紫	蓝	绿	绿	黄	黄	橙

汞灯从启动到正常工作需要一段预热时间，为 5 ~ 10min。高压汞灯熄灭后，因灯管仍然发烫，内部仍保持较高的汞蒸气压，要等灯管冷却后汞蒸气压降低到一定程度才能再次点燃。汞灯紫外线辐射较强。为保护眼睛，不要直视汞灯。

2.4.5.2 钠光灯

钠光灯是将金属钠封闭在抽空的放电管内，管内充以少量辅助气体氢、氖。其工作原理与汞灯相似，都是金属蒸气辉光放电。

钠光灯的光谱在可见光范围内有两条波长分别为 589.0nm 和 589.6nm 的强光谱。许多仪器因这两条谱线不易分开，将其当作单色光源使用，取它们的平均值 589.3nm 作为单色光波长。

2.4.5.3　氦氖激光器(He-Ne 激光器)

激光器是 20 世纪 60 年代出现的新型光源，其发光原理与前述的光源根本不同。普通光源是自激辐射而发光，激光是受激辐射而发光。激光是一种方向性很好(发散角很小)、单色性好、亮度高、空间相干性高的光源。因此，实验室常用它作为强的定向光源和单色光源。激光器的种类很多，如氦氖激光器、氦镉激光器、氩离子激光器、二氧化碳激光器等，其中最常用的激光器是 He-Ne 激光器。

He-Ne 激光器由激光电源和 He-Ne 激光管两部分组成。激光管是一个气体发电管，管内充有氦、氖混合气，两端用镀有多层介质膜的反射镜封固，构成谐振腔。光在两镜面间多次反射形成持续振荡。它发出的激光波长为 632.8nm，输出功率几毫瓦或几十毫瓦。

使用激光器注意事项：

(1)激光管连接高压电源，严禁触摸其电源部分以防电击事故发生。

(2)由于激光束能量集中，切忌用眼睛直视它，特别不能直视经过聚焦的激光束！

(3)按激光器的最佳工作电流使用，否则会影响其功率和寿命。

2.4.6　电表

2.4.6.1　电流表

电流表是用来测量电流的基本仪器，按其结构原理可分为磁电式、电磁式及电动式电流表；按电流种类可分为直流(DC)、交流(AC)和交直流两用电流表；按用途可分为检流计、安培计(表)等。

磁电式电流表是利用通电线圈在永久磁铁和铁心之间的均匀磁场中受到磁力矩作用而发生偏转的原理制成的。

电流表的规格通常用量程、灵敏度、电流常数及级别来表示。级别表示电流表的精确程度，分为 7 级(0.1, 0.2, 0.5, 1.0, 1.5, 2.5, 5.0)。级别越小，精度越高。

电流表的仪器误差定义为

$$\Delta_{仪} = 量程 \times 级别\%$$

例如量程为 10mA，0.5 级电流表，其仪器误差

$$\Delta_I = 10 \times 0.5\% = 0.05(mA)$$

2.4.6.2　伏特表

伏特表用于测量电路中两点间的电压，又称为电压表。从结构原理上看，电压

表和电流表相同，只是在表头上的线圈串联一个高值电阻。其规格性能表示和电流表也相同。

2.4.6.3 用直流电流表和直流电压表测量直流电流和电压的方法

测量电流应将电流表串联接入电路中，电流表上的两个接线柱分别标有"＋"和"－"，电流应从标有"＋"号的接线柱流入，从标有"－"号的接线柱流出，不能接反，否则可能导致指针打弯或电流表损坏。

测量电压时，应将电压表并联接在被测电路元件的两端，标有"＋"号的接线柱接在电位高的一端，标有"－"号的接线柱接在电位低的一端，不能接反。

所选仪表的量程要略大于测量量值，放置电表时应按规定放置位置安放，否则会造成系统误差。

读数时，眼睛应对准指针上方。如果刻度盘上有镜子，则眼睛正对指针上方时，指针应与其在镜中的像重合，此时所对准的刻度才是电表的准确读数。

2.4.7 数字万用表

数字万用表相对来说属于比较简单的测量仪器。图2.4 – 7为型号DT9205A的数字万用表面板图。

2.4.7.1 电压的测量

（1）直流电压的测量，如电池、随身听电源等。首先将黑表笔插进"COM"孔，红表笔插进"V Ω"。把旋钮旋到比估计值大的量程（注意：表盘上的数值均为最大量程，"V –"表示直流电压挡，"V ～"表示交流电压挡，"A"是电流挡），接着把表笔接电源或电池两端，保持接触稳定。数值可以直接从显示屏上读取。若显示为"1."，则表明量程太小，那么就要加大量程后再测量；如果在数值左边出现"－"，则表明表笔极性与实际电源极性相反，此时红表笔接的是负极。

图2.4 – 7 数字万用表

（2）交流电压的测量。表笔插孔与直流电压的测量一样，不过应该将旋钮旋到交流挡"V ～"处所需的量程即可。交流电压无正负之分，测量方法跟前面相同。无论测交流还是直流电压，都要注意人身安全，不得用手触摸表笔的金属部分。

2.4.7.2 电流的测量

直流电流的测量。先将黑表笔插入"COM"孔。若测量大于200mA的电流，则要将红表笔插入"10A"插孔并将旋钮旋到直流"10A"挡；若测量小于200mA的电流，则要将红表笔插入"200mA"插孔，将旋钮旋到直流 200mA 以内的合适量程。调整好后就可以测量了。将万用表串进电路中，保持稳定，即可读数。交流电流的测量方法与直流电流的测量方法相同，不过挡位应该旋到交流挡位。电流测量完毕后应将红笔插回"VΩ"孔。

2.4.7.3　电阻的测量

将表笔插进"COM"和"VΩ"孔中，把旋钮旋到"Ω"中所需的量程，用表笔接在电阻两端金属部位。读数时，要保持表笔和电阻有良好的接触。注意单位：在"200"挡时单位是 Ω，在"2K"到"200K"挡时单位为 kΩ，"2M"以上的单位是 MΩ。

2.4.7.4　二极管的测量

数字万用表可以测量发光二极管、整流二极管……测量时，表笔位置与电压测量一样，将旋钮旋到"▶"挡，用红表笔接二极管的正极，黑表笔接负极，这时会显示二极管的正向压降。肖特基二极管的压降是 0.2V 左右，普通硅整流管（1N4000、1N5400 系列等）约为 0.7V，发光二极管为 1.8 ～ 2.3V。调换表笔，显示屏显示"1."则为正常，因为二极管的反向电阻很大，否则此管已被击穿。

2.5　实验室安全

2.5.0.1　用电安全

实验室常使用的电源通常是 220 V 的交流市电和 0 ～ 24 V 稳压直流电源，但有的实验电压高达 10^4V 以上（如高压直流电源或激光电源）。电压低于 36V 的直流电压称为安全电压，当直接接触高于 36V 电压时，就有触电的危险。所以在做电学实验的过程中要特别注意人身安全，谨防触电事故发生。实验者要做到：

（1）在使用仪器前必须先阅读熟悉仪器的操作规程；

（2）接、拆线路必须在断电状态下进行；

（3）操作时，人体不能触摸仪器的高压带电部位；

（4）高压部分的接线柱或导线，一般要用红色标志，以示危险；

（5）有人触电时，应立即切断电源，或用绝缘物体将电线与人体分离后再实施抢救。

2.5.0.2　要正确接线，合理布局

（1）实验前必须仔细分析电路，弄懂电路原理，明白电路的回路关系。电路连接时一般从电源的正极开始，按从高电势到低电势的顺序接线。如果有支路，则应把第一个回路完全接好后再接另一个回路，切忌乱接。

（2）仪器布局要合理、明了。要将需要经常控制和读数的仪器置于操作者面前，开关一定要放在最易操纵的地方。

（3）各仪器要处于正确使用状态。例如：接通电源前，电源输出电压和分压器输出电压均置于最小值处，限流器的接入电路部分阻值置于最大值处，电表要选择合理的量程，电阻箱阻值不能为零，等等。

2.5.0.3　电路检查

电路连接好后，必须仔细自查，确保连接电路准确无误，经教师复查同意，方能接通电源进行操作。合上电源开关时，要密切注意各仪表是否正常，若有反常，立即切断电源排除故障，并报告指导教师。

2.5.0.4　用眼安全

一方面要了解光学仪器的性能，以保证正确安全的使用；另一方面光学实验中用眼的场合很多，因此要注意对眼睛的保护，不使其过分疲劳，特别是对激光光源更应注意，严禁用眼睛直接观看激光束，以免灼伤眼球。

2.5.0.5　光学仪器的安全使用

光学实验是"清洁的实验"，对光学仪器和元件应注意防尘，保持干燥以防发霉。保护好光学元件的光学表面，禁止用手触摸，只能用手接触经过磨砂的"毛面"，如透镜的侧边、棱镜的上下底面等。若发现光学表面有灰尘，可用毛笔、镜头纸轻轻擦去，也可用清洁的空气球吹去。如果光学表面有脏物或油污，则应向教师说明，不要私自处理：对于没有镀膜的表面，可在教师的指导下用干净的脱脂棉花蘸上清洁的溶剂（酒精、乙醚等）仔细地将污渍擦去，不要让溶剂流到元件胶合处以免脱胶；对于镀有膜层的光学元件，则应由指导教师作专门的技术处理。

在使用仪器前必须认真阅读仪器使用说明书，详细了解所使用的光学仪器的结构、工作原理、使用方法和注意事项，切忌盲目动手，抱着试试看的心理乱操作。光学仪器的机械可动部分很精密，操作时动作要轻，用力要均匀平稳，不得强行扭动，也不要超过其行程范围，否则将会大大降低其精度。

2.5.0.6　实验仪器的整理

每一个实验完成后，应先关闭电源，待实验指导教师检查实验数据或实验结果后，方可拆除线路，并将各器件按要求放置整齐。

第 3 章　基础实验

实验 3.1　分光计的调整与使用

1814 年，德国物理学家夫琅禾费为了研究太阳暗线设计制造出了首台由阿贝准直透镜、平行光管和三棱镜组成的分光计。后来经过人们不断的改进，分光计日臻完善，在光学技术研究领域的应用也越来越广泛。很多光学仪器（如光栅光谱仪、分光光度计、棱镜光谱仪、单色仪等）都是以分光计的光学结构为基础设计和制造的。

分光计是精确测定光线偏转角的仪器，也称测角仪。通过角度的测量，可以测定光波波长、折射率、色散率、光栅常数等物理量。本实验介绍用精度为 1′ 的分光计来测量棱镜的顶角和最小偏向角，再通过计算得到棱镜的折射率。

3.1.1　实验目的

1. 了解分光计的结构、作用和工作原理；
2. 学会分光计的调整和使用方法；
3. 用分光计测量棱镜的折射率。

3.1.2　实验仪器

JJY1 型分光计、平面反射镜、汞灯、三棱镜。

3.1.3　仪器结构

3.1.3.1　分光计的构造

分光计主要由望远镜、载物台、平行光管、读数装置、底座五部分组成。分光计的构造如图 3.1 – 1 所示。

（1）望远镜。它是为了观察和确定平行光束方向而设置的。望远镜由物镜、分划板（上面刻有叉丝）和目镜组成，它们之间的距离可以调节，如图 3.1 – 2 所示。在分划板的下方粘有一块 45° 角的全反透镜。全反透镜与分划板粘贴的一面漆成黑色，仅在中间留一个小十字窗口。当光线从全反透镜另一面入射，经反射后回到分划板上便形成明亮的十字，如图 3.1 – 3 所示。

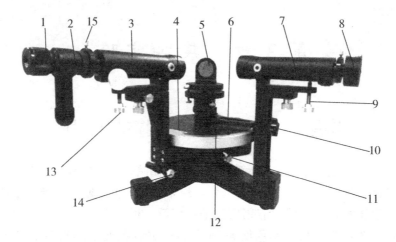

图 3.1－1　分光计的构造

1—目镜；2—绿光灯；3—望远镜筒；4—游标盘；5—平行平面镜；6—刻度盘；7—平行光管；8—狭缝装置；
9—平行光管倾斜度调节螺钉；10—游标盘螺钉；11—望远镜筒锁紧螺钉；12—载物台倾斜度调节螺钉；
13—望远镜倾斜度调节螺钉；14—望远镜微调螺钉；15—望远镜筒螺钉

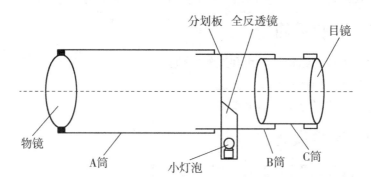

图 3.1－2　望远镜

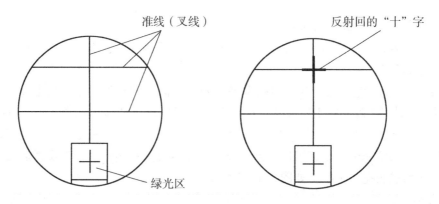

图 3.1－3　分划板上的叉丝和亮十字

(2)载物台。载物台用来放置待测元件。载物台为一块小圆铁板,其上附有夹物弹簧(附件),其下由三个螺钉支撑(a、b、c),调节螺钉可调节台面的倾斜角,如图 3.1－4 所示。载物台的高度升降可以通过旋松载物台锁紧螺钉调节,位置合适以后再锁紧。

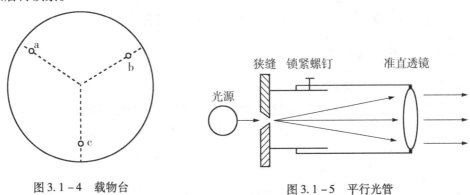

图 3.1－4 载物台   图 3.1－5 平行光管

(3)平行光管。它的作用是将待测的光变成平行光。如图 3.1－5 所示,它由一个缝宽大小可调的狭缝和一个凸透镜(准直透镜)构成。当狭缝的位置调节到凸透镜焦平面处时,由狭缝入射的光经过透镜出射时便形成了平行光。

(4)读数盘。读数盘是确定望远镜的方位和转过角度的部件,它由刻度盘和游标盘组成。本实验所用 JJY1 型分光计刻度盘的最小分度值为 0.5°,即 30′,如图 3.1－6 所示。每个角游标分为 30 小格,每个小格与主游标的最小分格相差 1′,所以角游标的精度为 1′。游标盘对称方向设有两个角游标,测量时两个角游标要同时读数,分别算出两个游标前后坐标差值,再取平均值作为测量值。这样做的目的是为了消除分光计中心主轴与读数盘的圆心不重合所引起的偏心差。

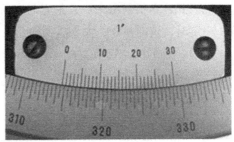

图 3.1－6 读数装置

(5)底座。底座的中心有一个竖轴,望远镜、读数盘、游标盘、载物台可绕该轴转动,该轴也称为仪器的主轴。

3.1.3.2　分光计的调节要求

分光计调节要达到下列要求，目的是保证测量的精度：

(1)望远镜对于入射的平行光能聚焦，即通过调节可以清楚地观察平行光。

(2)使平行光管发出的是平行光。

(3)调节望远镜、平行光管和载物台与分光计中心转轴垂直。

3.1.4　实验原理

3.1.4.1　测角原理

测量光线之间的夹角，实际上就是测定平行光束的方位角。如图 3.1 – 7 所示，A、B 分别为平行光束 1、2 在望远镜焦平面上的会聚像点。焦平面上的每一个点，都与一定方向入射的平行光束相对应。如果望远镜的光轴绕垂直于光束 1 和 2 的转轴转动，光轴由平行于光束 1 的方位(光轴上的会聚像点为 A)转到平行于光束 2 的方位(光轴上的会聚像点为 B)，则光轴所转过的角度即为平行光束 1 与 2 之间的夹角 θ。

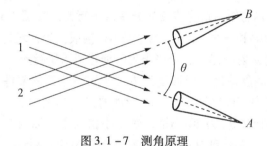

图 3.1 – 7　测角原理

3.1.4.2　用最小偏向角法测三棱镜材料的折射率 n

如图 3.1 – 8 所示，一束单色光以 α_1 角入射三棱镜 AB 面，经棱镜两次折射后，从 AC 面以 α_2' 角折射出来。入射光与出射光之间的夹角 δ 称为偏向角。当棱镜的顶角 A 一定时，偏向角 δ 的大小随入射角 α_1 的变化而变化。用微商计算可以证明，当 $\alpha_1 = \alpha_2'$ 时，δ 最小。这时的偏向角称为最小偏向角，记作 $\delta_{\min}$。

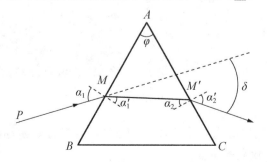

图 3.1 – 8　最小偏向角法测三棱镜折射率

由图 3.1 – 8 可以看出，此时

$$\alpha'_1 = \frac{\varphi}{2} \tag{3.1 – 1}$$

$$\delta_{\min} = 2(\alpha_1 - \alpha'_1) = 2\alpha_1 - \varphi \tag{3.1 – 2}$$

$$\alpha_1 = \frac{1}{2}(\delta_{\min} + \varphi) \tag{3.1 – 3}$$

设棱镜的折射率为 n，则

$$\sin\alpha_1 = n\sin\alpha'_1 = n\sin\frac{\varphi}{2} \tag{3.1 – 4}$$

因此

$$n = \frac{\sin\alpha_1}{\sin\dfrac{\varphi}{2}} = \frac{\sin\dfrac{1}{2}(\delta_{\min} + \varphi)}{\sin\dfrac{\varphi}{2}} \tag{3.1 – 5}$$

棱镜的顶角 φ 由实验室给出，实验时只要测出最小偏向角 $\delta_{\min}$ 便可由式(3.1 – 5)计算出棱镜材料的折射率 n。

3.1.5　实验过程与步骤

3.1.5.1　调节分光计

调节分光计之前，要先熟悉分光计各调节螺钉和锁紧螺钉的位置及其作用。

(1)目测粗调。目测粗调就是直接用眼睛观察进行调节。首先，站在分光计前，目光与分光计的望远镜、平行光管、载物台大致处在一个水平位置，观察望远镜、平行光管、载物台是否水平。如果不水平调整对应螺钉：如图 3.1 – 1 所示，望远镜倾斜调整 13 号螺钉，平行光管倾斜调整 9 号螺钉，载物台倾斜调整 12 号螺钉。粗调是细调的基础和前提，必须反复、细心地调节到尽可能好的状态。它能使细调收到事半功倍的效果。

(2)细调的要求和步骤：

①调节目镜使能清晰地看到分划板上"十"字叉丝。接通小灯泡电源，打开开关，观察视场下半区有无绿色光区。若有，则缓慢调节目镜调焦旋钮直到能够清晰地看到分划板上"十"字叉丝以及绿色光区中的绿色十字，如图 3.1 – 9 所示。

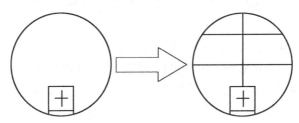

图 3.1 – 9　调节目镜时视场变化

②用自准法调节望远镜使其适合接收平行光。调整载物台。载物台上有三条线对载物台进行三等分，每两条线之间的夹角为120°。将每条线分别与载物台下的三个调节螺钉对齐，并且将每一个螺钉进行一个编号，这里分别编号为 a、b、c。将平面反射镜放置于与 a 线重合，与 b 和 c 的连线垂直的位置，如图 3.1 – 10 所示，松开载物台锁紧螺钉，调整载物台的高度使反射镜的中心与望远镜轴线等高，然后再锁紧载物台的螺钉。松开游标盘锁紧螺钉 10（图 3.1 – 1），转动游标盘（连同载物台）使反射镜面正对望远镜，调节望远镜倾斜调节螺钉或载物台下螺钉 b 或 c 使在望远镜中能观察到一个反射回来的模糊亮斑（或不清晰的亮十字），如图 3.1 – 11 所示。松开目镜套筒锁紧螺钉，前后移动目镜套筒直到能看到清晰的亮十字，并与分划板无视差，此时望远镜已调到适合接收平行光状态，再将套筒螺钉锁紧。

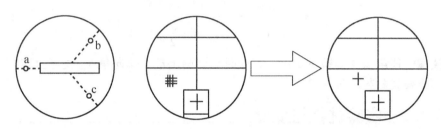

图 3.1 – 10　反射镜的位置　　　　图 3.1 – 11　望远镜调焦时视场的变化

③调整使望远镜的光轴垂直于分光计的主轴。平面反射镜调到能看到清晰亮十字的一面，用各半调节法将亮十字调至分划板叉丝的上交叉点。所谓各半调节法，指的是调节望远镜倾斜调节螺钉使亮十字上升（或下降）$h/2$，再调节载物台下螺钉 b（或 c）使亮十字升高（或降低）$h/2$，如图 3.1 – 12 所示。

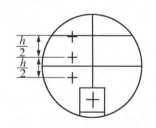

图 3.1 – 12　各半调节示意图

调节亮十字出现在分划板叉丝的上交叉位置后，将游标盘（连同载物台）转动 180°，使反射镜的另外一面对准望远镜，若此时还能在望远镜视场中看到反射回来的亮十字，则按照上述方法继续调节将亮十字调至分划板叉丝的上交叉点……如此在平面反射镜的两个面反复调节几次，直到两个面反射回来的亮十字都出现在分划板叉丝的上交叉点，则望远镜的光轴垂直于分光计的旋转主轴。

如若反射镜一面反射回来的亮十字出现在分划板上交叉点，但转过 180°以后在望远镜中看不到反射镜的另外一面反射回的亮十字（这在分光计调节过程中经常遇到），则把平面反射镜重新转到能看到亮十字的一面，调节望远镜的倾斜调节螺钉使亮十字下移到分划板叉丝上交叉点的下方，再调节载物台下面的螺钉 b（或 c）使亮十字重新回到分划板叉丝上交叉点。转动游标盘 180°，在望远镜中寻找平面反射镜另外一面反射回来的亮十字……若有，则按照各半调节法将亮十字调至分划板叉丝上交叉点；若无，则继续重复上述调整。需要注意的是，若在同一个方向上连续两次调节之后仍无法在望远镜中观察到反射回来的亮十字，那么就应该考虑换一个方向进行调节。

④调节载物台法线平行于分光计的旋转主轴。这一步的主要目的是使望远镜的轴线所扫过的平面与载物台平面平行，保证待测光学元件（如三棱镜等）放置在载物台上后其法线能基本平行于望远镜的光轴。

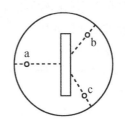

图 3.1 – 13　调节使载物台法线平行于旋转主轴

在第③步调整完成的基础上（此时望远镜倾斜螺钉以及载物台 b 和 c 调节螺钉不能再动），将平面反射镜从载物台中拿起来然后重新放置在载物台上，使平面反射镜与 a 线垂直，与 b 和 c 的连线平行，如图 3.1 – 13 所示。转动游标盘使平面反射镜正对望远镜，在视场中寻找反射回来的亮十字，如果没有看到亮十字或者看到亮十字没有出现在分划板叉丝上交叉点，均只调载物台的螺钉 a 使反射回来的亮十字出现在分划板叉丝的上交叉点。

⑤调节平行光管使其发出平行光，并使平行光管与望远镜共轴。打开汞灯作为光源，将平行光管的狭缝正对光源，转动望远镜对准平行光管的狭缝，松开狭缝锁紧螺钉，边用望远镜观察狭缝像边调节狭缝套筒的位置直至在望远镜中观察到清晰的狭缝像为止（注意：望远镜不能再调焦），平行光管发出平行光后，锁紧狭缝套筒上的螺钉，如图 3.1 – 5 所示。如果在望远镜中观察到的狭缝像较粗，则需要调整狭缝的宽度，一般看到狭缝像的宽度与分划板上叉丝细线的宽度接近时为最佳。调节平行光管倾斜调节螺钉使狭缝像被分划板中央水平叉丝平分，调节平行光管同轴调节螺钉和望远镜同轴调节螺钉使望远镜视场中的狭缝像与分划板垂直准线重合。

3.1.5.2　测量最小偏向角

测量前，必须掌握一些常用螺钉的位置及功能。这些螺钉包括控制游标盘转动的锁紧螺钉、控制望远镜和刻度盘一同转动的锁紧螺钉、控制望远镜转动的锁紧螺钉和控制望远镜微动的螺钉。

将三棱镜摆放在载物台的边上，如图 3.1 – 14 所示。三棱镜有三个面，其中有两个面是光滑的，一个面是磨砂的，放置时应确保让光线从三棱镜光滑的一面射入，从另一光滑面射出。松开望远镜锁紧螺钉，在偏向于磨砂面的方向（图中的 BC

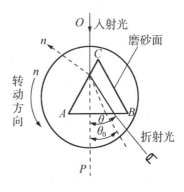

图 3.1 – 14

面)转动望远镜寻找棱镜折射的光(狭缝像)。找到后转动游标盘(注意游标盘此时没有锁紧,如跟随刻度盘一同转动则用手扶一下即可)观察折射光线与入射光线 OP 之间的夹角变化情况。随着游标盘的转动折射光的位置也发生改变,但无论将游标盘向左旋转,还是将游标盘向右旋转,折射光线与入射光线之间总有一个最小的夹角,这个夹角即为最小偏向角。

测量最小偏向角时,用望远镜分划板叉丝中的竖线对准狭缝像中央,记下左、右游标窗口的读数 α_1 和 α'_1, α_1、α'_1 即为折射光位置的读数。

锁紧游标盘的锁紧螺钉、望远镜与刻度盘一起转动的螺钉,取下三棱镜,转动望远镜对准平行光管狭缝使分划板叉丝竖线对准狭缝像中央,记录下左、右游标窗口的读数 α_2 和 α'_2, α_2、α'_2 即为入射光线位置的读数。

最小偏向角的计算公式为:

$$\theta_0 = \frac{|\alpha_1 - \alpha_2| + |\alpha'_1 - \alpha'_2|}{2} \tag{3.1-6}$$

3.1.5.3 测棱镜的顶角 φ (选做)

将三棱镜按照图 3.1-15 所示的位置放好。将望远镜对准棱镜的 AB 面,用自准法调节,找到从 AB 面反射回来的亮十字,记录左、右游标窗口的读数 α_3 和 α'_3。再将望远镜对准 AC 面,按照自准直法调节,找到从 AC 面反射回来的亮十字,记录左、右游标窗口的读数 α_4 和 α'_4,如图 3.1-16 所示。则三棱镜顶角

$$\varphi = 180° - \beta$$
$$\beta = \frac{|\alpha_3 - \alpha_4| + |\alpha'_3 - \alpha'_4|}{2} \tag{3.1-7}$$

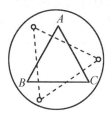

图 3.1-15 三棱镜的放置方法

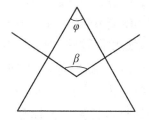

图 3.1-16 自准直法测顶角

另外,按照图 3.1-17 的方法也可以测定棱镜的顶角。有兴趣的同学可以自行推导顶角计算公式。

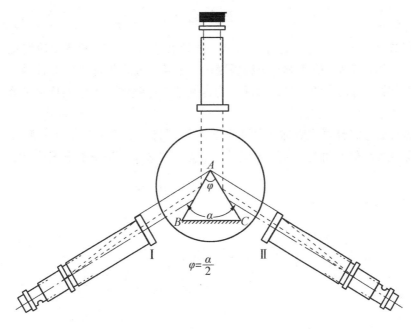

图 3.1 – 17

　　第二种测量棱镜顶角的方法相对于第一种方法更为简单直观，便于观察。在实验中具体采用哪种方法请同学自行决定。为了减小实验误差，棱镜顶角实验数据需要测量三次。将记录好的数据写在实验报告上。

3.1.6　数据记录及处理

　　三棱镜的顶角 $\varphi = 60°0' \pm 5'$。

测量序列 k	折射光位置读数		入射光位置读数		θ_0	n	$\bar{n}$
	α_1（左窗）	α_1'（右窗）	α_2（左窗）	α_2'（右窗）			
1							
2							
3							
4							
5							
6							

$$\sigma_{\bar{n}} = \sqrt{\frac{\sum_{i=1}^{k}(n_i - \bar{n})^2}{k(k-1)}},\ n = \bar{n} \pm \sigma_{\bar{n}} = \underline{\qquad}$$

思 考 题

1. 调节分光计时，若反射像不清晰，能否调节目镜视度调节手轮使反射像清晰？若狭缝像不清晰，能否调节目镜视度调节手轮，或将望远镜的 B 筒拉出、推进使狭缝像清晰？若狭缝像偏高或偏低，能否调节望远镜的高低倾斜度调节螺钉？这些问题如何解决？

2. 为什么分光计要在对称位置设两个游标？只记录一个游标读数行吗？

3. 测量最小偏向角时，能否先记录入射光的位置，再记录折射光的位置？

实验 3.2　数字示波器的调节与使用

示波器是一种用途非常广泛的电子信号测量仪器，通常可分为模拟示波器（Analog Oscilloscope，AO）和数字存储示波器（Digital Storage Oscilloscope，DSO）。DSO 是在 AO 的基础上发展起来的，以数字编码的形式贮存信号及将贮存的数据在示波器的屏幕上重建信号波形的测量仪器。

模拟示波器和数字示波器各有优缺点，具备不同特性。数字示波器具有强大的波形处理能力，能自动测量频率、上升时间、脉冲宽度等，而且能长期贮存波形，并可以对存储的波形进行放大等多种操作和分析。随着科学技术的发展及实际应用的需要，同时为扩大同学们的知识接触面，了解某些测量仪器和测量技术发展方向，特开设本实验进一步学习数字示波器的使用。

3.2.1　实验目的

1. 了解和掌握数字示波器的使用方法和基本作用；
2. 学习使用函数发生器。

3.2.2　实验仪器

GDS – 1102B 型数字示波器、MFG – 2000 型函数/任意波形发生器等。

3.2.3　仪器介绍

3.2.3.1　数字示波器

数字示波器前面板各通道标志、旋钮和按键的位置及操作方法与传统示波器类似。现以 GDS – 1102B 系列数字示波器为例予以说明。

（1）GDS – 1102B 系列数字示波器前操作面板：

GDS – 1102B 系列数字示波器前操作面板如图 3.2 – 1 所示。功能前面板可分为 8 大区，即液晶显示区、功能菜单操作区、常用菜单区、执行按键区、垂直控制区、水平控制区、触发控制区、信号输入输出区等。

功能菜单操作区有 7 个按键，用于操作屏幕下侧的功能菜单。子菜单操作区有 8 个按钮，其中 5 个按钮是子菜单操作按钮，还有 3 个分别为 Hardcopy、Menu off、Option。

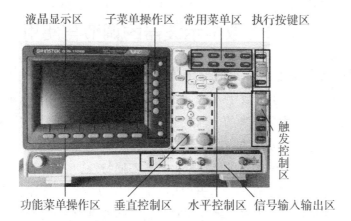

图 3.2 - 1   GDS - 1102B 前面板

常用菜单区如图 3.2 - 2 所示。按下任一按键，屏幕下方会出现相应的功能菜单。通过功能菜单操作区的 7 个按键可选定功能菜单的选项。选定确认相应的功能菜单后，在屏幕右侧出现相应操作的子菜单，按子菜单右侧对应的按钮进入相应的选择操作。

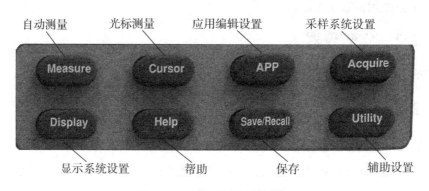

图 3.2 - 2   前面板常用菜单区

执行按键区有 Auto 自动设置、Run/Stop 运行/停止、Single 和 Default 四个按键。按下 Auto 按键，示波器将根据输入的信号自动设置和调整垂直、水平及触发方式等各项控制值使波形显示达到最佳观察状态，如需要还可进行手动调整。Run/Stop 键为运行/停止波形采样按键，按一下停止采样，再按一下恢复波形采样状态。注意：应用自动设置功能时，要求被测信号的频率大于或等于 50Hz，占空比大于 1%。垂直控制区如图 3.2 - 3 所示。垂直位置 POSITION 旋钮可设置所选通道波形的垂直显示位置。转动该旋钮显示的波形会上下移动。按下垂直 POSITION 旋钮，垂直显示位置快速恢复到零点（即显示屏水平中心位置）处。垂直衰减 SCALE 旋钮调整所选通道波形的显示幅度。转动该旋钮改变"Volt/div"（伏/格）垂直挡位。CH1、CH2、MATH 等为通道或方式按键，按下某按键屏幕将显示其功能菜单、标志、波形和挡位状态等信息。当 CH1、CH2 通道工作时，该位置的灯点亮。再次按 CH1、CH2 键用于关闭当前选择的通道，相应的灯关闭。

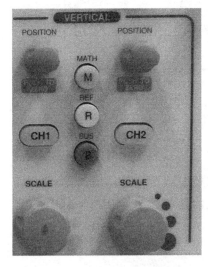

图 3.2 - 3　前面板垂直控制区

图 3.2 - 4　前面板水平控制区

　　水平控制区如图 3.2 - 4 所示，主要用于设置水平控制。水平位置 POSITION 旋钮调整信号波形在显示屏上的水平位置，转动该旋钮波形随旋钮水平移动；按下此旋钮触发位移恢复到水平零点（即显示屏垂直中心线位置）处。水平衰减 SCALE 旋钮改变水平时基挡位设置，转动该旋钮改变"s/div（秒/格）"水平挡位，状态栏 Time 显示的主时基值也会发生相应的变化。水平扫描速度从 5ns ～ 100s，以 1—2—5 的形式步进。

　　触发控制区如图 3.2 - 5 所示，主要用于触发系统的设置。转动 LEVEL 触发电平设置旋钮，屏幕上会出现一条上下移动的水平黑色触发线及触发标志，且左下角和上状态栏最右端触发电平的数值也随之发生变化。按下 LEVEL 旋钮触发电平快速恢复到零点。按"MENU"键可调出触发功能菜单，改变触发设置。"50%"按钮，设定触发电平在触发信号幅值的垂直中点。按"FORCE"键，强制产生触发信号，主要用于触发方式中的"普通"和"单次"模式。

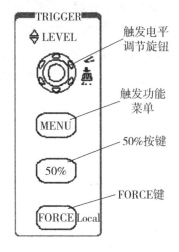

图3.2-5 触发控制区

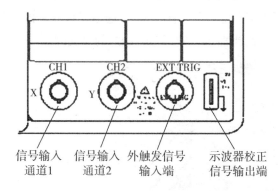

图3.2-6 输入输出区

信号输入输出区如图3.2-6所示，"CH1"和"CH2"为信号输入通道，"EXT TRIGE"为外触发信号输入端，最右侧为示波器校正信号输出端（输出频率1kHz幅值2V的方波信号）。

3.2.3.2 使用光标(CURSOR)测量

该部分操作键在常用菜单区内。

①按"Cursor"选择键，屏幕上出现两条光标横线，用以测量两线之间的电压差。按Select键可选择可调虚线的位置。当上光标横线与下光标横线分别与波峰、波谷相切时，在屏幕下方出现$\triangle V$，该$\triangle V$即为光标法测量的峰峰值。

②再次按"Cursor"选择键，屏幕上同时出现两条光标横线和光标竖线，光标竖线之一为虚线，用以测量两线之间的扫描时间。按Select键可选择可调虚线的位置。当左光标竖线与右光标竖线正好包含一个完整波形时，在屏幕下方出现$\triangle t$，该$\triangle t$即为光标法测量的周期。

③再次按"Cursor"选择键时，光标线消失。

3.2.4 数字示波器原理

数字示波器实际上是计算机技术的一种应用。不管什么型号和类型的数字示波器，其系统的硬件部分均为一块高速的数据采集电路板，这块电路板能实现双通道数据输入和处理（图3.2-7）。从功能上可将硬件系统分为信号前端放大及模块（可变增益放大器）、高速模数转换模块（ADC驱动器）、FPGA逻辑控制模块、时钟分配、单片机控制模块、数据通讯模块、液晶显示等控制部分。实验使用的仪器从数据的采集、存储（写入）、读出（取出）、测量运算、显示等全过程都采用数字化技术进行处理。这使得示波器的一些操作和测量能够实现自动化或智能化，如亮度对比度的调节、自动设置显示波形、对被测信号的表征参数如周期、频率、电压幅度、脉冲宽度、占空比等既可直接计算并且把结果显示于屏幕，也可以将屏幕显示的内容和测量结果甚至面板设置进行保存，如储存参考波形，输出到打印机、软盘或直接到电脑。

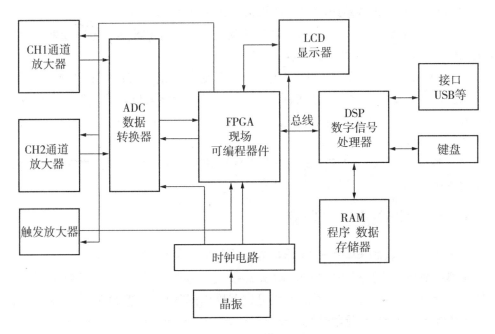

图 3.2-7　数字示波器基本原理框图

实验使用的数字示波器型号为固纬 GDS-1102B 型数字示波器（参照数字示波器操作简介部分）。数字示波器操作上仍然类似模拟示波器，显示和测量实际上是以模拟示波器的内容为基础改进和扩展而来的。依然是以"TIME/DIV"旋钮来调节显示多少个观测波形，同样调节电平"LEVEL"旋钮使波形稳定。但是原来模拟示波器只能标示在操作面板"TIME/DIV"旋钮上的挡位示值，现在可随着调节对应显示在屏幕的下方，在屏幕上还有与之对应的采样率。Y 轴每格电压选择"VOLTS/DIV"等也一样。

数字示波器能将信号以一定的时间间隔进行采集并进行数字化处理，所有示波器显示的波形都是在满足一定触发条件下产生的。触发电平的调节决定了数字示波器何时开始采集数据和显示波形。一旦触发被正确设定，就可以将不稳定的波形变成有意义的波形。数字示波器的 Y 轴和 X 轴扫描信号可源自同一地址，因而同步性非常好，显示的波形十分稳定，而且可以做到任意选择扫描开始和结束的位置。只要能保持每次扫描开始的位置和结束的位置都相同，波形就是稳定的。

数字示波器与普通模拟示波器相比，具有以下几大特点：

(1)用液晶显示屏取代了普通模拟示波器的电子射线示波管，因而实验仪器小巧精致。用对比度按键取代了模拟示波器的亮度和聚焦两个调节旋钮，并且设置了对比度自动调节，打开电源后，仪器便会根据环境光线的明暗，自动调节液晶显示屏的明暗对比度。如有需要，对比度也可进行手动调节。

(2)可通过外部控制系统(通常是计算机)进行远程控制操作。

(3)设有内存和 USB 输出接口，既可显示波形，也可将波形、各种设置以及测量数据储存，或者以其他的形式保存。

(4)设有自动设置功能。信号输入后，按下面板上的"AUTOSET"(自动设置)键，示波器自动设置 Y 轴、X 轴和触发条件，并且显示输入信号的波形。如果进行其他操作，自动设置功能将自动取消。按下"AUTOSET"键的时间不小于 1s，可以进行其他面板功能设置。

(5)设有帮助功能。按下仪器面板上的"HELP"(帮助)键，可以了解和掌握仪器的使用方法。

3.2.5　实验过程与步骤

3.2.5.1　熟悉 GDS-1102B 型数字示波器及波形显示

①熟悉数字示波器的基本操作(图 3.2-1 为数字示波器面板)，了解数字示波器的菜单操作方法(数字示波器的使用见仪器操作部分)；熟悉 MFG-2000 型函数信号发生器的使用方法(见附录)。

②连接信号发生器与示波器，观察相关波形和测量相关参数。调节信号发生器相关旋钮，设置信号输出通道、信号输出波形(方波、正弦波和三角波)、输出信号的其他参数(50Hz，5.000Vpp，相位 0.0°)。

③同轴电缆和示波器的输入通道 1(CH1)相连后，按下示波器面板上自动设置按钮"Auto"，在示波器上显示出稳定的波形。调节垂直方向的灵敏度和水平方向的扫描旋钮，使波形大小适中显示五六个波数。

④测量波形的电压和时间参数：按"measure"按钮，测量频率、峰峰值 Vpp、周期、正脉宽、正占空比、上升时间，并与信号发生器面板上指示的相关参数比较。

⑤用 U 盘存储或记录数据。

3.2.5.2　不同频率正弦信号的运算

①信号发生器 CH1、CH2 通道分别输出两个相近频率的正弦信号(1000Hz，1010Hz)，在示波器上显示 CH1+CH2 信号波形。

②信号发生器 CH1、CH2 通道分别输出两个相近频率的正弦信号(1000Hz，1010Hz)，在示波器上显示 CH1*CH2 信号波形。

3.2.5.3　利用李萨如图形测频率

①调节信号发生器相关旋钮，设置通道 1、通道 2 的输出信号为正弦波，两个通道信号的频率为简单的整数比，如 1 : 1、2 : 3 等，两通道的相位差为 0°或 90°。

②用 BNC 线（同轴电缆）将信号分别输出到示波器的输入通道 CH1 和输入通道 CH2（注：待测信号输到 CH2 通道），按下示波器面板上自动设置"AUTO"按钮，在示波器上显示出稳定的波形。

③按常用菜单区"Acquire"按钮，按屏幕下方功能菜单对应的"X – Y"，此时波形由 YT 模式变为 XY 模式。将函数发生器的 100Hz 正弦波（信号发生器 CH1）作为已知频率 f_x 输入 CH1 通道，将函数发生器通道 2（可设置输出 100Hz）输出端的正弦波作为未知 f_y 输入示波器的 CH2 通道。改变信号发生器 CH1 通道输出频率，分别调出 1 : 1、2 : 1、3 : 1、3 : 2 李萨如图形，并分别记录屏幕图形，计算频率 f_y 值。图 3.2 – 8 为不同频率比的李萨如图形。

$f_y : f_x$ φ	1 : 1	2 : 1	3 : 1	3 : 2
0				
$\dfrac{\pi}{4}$		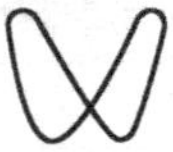		
$\dfrac{\pi}{2}$	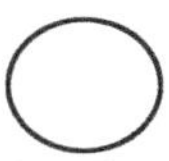		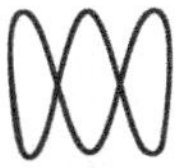	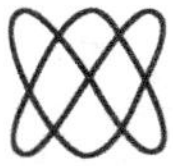

图 3.2 – 8　李萨如图形

3.2.5.4　利用 DSO 观察脉搏信号

将实验室提供的压电传感装置连接示波器，调节示波器的相关旋钮。把压电传感装置紧贴个人脉搏跳动明显处，观察示波器的相关脉搏信号，测量脉搏周期和自身心率。

3.2.6　数据记录与处理

观测 MFG – 2000 型函数发生器主信号输出的各种波形，描记各信号波形示意图（2～4 个波形）：

表 3.2 - 1　波形记录

U_1	U_2	U_3	U_4
U_5	U_6	U_7	U_8

表 3.2 - 2　峰 - 峰值 V_{p-p} 和频率 f

信号名称 项目	U_1	U_2	U_3	U_4	U_5	U_6	U_7	U_8
V_{p-p}/V								
T/s								
f/Hz								

表 3.2 - 3　利用李萨如图形测量频率 f

n_x/n_y			
图形			
f_x/Hz			
f_y/Hz			
$\bar{f}_y$			

附录一　GDS−1102B 数字示波器

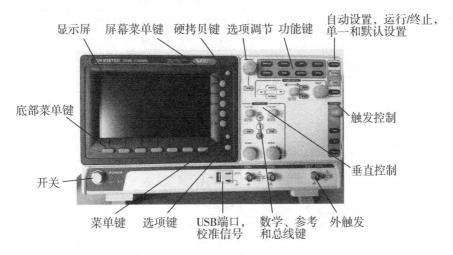

图 3.2−9　GDS−1102B 按钮操作说明

表 3.2−4　GDS−1102B 数字示波器按钮操作说明

按钮名称		GDS−1102B 数字示波器功能键
Measure	自动测量	配置并运行自动测量
Cursor	光标测量	配置并运行游标测量
APP	应用程序	配置并运行应用程序
Acquire	采样设置	配置采集模式
Display	显示设置	配置显示设置
Help	帮助	显示帮助菜单
Save/Recall	保存/调用	用于保存和调用波形、图像、面板设置
Utility	辅助功能	配置硬拷贝、显示时间、语言、探头补偿和校准以及固件版本
Autoset	自动设置	根据输入信号自动配置水平刻度、垂直刻度和触发器
Run/Stop	运行/停止	连续采集波形或停止采集波形
Single	单触发	将采集模式设置为单触发模式
Default Setup	默认设置	将示波器重置为默认设置
Horizontal Controls	水平控制	水平控制用于更改光标的位置、时基设置和放大波形
Horizontal Position	水平位置	位置旋钮用于在显示屏上水平定位波形。按下旋钮位置复位为零

（续表3.2－4）

按钮名称		GDS－1102B 数字示波器功能键
Scale	衰减选择	刻度旋钮用于改变水平刻度（时间/格）
Zoom	放大（水平）	按下此键波形水平拉伸
Play/Pause	运行/停止	允许在运行/停止时进行波形缩放
Search	搜索	无法使用
Search Arrows	搜索箭头	无法使用
Set/Clear	设置/清除	无法使用
触发控制部分	用于调节触发电平	
Level	电平	用于设置触发级别。按下旋钮电平重置为零
Trigger Menu Key	触发按钮菜单	用于触发按钮菜单
50% Key	50%触发	将触发级别设置为50%
Force-Trig	强制触发	按下旋钮可强制触发波形
垂直控制部分		
Position	位置（垂直方向）	设置波形的垂直位置，按下此键垂直方向居中
Channel Menu Key	CH1、CH2	CH1 或 CH2 选择测量通道
Scale Knob(vertical)	垂直衰减选择	调节工作通道的电压分度（伏/格）
External Trigger Input	外触发	接受外触发输入。输入阻抗：1MΩ；输入电压：±15V（峰值）；外部触发电容：16pE
Math Key	数学函数	用此键设置和配置数学函数

附录二　MFG－2000 函数发生器

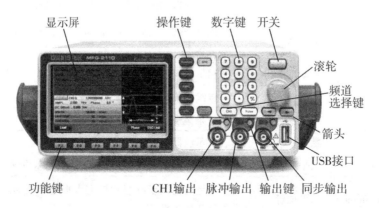

图3.2－10　信号发生器前面板

实验 3.3 共振法测量材料的杨氏模量

杨氏模量是固体材料的重要力学性质，反映了固体材料抵抗外力产生拉伸（或压缩）形变的能力，是选择机械构件材料的依据之一。杨氏模量的测量方法有多种，如拉伸法、弯曲法、共振法等。拉伸法常用于形变大、常温下的测量。但该方法使用的载荷较大，加载速度慢，有弛豫过程，不能真实反映材料内部结构的变化，且不适用于脆性材料和材料在不同温度时的杨氏模量的测量。共振法不仅克服了拉伸法的上述缺陷，而且更具实用价值。它不仅适用于轴向均匀的杆（管）状金属材料，也可用于脆性材料的杨氏模量与共振参数的检测。因此，共振法成为国家标准 GB/T 2105—91 推荐使用的测量方法。

3.3.1 实验目的

(1) 学习用共振法测量材料的杨氏模量；
(2) 学习用外延法测量、处理实验数据；
(3) 培养综合运用知识和使用常用实验仪器的能力。

3.3.2 实验仪器

FB2729A 型动态杨氏模量实验仪、多功能音频信号源、双踪示波器、电子天平、钢板尺、游标卡尺等。

3.3.3 实验原理

3.3.3.1 共振法测量杨氏模量的物理基础

共振法测量杨氏模量是以自由梁的振动分析理论为基础的。根据棒的横振动方程

$$\frac{\partial^4 Y}{\partial x^4} + \frac{-\rho S}{EJ} \cdot \frac{\partial^2 Y}{\partial t^2} = 0 \qquad (3.3-1)$$

式中：Y 为棒位于 x 处的质元的振动位移；E 为棒的杨氏模量；S 为棒的横截面积；J 为棒的转动惯量；ρ 为棒的密度；x 为质元的位置坐标；t 为时间变量。

分离变量法求解棒的横振动方程，令 $Y(x, t) = X(x) \cdot T(t)$，代入方程 (3.3-1) 得

$$\frac{1}{X} \cdot \frac{\mathrm{d}^4 X}{\mathrm{d}x^4} = \frac{\rho s}{EJ} \cdot \frac{1}{T} \frac{\mathrm{d}^2 T}{\mathrm{d}t^2} \qquad (3.3-2)$$

可以看出，上式两边分别是 x 和 t 的函数，只有都等于一个任意常数时才有可能使等式成立。设这个常数为 K^4，得

$$\frac{\mathrm{d}^4 X}{\mathrm{d}x^4} - K^4 X = 0$$

$$\frac{\mathrm{d}^2 T}{\mathrm{d}t^2} - \frac{K^4 EJ}{\rho S} \cdot T = 0 \tag{3.3 - 3}$$

解这两个线性常微分方程，得通解

$$Y(x,t) = (A_1 \mathrm{ch}kx + A_2 \mathrm{sh}kx + B_1 \cos kx + B_2 \sin kx)\cos(\omega t + \varphi)$$

其中

$$\omega = \left(\frac{K^4 EJ}{\rho S}\right)^{\frac{1}{2}} \tag{3.3 - 4}$$

称为频率公式。A_1, A_2, B_1, B_2, φ 是待定系数，可由边界条件和初始条件确定。

对于长为 L、两端自由的棒，当悬线悬挂于棒的节点附近时，其边界条件为：自由端横向作用力为零，弯矩也为零。即

$$\left.\frac{\mathrm{d}^3 y}{\mathrm{d}x^3}\right|_{x=0} = 0 \qquad\qquad \left.\frac{\mathrm{d}^3 y}{\mathrm{d}x^3}\right|_{x=L} = 0$$

$$\left.\frac{\mathrm{d}^2 y}{\mathrm{d}x^2}\right|_{x=0} = 0 \qquad\qquad \left.\frac{\mathrm{d}^2 y}{\mathrm{d}x^2}\right|_{x=L} = 0$$

将边界条件代入通解，得超越方程

$$\cos kL \cdot \mathrm{ch}kL = 1$$

用数值计算法得到方程的根，依次为 $kL = 0$，4.7300，7.8532，10.9956，14.137，17.279，20.420……此数逐渐趋于表达式 $kL = \left(n - \frac{1}{2}\right)\pi$ 的值。

上述第一个根 0 对应于静态值，第二个根记为 $k_1 L = 4.7300$，与此对应的共振频率称为基频（或称为固有频率）$\omega_1 = 2\pi f_1$。根据(3.3 - 4)式，可得试件的杨氏模量为

$$E = \frac{\omega^2 \rho S}{K^4 J} = \frac{(2\pi f_1)^2 \rho S}{K^4 J} \tag{3.3 - 5}$$

对于直径为 d、长度为 L、质量为 m 的圆形棒，其转动惯量为 $J = \frac{Sd^2}{16}$，密度 $\rho = \frac{4m}{\pi d^2 L}$，又 $K_1 L = 4.7300$，代入(3.3 - 5)式得棒的杨氏模量

$$E = 1.6067 \frac{L^3 m f_1^2}{d^4} \tag{3.3 - 6}$$

由此，只要能测出棒的共振基频 f_1，就可以测量棒的杨氏模量。

3.3.3.2　试样棒共振基频的测量

共振法测量杨氏模量的关键是测量试样棒的共振基频。共振法测量杨氏模量原理如图 3.3 - 1 所示。由频率连续可调的音频信号源输出的等幅正弦电信号经激振换能器转换为同频率的机械振动，再由悬丝（悬丝起耦合作用）把机械振动信号传给试

样棒使试样棒做受迫横向振动，试样棒另一端的悬丝再把试样棒的机械振动传给换能器，将机械振动信号又变成电信号。该信号经选频放大器的滤波放大，再送至示波器显示。

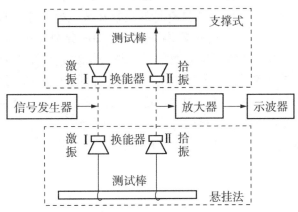

图 3.3 - 1　共振法测量杨氏模量

　　当信号源的频率不等于试样棒的固有频率时，试样棒不发生共振，示波器上几乎没有电信号波形或波形幅度很小；当信号源的频率等于试样棒的固有频率时，试样棒发生共振，这时示波器上的波形幅度突然增大，此时仪器读出的频率就是试样棒在该悬挂条件下的共振频率。

　　棒的横振动节点与振动级次有关。图 3.3 - 2 给出了 $n = 1，2，3，4$ 时的振动波形。从 $n = 1$ 的图形可以看出，试样棒在做基频共振时存在两个节点，它们的位置距离其中一个端面分别为 $0.224L$ 和 $0.776L$。理论上悬挂点应取在节点处，此时试样棒的共振频率才是共振基频。

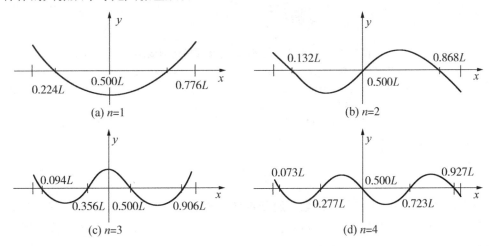

图 3.3 - 2

　　在实验中，由于悬丝对试样棒振动的阻尼，所检测到的共振频率大小随悬挂点的位置变化而变化。由于压电换能器所拾取的是悬挂点的加速度共振信号，而不是振幅共振信号，并且所检测到的共振频率随悬挂点到节点距离的增大而增大。若要直接测量试样棒的基频共振频率，只有将悬丝挂在节点处。处于基频振动模式时，试样棒上存在两个节点，它们的位置距离其中的端面分别为 0.224L 和 0.776L 处。由于在节点处的振幅几乎为零，很难激振和检测，所以要想测得试样棒的基频共振频率，就需要采取外延测量法。所谓外延测量法，就是所需要的数据在测量数据范围之外，一般很难测量，为了求得这个数值，采用作图外推求值的方法。就是说，先使用已测数据绘制出曲线，再将曲线按原规律延长到待求值范围，在延长部分求出所要的值。值得注意的是，外延法只适用于在所研究范围内没有发生突变的情况，否则不适用。

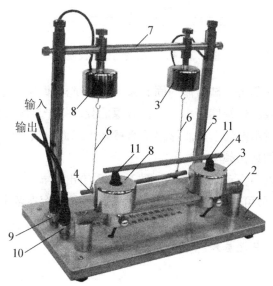

图 3.3 – 3　悬挂、支撑式动态杨氏模量测试台

1—底座；2—支撑导杆；3—拾振器；4—试样棒；5—立杆；6—悬线；
7—悬挂横杆；8—激振器；9—信号输入；10—信号输出；11—支撑刀

　　需要说明的是，试样棒的固有频率 $f_{固}$ 和基频共振频率 $f_{共}$ 是两个不同的概念，它们之间的关系为

$$f_{固} = f_{共}\sqrt{1 + \frac{1}{4Q^2}} \tag{3.3 – 7}$$

式中，Q 为试样棒的机械品质因数。对于悬挂法测量，一般 Q 值大于 50，基频共振频率和固有频率相比只偏低 0.005%，所以在实验中可以用基频共振频率代替固有频率，用(3.3 – 6)式计算杨氏模量。

3.3.4　实验过程与步骤

①熟悉动态杨氏模量测试仪的结构及使用方法(图3.3 – 3)。把实验仪器连接好,通电预热10 min。

②测定试样的长度L、直径d和质量m,每个物理量各测5次,数据记录于表3.3 – 1。计算试样棒的两个节点位置(0.224L和0.776L),并在试样棒上标明。两个节点位置将作为试样棒悬挂点位置的坐标原点O。在试样棒上标定测量共振频率时各悬挂点的位置(图3.3 – 4)。

图 3.3 – 4　悬挂坐标标示

③如图 3.3 – 3 所示,将试样棒悬挂于两悬线上,两悬线挂点为 – 30mm, – 30mm处,调节横梁上活动支架位置使悬线与试样棒轴向垂直,调节悬线长度使试样棒横向水平。待试样棒处于静止状态,再观察试样棒安装是否合要求。

④待试样棒稳定之后,缓慢调节信号发生器频率旋钮寻找试样棒的共振频率,当示波器荧屏上显示的正弦波形幅度突然变大时,再调节信号发生器的频率微调旋钮使波形振幅达到极大值,表明此时试样棒处于共振状态。记录该位置的共振频率f。按照测量记录表格的要求改变悬挂点和支架位置,测量在不同悬挂状态下试样棒的共振基频,数据记录于表3.3 – 2。

⑤支撑式:(选做)把试样棒从悬挂线上取下轻放于测试台支撑式的激、拾振器的橡胶支撑刀上,把信号发生器的输出与测试台的支撑式 – 输入相连,测试台的支撑式 – 输出与放大器的输入相接,放大器的输出与示波器的Y输入相接。

⑥其余同悬挂法步骤。

3.3.5　数据记录和处理

(1)实验测量数据记录:

试样棒长度$L =$　　　　$\times 10^{-3}$m;试样棒质量$m =$　　　　$\times 10^{-3}$kg。

表3.3 – 1　试样棒测量表

次数	1	2	3	4	5
d (10^{-3}m)					
L (10^{3}m)					
m (10^{-3}kg)					

$\overline{d} =$

$\overline{L} =$

$\overline{m} =$

表 3.3-2 共振频率的测量

悬挂点位置 (mm)		25	20	15	10	5	-5	-10	-15	-20	-25
共振频率 f(Hz)	1										
	2										
	3										
	$\overline{f}$										

(2)用外延法求基频共振频率 f_1。以悬挂点位置为横坐标 x 原点,以共振频率 f 为纵坐标,在直角坐标纸上按作图规范作 $x-f$ 图线,并根据图线确定试样棒的基频共振频率 f_1(当 $x=0$ 时,纵坐标 f 值即为基频 f_1)。

(3)根据所测量数据计算试样棒杨氏模量 E。

注意事项:

(1)试样棒不可随处乱放,应保持清洁,拿放时要特别小心。

(2)悬挂试样棒后,应移动悬挂横杆上的激振、拾振器到既定位置,使两根悬线垂直试样棒。

(3)更换试样棒要细心,避免损坏激振、拾振传感器。

(4)实验时,试样棒需稳定之后才可以进行测量。

思 考 题

1. 试讨论:试样的长度 L、直径 d、质量 m、共振频率 f 分别应该采用什么规格的仪器测量?为什么?

2. 估算本实验的测量误差。提示:可从以下几个方面考虑:

(1)仪器误差限;

(2)悬挂/支撑点偏离节点引起的误差。

附录一　多功能物理实验信号源面板图

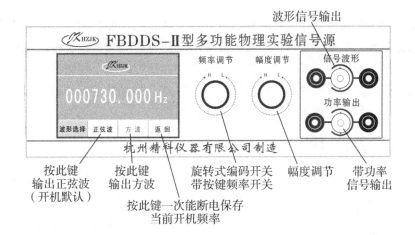

波形信号输出

FBDDS-II型多功能物理实验信号源

频率调节　　幅度调节　　信号波形

000730.000 Hz

功率输出

波形选择　正弦波　方波　返回

杭州精科仪器有限公司制造

按此键
输出正弦波
（开机默认）

按此键
输出方波

旋转式编码开关
带按键频率开关

幅度调节

带功率
信号输出

按此键一次能断电保存
当前开机频率

实验 3.4　受迫振动与共振实验

受迫振动与共振现象在工程和科学研究中经常用到。如在建筑上必须避免共振现象以保证工程的质量。受迫振动与共振等重要的物理规律受到物理和工程技术广泛重视。受迫振动与共振实验仪以音叉振动系统为研究对象，用电磁激振线圈的电磁力作为激振力，用压电换能片作检测振幅传感器，测量受迫振动系统振幅与驱动力频率的关系，研究受迫振动与共振现象及其规律。

3.4.1　实验目的

1. 研究音叉振动系统在周期外力作用下振幅与驱动力频率的关系，测量及绘制它们的关系曲线，并求出共振频率和振动系统振动的锐度（其值等于 Q 值）。

2. 音叉双臂振动与对称双臂质量关系的测量，求音叉振动频率 f（即共振频率）与附在音叉双臂一定位置上相同物块质量 m 的关系公式。

3. 通过测量共振频率的方法，测量一对附在音叉上的物块的未知质量。

3.4.2　实验仪器

受迫振动与共振实验仪、FBDDS-Ⅲ多功能物理实验信号源、示波器（可共用）、音叉附加物等。实验装置如图 3.4 – 1 所示。

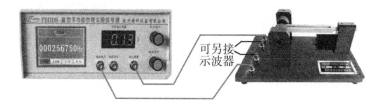

可另接
示波器

图 3.4 – 1　受迫振动与共振实验仪

3.4.3　实验原理

3.4.3.1　简谐振动

许多振动系统如弹簧在空气阻尼可以忽略的情况下，都可作简谐振动处理。即此类振动满足简谐振动方程：

$$\frac{\mathrm{d}^2 x}{\mathrm{d}t^2} + \omega_0^2 x = 0 \tag{3.4 – 1}$$

（3.4 – 1）式的解为

$$x = A\cos(\omega_0 t - \varphi) \qquad\qquad (3.4-2)$$

对弹簧振子振动圆频率：

$$\omega_0 = \sqrt{\frac{K}{m + m_0}}$$

式中，K 为弹簧劲度，m 为振子的质量，m_0 为弹簧的等效质量。弹簧振子的周期 T 满足：

$$T^2 = \frac{4\pi^2}{K}(m + m_0) \qquad\qquad (3.4-3)$$

但实际的振动系统存在各种阻尼因素，因此式（3.4-1）左边须增加阻尼项。在小阻尼情况下，阻尼与速度成正比，表示为 $2\beta\dfrac{\mathrm{d}x}{\mathrm{d}t}$，则相应的阻尼振动方程为：

$$\frac{\mathrm{d}^2 x}{\mathrm{d}t^2} + 2\beta\frac{\mathrm{d}x}{\mathrm{d}t} + \omega_0^2 x = 0 \qquad\qquad (3.4-4)$$

式中，β 为阻尼系数。

3.4.3.2　受迫振动与共振

阻尼振动的振幅会随时间衰减，最后停止振动。为了使振动持续下去，外界必须给系统一个作周期变化的强迫力，一般采用的是随时间作正弦函数或余弦函数变化的强迫力。在强迫力作用下，振动系统的运动满足下列方程：

$$\frac{\mathrm{d}^2 x}{\mathrm{d}t^2} + 2\beta\frac{\mathrm{d}x}{\mathrm{d}t} + \omega_0^2 x = \frac{F}{m'}\cos\omega t \qquad\qquad (3.4-5)$$

式中，$m' = m + m_0$ 是振动系统的质量，F 为强迫力，ω 为强迫力的圆频率。公式（3.4-5）为振动系统做受迫振动的方程，它的解包括两项：第一项为瞬态振动，由于阻尼存在，振动开始后振幅不断衰减，最后较快地变为零；而后一项为稳态振动的解，其为：

$$x = A\cos(\omega_0 + \varphi)$$

式中 $A = \dfrac{\dfrac{F}{m'}}{\sqrt{(\omega_0^2 + \omega^2) + 4\beta^2\omega^2}}$。当强迫力的圆频率 $\omega = \omega_0$ 时，振幅 A 出现极大值，此时称为共振。显然 β 越小，$A \sim \omega$ 关系曲线的极值越大，$A \sim \omega$ 关系如图 3.4-2 所示。描述曲线陡峭程度的物理量为锐度，其值等于品质因素 Q：

$$Q = \frac{\omega_0}{\omega_2 - \omega_1} = \frac{f_0}{f_2 - f_1}$$

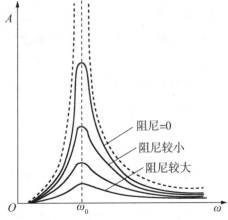

图 3.4-2

f_1，f_2 为半功率点对应的频率。半功率点对应的幅度为 $0.707A$。

3.4.3.3　可调频率音叉的振动周期

　　一个可调频率音叉一旦起振，它将以某一基频振动而无谐频振动。音叉的两臂是对称的以至两臂的振动是完全反向的，从而在任一瞬间对中心杆都有等值反向的作用力。中心杆的净受力为零而不振动，从而紧紧握住它是不会引起振动衰减的。同样的道理，音叉的两臂不能同向运动，因为同向运动将对中心杆产生震荡力，这个力将使振动很快衰减掉。

　　可以通过将相同质量的物块对称地加在音叉的两臂来降低音叉的基频（音叉的两臂所载的物块必须对称）。对于这种加载的音叉的振动周期 T 由下式给出（与 (3.4-3) 式相似）

$$T^2 = B(m + m_0) \qquad\qquad (3.4-6)$$

式中，B 为常数，它依赖于音叉材料的力学性质、大小及形状；m_0 为与每个振动臂的有效质量有关的常数。利用 (3.4-6) 式可以制成各种音叉传感器，如液体密度传感器、液位传感器等。通过测量音叉的共振频率可求得音叉管内液体密度或液位高度。

3.4.4　实验内容与步骤

　　①仪器接线：用屏蔽线将信号发生器的激振输出端与共振输入端连接，用另一根屏蔽线将共振信号输出端与交流数字电压表的电压测量端连接。

　　②接通信号发生器的电源使仪器预热 15min。

　　③测定共振频率 ω_r 和振幅 A_r。

　　在信号发生器的液晶触摸屏的频率信号显示相应数字位上按一下，选中这位数字呈现虚线方框（也可以按动频率调节旋钮，逐一呈现虚线方框），然后旋转频率调节旋钮改变频率，先粗后细，逐渐改变频率及幅度调节，仔细观察交流数字电压表的共振信号输出读数。当交流电压表读数达最大值时，记录音叉共振时的频率 ω_r 和共振时交流电压表的读数 A_r。注意：频率应由低到高缓慢调节。

　　④测量共振频率 f_0 左右两边的数据。信号发生器输出幅度调节保持不变，只逐渐改变频率 f，测量频率与共振信号输出 A 之间的关系。注意在共振频率附近应多测几个频率点。总共须测 16～20 个数据。

　　⑤绘制 $A \sim f$ 关系曲线，求出两个半功率点对应的频率 f_1、f_2，计算音叉的锐度（Q 值）。

　　⑥对称地在音叉的两臂上加不同质量附加物并固定后，分别测定共振频率 ω_r 和振幅 A_r，绘制出 $A \sim f$ 关系曲线。

⑦调节好信号发生器的频率后，按液晶触摸屏的返回按钮就可以断电记忆输出频率。再开机，就是所记忆的输出频率。

⑧自绘数据记录表格记录实验数据，并处理实验数据。

注意事项：

(1)请勿随意将固定螺丝拧松，以免压电换能器引线断裂。

(2)传感器部位是敏感部位，外面有保护罩保护，使用者不可以将工具伸入保护罩以免损坏传感器及引线。

实验 3.5　光的衍射

光的衍射现象是光的波动性的一种表现。光的衍射决定了光学仪器的分辨本领。在现代光学技术中，光的衍射在光谱分析、结构分析、成像等方面得到了越来越广泛的应用。因此，研究衍射现象及其规律，在理论和实践上都有重要意义。

3.5.1　实验目的

(1)观察单缝衍射现象；
(2)学习如何使用光电器件测量光强的分布；
(3)测定单缝衍射的相对光强分布。

3.5.2　实验仪器

GSZ-Ⅱ光学平台(配有光具座、氦氖激光器及电源、狭缝、观察屏、光电转换器、数字式灵敏检流计等)。

3.5.3　实验原理

光波在传播的过程中遇到障碍物时会绕过障碍物继续传播，到达沿直线传播所不能到达的区域，并且形成明暗条纹，这种现象被称为光的衍射。研究表明，只有当障碍物的线度与光波的波长可以相比拟的时候，衍射现象才明显地表现出来。借助惠更斯－菲涅耳原理可以描述光束通过不同形状的障碍物时产生的衍射现象。

通常按照光源和观察屏到障碍物距离的不同，可以把衍射现象分为两大类。如果光源与观察屏之间的距离或障碍物与观察屏之间的距离是有限的，这样的衍射称为菲涅耳衍射，又称近场衍射。它的光强分布计算起来比较麻烦。如果光源到障碍物的距离以及障碍物到观察屏的距离均为无限大，即平行光入射平行光出射，这样的衍射称为夫琅和费衍射，又称远场衍射。夫琅和费衍射的光强分布容易计算，同时它也有很多重要的应用，因此这里我们只讨论夫琅和费衍射。

夫琅和费单缝衍射的原理如图 3.5 – 1 所示。在满足远场衍射条件(光源离单缝很远，即 $R \gg \dfrac{a^2}{4\lambda}$，其中 R 为光源到单缝的距离，a 为单缝的宽度，λ 为入射光的波长；观察屏离单缝足够远，即 $l \gg \dfrac{a^2}{4\lambda}$，其中 l 为单缝与观察屏之间的距离)，单缝也可不用透镜，而获得夫琅和费衍射花样。本实验采用亮度强、单色性好、发散角极小的氦氖激光器作为光源，正好可以省去图 3.5 – 1 光路图中的透镜 L_1 和 L_2。实验光路装置如图 3.5 – 2 所示。

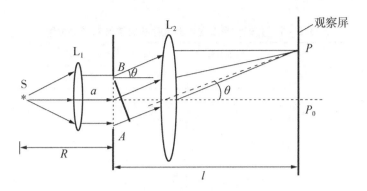

图 3.5 - 1 夫琅和费单缝衍射的原理

图 3.5 - 2 夫琅和费单缝衍射实验装置

设屏幕上 P_0 处是中央亮条纹的中心，其光强为 I_0。屏幕上与光轴成 θ 角的 P 处的光强为 I。根据惠更斯 - 菲涅耳原理，可导出

$$I = I_0 \frac{\sin^2 u}{u^2} \qquad (3.5 - 1)$$

式中，$u = \dfrac{\pi a \sin\theta}{\lambda}$。由此可得

（1）当 $u = 0$ 即 $\theta = 0$ 时，$I = I_0$，其为中央主极大的光强，光强最大，衍射光的能量绝大部分都落在中央明条纹上。在其他条件不变的情况下，I_0 与 a^2 成正比。

（2）当 $u = k\pi (k = \pm 1, \pm 2, \cdots)$ 时，$I = 0$，观察屏上对应的地方出现暗条纹，k 称为暗条纹的级次。因为夫琅和费衍射时 θ 很小，所以 $\sin\theta \approx \theta$，则暗条纹出现在 $\theta = \dfrac{k\lambda}{a}$ 的方向上。

（3）中央亮条纹的角距 $\Delta\theta_0 = 2\dfrac{\lambda}{a}$ 是其他相邻暗条纹之间角距 $\Delta\theta_0 = \dfrac{\lambda}{a}$ 的两倍，所以中央亮条纹的宽度是其他各级亮条纹宽度的两倍。

（4）除了中央主极大光强以外，相邻两暗条纹间各有一次次极大光强出现在 $\dfrac{\mathrm{d}}{\mathrm{d}u}\left(\dfrac{\sin^2 u}{u}\right) = 0$ 的位置。其对应的具体位置和光强值见表 3.5 - 1，光强分布见图 3.5 - 3。

表3.5-1 夫琅和费单缝衍射光强极大值及对应的位置

u	0	$\pm 1.43\pi$	$\pm 2.46\pi$	$\pm 3.47\pi$	$\cdots$
I	I_0	$0.047I_0$	$0.017I_0$	$0.008I_0$	$\cdots$

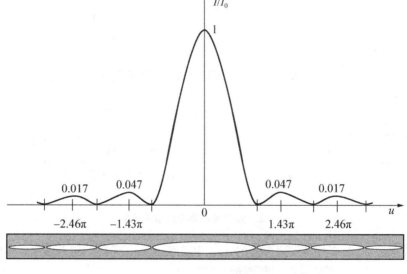

图3.5-3 夫琅和费单缝衍射光强分布

3.5.4 实验内容和步骤

3.5.4.1 观察夫琅和费单缝衍射现象

按图3.5-2安排实验光路,调节各光学元件等高共轴,使激光束垂直照射单缝,调节单缝的宽度和观察屏到单缝的距离使观察屏上出现清晰明显的衍射条纹,然后进行以下操作:

①改变单缝宽度,观察并记录衍射条纹的变化规律。

②改变单缝到观察屏之间的距离,观察并记录衍射条纹的变化规律。

③移去观察屏,换上光电转换器,将数字式灵敏检流计与之相连。调节光电转换器的移位螺钉,测出中央极大光强 I_0 和 $k=\pm 1$,± 2,± 3 级的次极大光强 I_i,验证理论结果 $I_i/I_0 = 0.047$,0.017,$0.008(i=1,2,3)$。

④观察夫琅和费单缝衍射现象。理论结果表明,夫琅和费单缝衍射的 ± 1 级次极大光强值只有主极大光强值的百分之五不到,当数字式灵敏电流计的数字显示为"1"时,表示此时已超出检流计量程,须减小单缝的宽度或者让光电转换器远离单缝。

3.5.4.2　观察菲涅耳单缝衍射现象

使夫琅和费衍射的条件得不到满足，则夫琅和费衍射转化成菲涅耳衍射。按图 3.5-2 安排实验光路，在激光器与单缝之间插入一扩束镜使激光束发散后照射单缝产生菲涅耳衍射，调节单缝的宽度和观察屏到单缝的距离使观察屏上出现清晰明显的衍射条纹，然后进行以下操作：

①改变缝宽，观察并记录衍射条纹的变化规律。

②改变单缝到观察屏之间的距离，观察并记录衍射条纹的变化规律。

③观察菲涅耳直边衍射现象。

④观察菲涅耳圆孔衍射现象。

思 考 题

1. 如何判断夫琅和费衍射的远场条件是否满足？

2. 如果入射光是复色光，衍射条纹将是什么样子？

3. 若在单缝与观察屏之间的空间放入折射率为 n 的透明介质，衍射条纹会发生什么变化？

实验 3.6   光的偏振特性研究

光波是一种电磁波，偏振是光的波动性的重要特征之一，很多重要的光学现象和效应都与光的偏振现象有关。光的偏振特性已经被广泛应用于光开关、光调制、应力分析、摄影、影视等领域。因此，掌握一些观察和分析光的偏振特性的实验方法是很有必要的。本实验通过对偏振光的观察和分析，加深对偏振光特性的基本规律的认识和理解。

3.6.1   实验目的

1. 了解自然光和偏振光的定义及特性；
2. 观察光的偏振现象，了解偏振光的获得和检验方法；
3. 了解波片的作用和用波片产生椭圆和圆偏振光及其检验方法；
4. 观察晶体的双折射现象。

3.6.2   实验仪器

光学平台(配有光具座、氦氖激光器及其电源、扩束镜、偏振片、四分之一波片、观察屏等)。

3.6.3   实验原理

3.6.3.1   自然光与偏振光的定义

光波是一种电磁波，是电磁场中电振动矢量 E 和磁振动矢量 B 变化的传播。在传播过程中，光波的电振动矢量 E 和磁振动矢量 B 相互垂直，且两者均与光的传播方向垂直，因此光波是横波。显然，通过光波的传播方向且包含振动矢量的那个平面与其他不包括振动矢量的平面是有区别的，这种光矢量相对于光的传播方向分布的非对称性叫作光的偏振。在光与物质相互作用的过程中，起主要作用的是光波中的电振动矢量 E，所以我们将其称为光矢量，E 的振动称为光振动。

光的横波性只表明光矢量与光的传播方向垂直，而在与光传播方向垂直的平面内光矢量还可能有各种不同的振动状态。如果光在传播过程中光矢量的振动只限于某一确定平面内，则这种光称为平面偏振光。由于平面偏振光的光矢量在与波传播方向垂直的平面上的投影为一条直线，故又将其称为线偏振光，如图 3.6 – 1a 所示。图 3.6 – 1b 表示光矢量平行于图面的线偏振光，图 3.6 – 1c 表示光矢量垂直于图面的线偏振光。

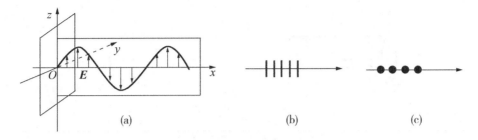

图 3.6 - 1　平面偏振光

　　任何普通发光体，从微观上看，是由大量的发光原子或分子组成的，每个发光原子每次所发射的是一个平面偏振波列。同一时刻大量发光原子或分子发出大量偏振波列，各波列的偏振方向及位相分布都是无规则的，光矢量可以分布在轴对称的一切可能的方位上，即光矢量对光的传播方向是轴对称分布的。另一方面，每个发光原子发光的持续时间约为 10^{-8} s，而一般观测时间总是比微观发光持续时间长得多，因此在观测时间内，实际接收到的仍是大量的偏振波列，波列与波列之间位相彼此无关联，光矢量也是呈轴对称分布的。这种由普通光源所发射的光波，在光的传播方向上，任意一个场点，光矢量既有空间分布的均匀性又有时间分布的均匀性，具有这种特点的光叫自然光，如图 3.6 -2 所示。

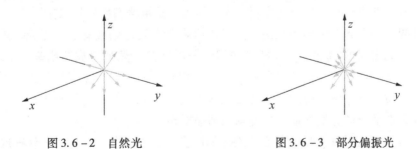

图 3.6 -2　自然光　　　　　　　　　　　　　图 3.6 -3　部分偏振光

　　如果由于某种原因，光波光矢量的振动在传播过程中只是在某一确定的方向上占有相对优势，则这种光波被称为部分偏振光，如图 3.6 -3 所示。

　　椭圆偏振光指的是在光的传播方向上，任意一个场点光矢量既改变它的大小，又以一定的角速度转动它的方向，光矢量的末端在垂直于光传播方向的平面内的投影是一个椭圆，如图 3.6 -4b 所示。而圆偏振光是指在光的传播方向上，任意一个场点光矢量以一定的角速度转动它的方向，但大小不变，其光矢量的末端在垂直于光传播方向的平面内的投影是一个圆，如图 3.6 -4c 所示。

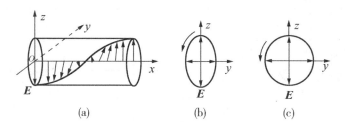

图 3.6 – 4　　圆偏振光和椭圆偏振光

3.6.3.2　偏振光的产生

普通光源发出的光大多是自然光。从自然光中获取偏振光，需借助各种光学元件和实验方法。

从自然光中获得平面偏振光的过程叫起偏，用作起偏的光学元件叫起偏器。起偏的方法有多种，本实验采用具有二向色性的晶体来产生偏振光。某些晶体对沿不同方向振动的光矢量具有不同的吸收本领，这种选择吸收性称为二向色性。当自然光入射到二向色性晶体上时，透射光的光矢量仅在某一个特定方向上，该方向称为晶体的偏振化方向，也称作透振方向。实验室用的偏振片就是利用晶体的二向色性产生偏振光的。当自然光入射到偏振片上时，透射光就成为平面偏振光。偏振片制作容易，成本低廉，且面积也能做得较大，所以它是被普遍使用的偏振器。

自然界大多数光源发出的光是自然光，但有时也发出圆或椭圆偏振光。这里所谓圆或椭圆偏振光的"获得"，是特指利用偏振器件把自然光变成圆或椭圆偏振光。根据振动合成理论，两束传播方向相同、频率相同、振动方向相互垂直的平面偏振光，若其相位差合适便可叠加成椭圆或圆偏振光。因此，在从自然光中获得平面偏振光后，采取适当的方法便能得到椭圆和圆偏振光。

一束自然光入射到各向异性的晶体（如冰洲石、石英等）中时，被分解成两束光，这种现象称为晶体的双折射现象，如图 3.6 – 5 所示。这两束折射光中，遵守折射定律的那束光被称为寻常光（也叫 o 光），不遵守折射定律的那束光被称为非寻常光（也叫 e 光）。冰洲石晶体中有一个方向，光沿此方向传播时不发生双折射现象，该方向被称为冰洲石晶体的光轴方向。在晶体内，对 o 光与 e 光分别与光轴所成 o 光主平面和 e 光主平面而言，o 光的振动方向垂直于自己的主平面，而 e 光的振动方向平行于自己的主平面。一般情况下，它们各自的主平面是不重合的，但夹角不大，因此 o 光和 e 光的振动方向接近垂直。表面被磨成平行于光轴的各向异性晶体薄片被称为波片。

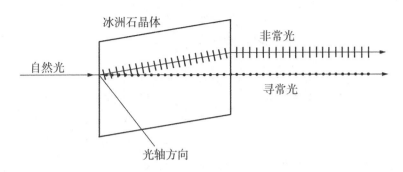

图 3.6 – 5　冰洲石的双折射现象

当线偏振光垂直入射到一块波片上时，其振动面（由光振动方向与光的传播方向所确定的平面）与波片的光轴成 α 角，如图 3.6 – 6 所示，则在波片内入射光被分解成振动方向垂直于光轴的 o 光和振动方向平行于光轴的 e 光。它们在波片内的传播方向一致，但传播速度不同，因而在波片的出射面处，两者之间产生了相对相位差

$$\delta = \frac{2\pi}{\lambda} d(\,|\,n_e - n_o\,|\,) \qquad (3.6 – 1)$$

式中，n_o 和 n_e 分别为波片对 o 光和 e 光的折射率，λ 为入射光的波长，d 为波片的厚度。这两束光在波片的出射面处合成为出射光，因而出射光的偏振性质取决于 α 和 δ：

一般情况下，出射光为椭圆偏振光。

当 δ 的值为 2π 的整数倍时，对应的波片为全波片，对应的出射光为线偏振光，振动方向与原入射光的振动方向相同。

当 δ 的值为 π 的奇数倍时，对应的波片为二分之一波片，对应的出射光仍为线偏振光，但振动面相对于原入射光的振动面转过了 2α。

当 δ 的值为 $\frac{\pi}{2}$ 的奇数倍时，对应的波片为四分之一波片。由于 o 光和 e 光的振幅是 α 的函数，所以线偏振光通过四分之一波片后的合成光的偏振状态也将随角度 α 的不同而不同，具体总结如下：

当 $\alpha = 0$ 时，出射光为振动方向平行于四分之一波片光轴方向的线偏振光；

当 $\alpha = \frac{\pi}{2}$ 时，出射光为振动方向垂直于四分之一波片光轴方向的线偏振光；

当 $\alpha = \frac{\pi}{4}$ 时，出射光为圆偏振光；

当 α 为其他值时，出射光为椭圆偏振光，具体如图 3.6 – 6 所示。

3.6.3.3　偏振光的检验

我们可以通过测定光束经过一些偏振器件后光强的分布特点来区分和检验各类

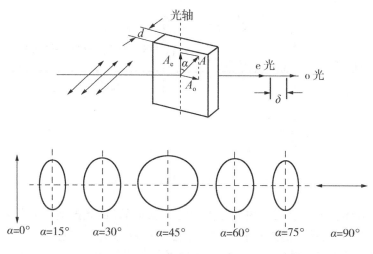

图 3.6－6 α 取不同的值时出射光的偏振性质

偏振光。前面提到的偏振片既可以作为起偏器用也可以作为检偏器来用。偏振片当用于检偏时,被称为检偏器。

(1) 线偏振光通过检偏器后光强的分布特点:

按照马吕斯定律,强度为 I_0 的线偏振光通过检偏器,透射光的强度为

$$I = I_0\cos^2\beta \tag{3.6-2}$$

式中, β 为入射光的光振动方向与检偏器偏振化方向的夹角。

显然,当以光的传播方向为轴旋转检偏器时,透射光的强度出现周期性变化。当 $\beta = 0$ 或 π 时,透射光的强度最大;当 $\beta = \dfrac{\pi}{2}$ 或 $\dfrac{3\pi}{2}$,透射光的强度为 0,这被称为消光现象。所以检偏器旋转一周,透射光的强度将发生强弱变化,并且会出现两次消光现象。这是线偏振光通过检偏器的特点,也可以根据这个特点来判断入射光是否是线偏振光。

(2) 椭圆偏振光和圆偏振光通过检偏器后光强的分布特点:

设有一束椭圆偏振光垂直入射到一检偏器上,沿椭圆长轴方向光矢量的振幅为 A_1,沿椭圆短轴方向光矢量的振幅为 A_2。在检偏器上建立直角坐标系,使其 x 轴平行于检偏器的偏振化方向。透过检偏器的光矢量的振幅 A_x 取决于椭圆偏振光光矢量振幅在检偏器偏振化方向上的投影。如果检偏器转到与椭圆偏振光的相对位置如图 3.6－7a 所示,则 $A_x = A_1$,透射光强度 $I = A_1^2$;如果检偏器转到与椭圆偏振光的相对位置如图 3.6－7b 所示,则 $A_x = A_2$,透射光强度 $I = A_2^2$;当检偏器转到其他位置时,如图 3.6－7c 所示,则 $A_2 < A_x < A_1$,从而 $A_2^2 < I_x < A_1^2$。由此,我们知道,椭圆偏振

光入射检偏器，让检偏器旋转，透射光强度在极大值 A_1^2 和极小值 A_2^2 之间连续变化，检偏器旋转一周透射光的强度会出现两次极大和两次极小，但不会出现消光现象。同理可知，如果圆偏振光入射检偏器，让检偏器旋转，透射光的强度将保持不变。

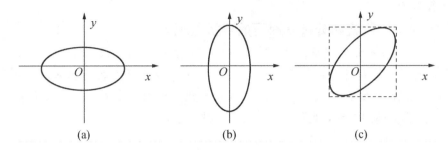

图 3.6 - 7　椭圆偏振光通过检偏器后光强的分布特点

（3）部分偏振光与自然光通过检偏器后光强的分布特点：

由于自然光的光矢量相对光的传播方向呈轴对称分布，所以自然光入射检偏器，让检偏器旋转，透射光的强度不变，均为入射光强度的一半。部分偏振光可以看成是自然光和线偏振光的组合，所以部分偏振光入射检偏器，让检偏器旋转一周，透射光的光强会发生强弱变化，并出现两次极大和两次极小，但不会出现消光现象。

由此可见，仅用一个检偏器，不能将自然光与圆偏振光，部分偏振光与椭圆偏振光区分开。这时需要将四分之一波片与检偏器配合使用才能将它们区分开。这主要是利用了圆偏振光和椭圆偏振光通过四分之一波片后可以转变成线偏振光的特点。

3.6.4　实验内容和步骤

3.6.4.1　偏振光分析

①按图 3.6 - 8 所示依次放置各光学元件，并调节使各元件等高共轴。先不放四分之一波片 C，转动起偏器 P 或检偏器 A 使 P 和 A 的偏振化方向互相垂直（此时应观察到消光现象）。

激光源　　扩束镜　　起偏器P　四分之一波片C　检偏器A　观察屏

图 3.6 - 8　偏振光分析实验光路装置

②在 P 和 A 之间插入四分之一波片 C，转动 C 使消光，然后将 A 转动 360°，注意观察屏上光斑亮度的变化情况，判断这时从 C 出来的光的偏振性质。

③再将 C 转动 15°，然后同样将 A 转动 360°并注意观察屏上光斑亮度的变化情

况，判断这时从 C 出来的光的偏振性质。

④根据表 3.6 – 1 完成实验并记录结果：依次将 C 转动 30°，45°，60°，75°，90°，每次都将 A 转动 360°，记录所观察到的现象，判断从四分之一波片 C 出来的光的偏振性质。

3.6.4.2　观察和分析冰洲石的双折射现象

如图 3.6 – 9 所示的光路，利用冰洲石及旋转透镜架，可以观察和分析该晶体的双折射现象。让光源发出的光通过支架上的一个小孔入射到冰洲石晶体上，在适当的位置用眼睛能够看到光束一分为二。转动支架，判别寻常光（o 光）和非常光（e 光），进而用检偏器确定 o 光和 e 光偏振方向的关系。

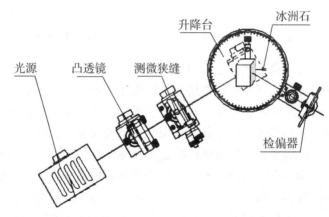

图 3.6 – 9　观察和分析冰洲石双折射现象的光路图

3.6.5　数据记录与处理

表 3.6 – 1　光的偏振特性分析记录

四分之一波片 C 转动的角度	A 转动 360°观察到的现象	从四分之一波片 C 出来的光的偏振性质
0°		
15°		
30°		
45°		
60°		
75°		
90°		

思 考 题

1. 如何用实验的方法鉴别自然光与圆偏振光、椭圆偏振光与部分偏振光？

2. 如何用光学的方法区分二分之一波片与四分之一波片？

3. 在实验内容 3.6.4.1 中，当检偏器 A 与起偏器 P 的偏振化方向互相垂直后，插入四分之一波片 C，必须将 C 转至消光位置才开始实验观察。这样做的目的何在？

实验 3.7　薄透镜焦距的测量

薄透镜是指透镜的中心厚度与球面的曲率半径相比较可以忽略的透镜。目前，薄透镜在成像领域的应用十分广泛，如天文、医学、数码相机、手机等方面。薄透镜所使用的场合和目的不同，应选取的透镜或透镜组不同，因此对薄透镜焦距的测量是十分必要的。

薄透镜焦距的测量方法有很多，例如几何法、傅里叶法、仪器法等。几何法中包括自准直法、物距像距法、一次成像法和两次成像法等。仪器法包括电阻丝法、分光计法等。本次实验我们分别采用自准直法、一次成像法和二次成像法（共轭法）测量凸透镜的焦距，利用物距像距法和自准法测量凹透镜的焦距。

3.7.1　实验目的

1. 学习简单光学系统的共轴调节；
2. 学习测量凸透镜和凹透镜焦距的几种方法；
3. 加深对薄透镜成像规律的理解。

3.7.2　实验仪器

光具座、凸透镜、凹透镜、平行白光光源、钠光灯、物屏、品字屏、平面反射镜、米尺等。

3.7.3　实验原理

透镜可以分为两大类：一类是凸透镜（也称为正透镜或汇聚透镜），对光线起汇聚作用；另一类是凹透镜（也称为负透镜或发散透镜），对光线起发散作用。

在近光轴条件下（靠近光轴并且与光轴的夹角很小的光线），薄透镜成像公式（高斯公式）为

$$\frac{1}{u} + \frac{1}{v} = \frac{1}{f} \tag{3.7 - 1}$$

式中，u 为物距；v 为像距；f 为焦距。它的正、负规定为：实物、实像时，u、v 为正；虚物、虚像时，u 为正，v 为负；凸透镜 f 为正，凹透镜 f 为负。

3.7.3.1　凸透镜焦距的测量

（1）平行光源聚焦法快速测量凸透镜焦距。如图 3.7 - 1 所示，用钨灯光源照射凸透镜 L，将白屏 P 放在透镜另一边，左右移动白屏位置，当出射光在白屏上聚焦

为一个亮点，此时白屏到透镜的距离为透镜的焦距 f。这是一种最简单快捷的测量凸透镜焦距的方法，但是很多时候实验室没有配备平行光源，我们只能用其他方法进行测量。

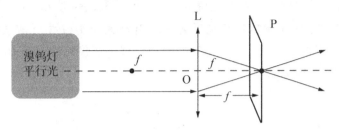

图 3.7 - 1　薄双凸镜平行光聚焦光路

（2）自准直法测凸透镜的焦距。当发光点（物）处在凸透镜的焦平面上的时候，其所发出的光线经过凸透镜后成为一束平行光。用一面与主光轴垂直的平面镜将此平行光反射回去，反射光再次通过透镜后仍然会聚于透镜的焦平面上，其汇聚点将在发光点相对于光轴的对称位置上。

如图 3.7 - 2 所示，在待测透镜一侧放置一用平行光源照亮的物屏，使物屏与主光轴垂直，在透镜另一侧放置一块平面镜（M），移动透镜使物屏上呈现一个与原物 A 大小相同的倒立实像 A′，此时物屏与透镜之间的距离就等于透镜的焦距 f。

（3）一次成像法测凸透镜的焦距。把实物当作光源（发光物体）放在凸透镜一边一到二倍焦距之间，物体发出的光经过凸透镜后在凸透镜另外一边二倍焦距以外成实像，如图 3.7 - 3 所示。

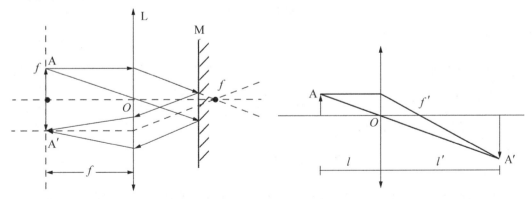

图 3.7 - 2　自准直法测凸透镜的焦距　　　　图 3.7 - 3　一次成像法测凸透镜的焦距

薄透镜像方焦距为 f'，物体为 A，物距为 l，通过透镜成的实像为 A′，对应的像距为 l'。根据高斯透镜成像公式

$$\frac{1}{l'} + \frac{1}{l} = \frac{1}{f'} \tag{3.7-2}$$

实验中只要测出物距和像距就能得到凸透镜的焦距。

（4）两次成像法（共轭法）测凸透镜的焦距。如图3.7-4所示，物屏与像屏之间的距离为D，汇聚透镜位于像屏与物屏之间。当D大于$4f$（f为待测透镜焦距）时，移动汇聚透镜L可在O_1和O_2两个位置使物体在屏上成像，在位置O_1时成放大实像，在位置O_2时成缩小实像。

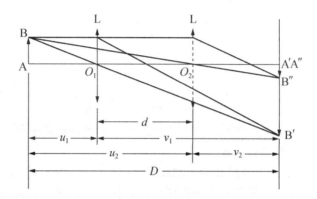

图3.7-4　二次成像法测凸透镜的焦距

由公式（3.7-1）与图中的几何关系可得

$$\frac{1}{u_1} + \frac{1}{D - u_1} = \frac{1}{f} \tag{3.7-3}$$

$$\frac{1}{u_1 + d} + \frac{1}{D - u_1 - d} = \frac{1}{f} \tag{3.7-4}$$

由上两式可解得

$$u_1 = \frac{D - d}{2} \tag{3.7-5}$$

将（3.7-5）式代入（3.7-3）式得

$$f = \frac{D^2 - d^2}{4D} = \frac{(D + d)(D - d)}{4D} \tag{3.7-6}$$

由（3.7-6）式，当测量出物屏与像屏之间的距离D以及透镜L两次成像过程中的位移d便可求出被测凸透镜的焦距f。

3.7.3.2　凹透镜焦距的测定

凹透镜为发散透镜，实物经过凹透镜后不能在屏上生成实像。测其焦距时总要借助一个凸透镜，使凸透镜给凹透镜生成一个虚物，虚物再由凹透镜生成一个实像。

（1）物距像距法测凹透镜焦距。利用凸透镜使物 A 在像屏上成缩小实像 A′，如图 3.7 –5 所示。在凸透镜 L₁ 和像屏之间插入凹透镜 L₂，将凸透镜所形成的像视为 L₂ 的物（虚物），物距 u 为负，适当移动像屏就可以得到虚物的实像 A″，像距 v 为正值。将物距和像距代入公式（3.7 –1）即可求出凹透镜的焦距 f。

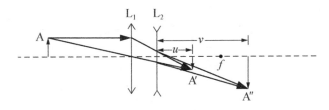

图 3.7 – 5　物距像距法测凹透镜焦距

另外，根据光路可逆性，由图 3.7 –5 可以看出，可将 A″作为物经凹透镜 L₂ 所成的正立缩小的虚像 A′，则图中 v 为物距（正数），u 为像距（负数），代入公式（3.7 –1）亦可求出凹透镜的焦距 f。

此方法需要注意放置凹透镜的位置，应如 3.7 –5 所示满足 $u<f$。若 $u>f$ 则无法呈现实像 A″，而是成放大正立虚像。此时凸透镜和凹透镜的组合可作为伽利略望远镜，将在我们的实验 4.19“自组显微镜和望远镜”的实验中介绍。

（2）自准直法测凹透镜焦距。如图 3.7 –6 所示，先让凸透镜 L₁ 将 O 点（点光源）成像于 O′，在 L₁ 与 O′ 之间插入凹透镜 L₂ 及平面镜 M。移动 L₂ 当 O′ 位于 L₂ 的第一焦点时，则 L₂ 发出的光是平行光，根据光路可逆原理，最后必定在 O 点形成一个与原物等高、倒立的实像。这时 f 等于负的 L₂ 与 O′ 的距离。此方法只需理解即可。

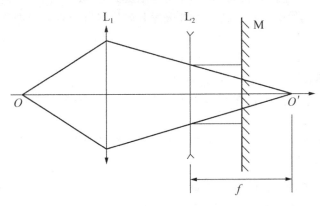

图 3.7 – 6　自准直法测凹透镜焦距

3.7.4　实验内容和步骤

3.7.4.1　光学元件的共轴调节

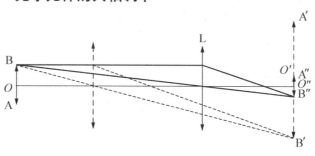

图 3.7-7　共轴调节

为了使光线为近轴光线，必须首先调好光学元件共轴。在光具座上调节光学元件共轴的要求是：各透镜的光轴重合一致，物的中心部位处在光轴上，物面、像面垂直于光轴，光轴平行于光具座的导轨。共轴调节分粗调和细调两步：

（1）粗调。将光具座上的光源、物、透镜等靠近在一起，用眼睛仔细观察，调节各光学元件的高低和左右使光源中心、物中心、透镜中心大致在一条与光具座平行的直线上。

（2）细调。细调是根据透镜的成像规律来判断光学元件是否共轴。下面以单透镜为例介绍调节方法。

①调节出亮度均匀完整的像。将物屏与像屏在导轨上拉开足够大的距离（大于 $4f$）使汇聚透镜在物屏和像屏之间移动时像屏上可分别形成放大和缩小的清晰像。要求所形成的像必须完整且亮度均匀，否则应适当调整光源或物屏。

②调节像中心位置竖向等高。移动透镜 L 使像屏上出现清晰的放大像，记下中心位置 O'；再移动透镜 L 使像屏上出现清晰的缩小像，记下中心位置 O''，如图 3.7-6 所示。若两像中心不等高，则将透镜 L 向物屏方向移动使像屏上重新出现清晰放大像，然后调节物的中心位置高度使 O' 点向 O'' 点靠拢直至 O' 点与 O'' 点等高。再使透镜 L 向像屏移动使像屏出现清晰缩小的像，检查 O'、O'' 点重合。通常把光学实验中的这种调节技巧称为"大像追小像"。

调节时应注意，若 O' 点在 O'' 点上方，则物中心 O 点低于调节光轴，此时应将 O 点上移使 O' 点下降向 O'' 点靠拢；反之则应将 O 点下降。

③调节两像中心横向重合。调节导轨上各有关光学元件滑块上的横向螺杆调节手轮，程序与②相同。

3.7.4.2　测量凸透镜的焦距

①用平行光源聚焦法测量凸透镜 1、凸透镜 2 的焦距。将溴钨灯平行光与凸透镜及白屏如图 3.7-1 所示摆放，前后移动白屏观察出射光在白屏上聚焦为面积最小

的亮点时，白屏到凸透镜之间的距离为凸透镜焦距 f。每个透镜重复测量三次。

　　② 自准直法测量凸透镜焦距。按照图 3.7-8 在精密导轨上依次放置照明灯、品字屏、待测焦距凸透镜、平面反光镜。沿导轨前后调节品字屏或待测焦距凸透镜位置。当物体处在待测焦距凸透镜焦平面上时，透过凸透镜经平面反光镜反射，再次透过凸透镜，在其焦平面上会成一个倒立的清晰像。这时记录品字屏和凸透镜之间的位置，其差值就是透镜焦距 f。

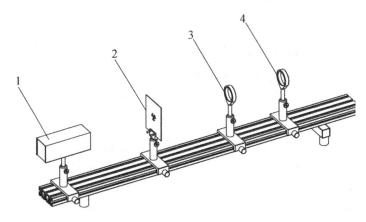

图 3.7-8　自准直法
1—光源；2—品字屏；3—待测凸透镜；4—反射镜

　　③ 一次成像法测量凸透镜焦距。如图 3.7-9 所示，在精密导轨上依次放置照明灯、物屏（品字屏或一字屏或一字针）、待测焦距凸透镜、像屏，并调至共轴。沿导轨前后调节凸透镜或物屏或像屏位置直至在像屏上获得清晰的物像，记下物屏、凸透镜及像屏的位置坐标，得到物距和像距，代入式（3.7-2）可计算得焦距 f。

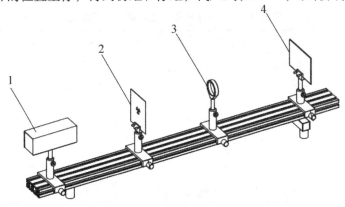

图 3.7-9　一次成像法
1—光源；2—物屏；3—待测凸透镜；4—像屏

④ 二次成像法测凸透镜的焦距。按照图 3.7 – 4 摆放光路。在 D > 4f 前提下选择不同的 D 值，移动透镜 L 使像屏分别出现清晰的放大像和缩小像，记录物屏、像屏以及成放大像和缩小像时的位置坐标，得到 D 和 d 值，代入式(3.7 – 6)计算出焦距 f。

3.7.4.3　测量凹透镜的焦距

(1)物距像距法测凹透镜的焦距：

将光学元件按照图 3.7 – 4 光路进行摆放，测量步骤如下：

①移动透镜 L_1 使物 AB 在像屏上成缩小像 $A'B'$，记下此时像屏位置坐标 x_1。

②固定物屏和 L_1，在 L_1 和像屏中间插入凹透镜 L_2，适当移动像屏(也可以使 L_2 和像屏同时移动，但 L_2 不能超出原像屏的位置)使物 AB 重新在屏上出现清晰像(最好是缩小像)，记下此时 L_2 的位置坐标 x_2 和像屏的位置坐标 x_3。

③根据记录的 x_1、x_2 和 x_3 求出相应的物距 u 和像距 v：

$$u = - \left| x_1 - x_2 \right| \qquad v = \left| x_3 - x_2 \right|$$

代入式(3.7 –1)计算出焦距 f。

(2)自准直法测凹透镜焦距：

按照图 3.7 – 5 摆放好光路，移动凹透镜 L_2，当在 O 点形成一个与原物等高倒立的实像时记录 L_2 及 O' 点的位置坐标，其之间的距离即为凹透镜的焦距 f。

3.7.5　数据记录及处理

(1)平行光聚焦法测凸透镜 1 和凸透镜 2 的焦距：

表 3.7 –1　平行光聚焦法测量凸透镜焦距

测量次数	凸透镜 1		凸透镜 2	
	凸透镜 1 位置 x_{L_1}	白板位置 x_{P_1}	凸透镜 2 位置 x_{L_2}	白板位置 x_{P_2}
第一次				
第二次				
第三次				

$f = \left| x_L - x_P \right|$。$f$ 取平均值，计算相对误差。

（2）自准直法测量凸透镜 1 和凸透镜 2 的焦距：

表 3.7 −2　自准直法测量凸透镜的焦距

测量次数	凸透镜 1		凸透镜 2	
	物(屏)位置 x_{S_1}	凸透镜 1 位置 x_{L_1}	物(屏)位置 x_{S_2}	凸透镜 2 位置 x_{L_2}
第一次				
第二次				
第三次				

$f = |x_S - x_L|$。f 取平均值，计算相对误差。

（3）一次成像法测量凸透镜焦距：

表 3.7 −3　一次成像法测量凸透镜的焦距

测量次数	凸透镜 1			凸透镜 2		
	物(屏)位置 x_{S_1}	凸透镜 1 位置 x_{L_1}	白板位置 x_{P_1}	物(屏)位置 x_{S_2}	凸透镜 2 位置 x_{L_2}	白板位置 x_{P_2}
第一次						
第二次						
第三次						

$u = \left| x_L - \quad \right|$，$v = \left| x_P - \quad \right|$，$\dfrac{1}{u} + \dfrac{1}{v} = \dfrac{1}{f}$。$f$ 取平均值，计算相对误差。

（4）二次成像法测量凸透镜焦距：

表 3.7 −4　二次成像法测量凸透镜的焦距

测量次数	凸透镜 1		凸透镜 2	
	物(屏) − 白屏间距	$L_1 =$	物(屏) − 白屏间距	$L_2 =$
	成放大实像位置 x_1	成缩小实像位置 x_2	成放大实像位置	成缩小实像位置
第一次				
第二次				
第三次				

$d = |x_1 - x_2|$，$\bar{d} = \dfrac{d_1 + d_2 + d_3}{3}$。

$f = \dfrac{L^2 - \bar{d}^2}{4L}$。$f$ 取平均值，计算相对误差。

(5)测量凹透镜焦距：

表 3.7 - 5　物距像距法测凹透镜的焦距

测量次数	凸透镜位置 x_{L_1}	凸透镜成像位置 x_{A_1}	凹透镜位置 x_{L_2}	凸凹透镜组成像位置 x_{A_2}
第一次				
第二次				
第三次				

$u = \left| x_{A_2} - x_{L_2} \right|$，$v = \left| x_{A_1} - x_{L_2} \right|$，$\dfrac{1}{u} + \dfrac{1}{v} = \dfrac{1}{f}$。$f$ 取平均值，计算相对误差。

表 3.7 - 6　自准直法测凹透镜的焦距

测量次数	O' 位置 $X_{O'}$/cm	L_2 位置 X_{L_2}/cm
1		
2		
3		

$f = \left| x_{O'} - x_{L_2} \right|$。$f$ 取平均值，计算相对误差。

思 考 题

1. 分析测焦距时存在误差的主要原因。

2. 共轭法测量凸透镜焦距时，在什么条件下物点发出的光线通过凸透镜能在固定光屏上两次成实像？

实验 3.8 冰的熔解热的测定

测量冰的熔解热实验涉及热学实验的若干基本内容，具有热学实验绪论的性质，在实验原理和方法(混合量热法和孤立系统、冷却定律和修正散热、测温原理等)、仪器构造和使用(量热器、温度计等)、操作技巧(搅拌、读温度等)、参量选择(水、冰取多少为宜，温度如何选择等)等方面，都对热学实验有普遍的指导意义。

3.8.1 实验目的

1. 学习温度和热量的初步测定方法，掌握用混合法测定冰的熔解热；
2. 学习用牛顿冷却定律补偿散热，了解粗略修正散热的方法。

3.8.2 实验仪器

热学综合实验平台、量热器、测温探头。

本实验用量热器组成一个近似绝热的孤立系统，以满足实验所要求的基本条件。量热器的种类很多，因测量的目的、要求、测量精度的不同而异。如图 3.8-1 所示，本实验采用结构最简单的一种量热器，它由两个用导热良好的金属(如铝)做成的内筒和外筒相套而成。内筒放在外筒内的绝热支架上，外筒用绝热盖盖住。因此空气与外界对流很小，又因空气是热的不良导体，所以内、外筒间借热传导方式传递的热量便可以减至很小。金属筒壁表面镀亮使得它们发射或吸收辐射热的本领变得很小，因此我们进行实验的系统与环境之

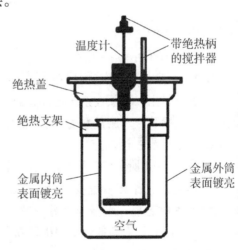

图 3.8-1 量热器示意图

（图中标注：温度计、带绝热柄的搅拌器、绝热盖、绝热支架、金属内筒表面镀亮、金属外筒表面镀亮、空气）

间因辐射而产生热量的传递也减小。这样的量热器已经可以使实验系统粗略地接近于一个绝热的孤立系统了。

3.8.3 实验原理

3.8.3.1 混合量热法测量冰的熔解热的原理

物质从固相转变为液相的相变过程称为熔解。一定压强下晶体开始熔解时的温度称为该晶体在此压强下的熔点。对于晶体而言，熔解是组成物质的粒子由规则排

列走向不规则排列的过程。破坏晶体的点阵结构需要能量，因此晶体在熔解过程中虽吸收能量，但其温度却保持不变。物质的某种晶体熔解成为同温度的液体所吸收的能量叫作该晶体的熔解潜热，也称熔解热 L。不同的晶体有不同的熔解热。

本实验是量热学实验中的一个基本实验，采用了量热学实验的基本方法——混合量热法。它所依据的原理是，在绝热系统中，某一部分所放出的热量等于其余部分所吸收的热量。

将 M 克 $0℃$ 的冰投入盛有 m 克 $0℃$ 水的量热器内筒中。设冰全部熔解为水后平衡温度为 T_2，量热器内筒、搅拌器和温度计的质量分别为 m_1、m_2 和 m_3，其比热容分别为 c_1、c_2 和 c_3，水的比热容为 c_0。则根据混合量热法所依据的原理，冰全部熔解为同温度 $0℃$ 的水及其从 $0℃$ 升到 T_2 过程中所吸收的热量等于其余部分从温度 T_1 降到 T_2 时所放出的热量，即

$$ML + M(T_2 - 0)c_0 = (mc_0 + m_1c_1 + m_2c_2 + m_3c_1)(T_1 - T_2) \quad (3.8-1)$$

由此可得冰的熔解热为

$$L = \frac{1}{M}(mc_0 + m_1c_1 + m_2c_2 + m_3c_3)(T_{-1}T_2) - T_2c_0 \quad (3.8-2)$$

在上式中，水的比热容 $c_0 = 4.18 \times 10^3 J \cdot (kg \cdot ℃)^{-1}$，内筒、搅拌器和温度计都是铝制的，其比热容 $c_1 = c_2 = c_3 = 0.88 \times 10^3 J \cdot (kg \cdot ℃)^{-1}$。

3.8.3.2 实验过程中的散热修正

前面已指出，必须在系统与外界绝热的条件下进行实验。为了满足此条件，我们应该从实验装置、测量方法和实验操作等方面尽量减少热交换。但是，实际上往往很难做到与外界完全没有热交换，因此必须研究如何减少热量交换对实验结果的影响。

设图 3.8-2 所示的温度-时间曲线是在进行冰的熔解热实验过程中绘制的，T_1' 为水的初温，它比环境温度 T_0 高，因此在投入冰块之前，水会向外界散热，水温会随时间缓慢降低，如 AB 段所示。与 B 点相应的温度为 T_1，它就是投入冰块时的水温。在刚投入冰块时，水温高，冰的有效面积大，融解得快，因此系统温度 T 下降较快，如 BC 段所示。随着冰不断融化，冰块逐渐变小，水温逐渐降低，冰的融解就变慢了，水温的降低也就变缓慢了，如 CD 段所示。D 点的温度为 T_2，它是冰块和水混合后的最低平衡温度。此后，由于系统从外界吸热，水温缓慢升高，如 DE

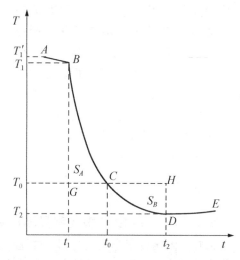

图 3.8-2　冰的熔解热实验 T-t 曲线

段所示。

牛顿冷却定律指出，当系统与环境的温度差不大（不超过 $10 \sim 15\,\text{℃}$）时，系统温度的变化率与温度差成正比，其数学表达式为

$$\frac{\mathrm{d}T}{\mathrm{d}t} = k'(T - T_0) \tag{3.8-3}$$

式中，T 为系统的温度；T_0 为环境的温度；k' 为散热系数，只与系统本身的性质有关。设系统的比热容为 c。注意到 $\mathrm{d}Q = c\mathrm{d}T$，于是，$(3.8-3)$ 式可改写为

$$\frac{\mathrm{d}Q}{\mathrm{d}t} = ck'(T - T_0) = k(T - T_0) \tag{3.8-4}$$

式中，$k = k'c$，也是常数。

根据 $(3.8-4)$ 式，实验过程中，即系统温度从 T_1 变为 T_2 这段时间（$t_1 \sim t_2$）内，系统与环境间交换的热量为

$$Q = \int_{t_1}^{t_2} k(T - T_0)\,\mathrm{d}t$$

$$= k\int_{t_1}^{t_0}(T - T_0)\,\mathrm{d}t + k\int_{t_0}^{t_2}(T - T_0)\,\mathrm{d}t \tag{3.8-5}$$

前一项 $T - T_0 > 0$，系统散热；后一项 $T - T_0 < 0$，系统吸热，两积分分别对应于图 3.8-2 中面积

$$S_A = \int_{t_1}^{t_0}(T - T_0)\,\mathrm{d}t \qquad S_B = \int_{t_0}^{t_2}(T - T_0)\,\mathrm{d}t$$

由此可见，S_A 与系统向外界散失的热量成正比，即有 $Q_{散} = KS_A$；S_B 与系统从外界吸收的热量成正比，即有 $Q_{吸} = KS_B$。因此，只要 $S_A \approx S_B$，系统对外界的吸热和散热就可以相互抵消。

要使 $S_A \approx S_B$，就必须使 $T_1 - T_0 > T_0 - T_2$，究竟 T_1 和 T_2 应取多少，或 $(T_1 - T_0) : (T_0 - T_2)$ 应取多少，要在实验中根据具体情况调整选择。具体做法是进行多次实验，而且在做完某次实验并绘制出 $T - t$ 曲线后，根据 S_A 和 S_B 的面积判断出下一次实验应如何改变 T_1 和 T_2。如此反复多次，才能找出最佳的初温 T_1 和末温 T_2。

上述这种使散热与吸热相互抵消的做法，往往要经过若干次试验才能获得比较好的效果。也可以通过作图用外推法得到

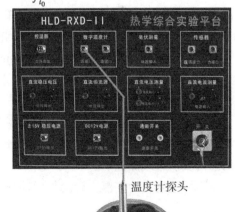

图 3.8-3　实验接线图

混合时水的初温 T_1 和热平衡时水的末温 T_2。

3.8.4　实验内容和步骤

3.8.4.1　冰的制备

将冰块从冰箱取出后置于 0℃ 的容器中，过一段时间后再取出并用干布揩干其表面的水后作为待测的样品。

3.8.4.2　合理选择各个参数的数值

在做实验时可以适当选择数值的参量有水的质量 m、冰的质量 M、始温 T_1 及末温 T_2。在做第一次实验时，T_1 可比环境温度高 $10 \sim 15℃$，水的体积约为量热器内容积的三分之二，放入的冰块必须能全部被水淹没，使冰尽快融解。若末温太低，第二次实验时为了提高末温，可以减少冰块的质量，也可以增加水的质量或提高始温。应该注意，末温不能选得太低，以免内筒外壁出现凝结水而改变其散热系数。

3.8.4.3　冰的熔解热测定实验步骤

①打开实验平台的电源，如图 3.8 - 4 所示，在实验目录中选择"冰的熔解热实验"，从右侧实验组件中拖出温度计 I 模块。

②用物理天平分别称出量热器内筒和搅拌器的质量 m_1、m_2 及水的质量 m、温度计的质量 m_3 并输入对应输入框中(注意单位)。

图 3.8 - 4　实验平台

③按图 3.8 - 1 和图 3.8 - 3 所示组装好量热器，接好线。从放入冰块前 3、4min 开始测温，每隔 0.5min 测一次温度，读取 6 ～ 8 个数据。

④放入冰块的同时开始实验，每隔 10s 测一次水温，目的是尽量在对应图 3.8 - 2 的 BC 段多测出几个数据。在温度达到最低温度后，实验会自动停止，并获得 2 个对应温度。继续测温 5、6min，每隔 0.5min 测一次，读取 10 ～ 12 个数据。

需要注意，为使温度计读数反映所测量系统的真实温度，实验过程中要不断轻轻搅拌。

⑤利用上述数据在坐标纸上绘出 $T - t$ 曲线，用外推法确定投冰时的水温 T_1，参照图 3.8 - 2 的散热修正方法，尽可能准确估算出 S_A 和 S_B 面积。若相差太大，则应调整各参量的数值，重新做实验。若基本相等，则可转到下一步。

⑥测量包括搅拌器、水及放入的冰块在内的量热器内筒总质量，并算出冰块的质量 M，输入至对应输入框中。

⑦计算出冰的熔解热。

3.8.5　数据处理

(1)理论常量：

水的比热容：$c_0 = 4.18 \times 10^3 \, \text{J} \cdot (\text{kg} \cdot \text{℃})^{-1}$；

铝的比热容：$c_1 = c_2 = c_3 = 0.88 \times 10^3 \, \text{J} \cdot (\text{kg} \cdot \text{℃})^{-1}$；

冰的熔解热的理论值范围：$290 \sim 330 \, \text{J} \cdot \text{g}^{-1}$。

(2)数据记录表格：

表 3.8 - 1　用物理天平称质量　　　　　　　（单位：10^{-3}kg）

内筒 m_1	搅拌器 m_2	温度计 m_3	$m_1 + m$(水)	$m_1 + m + M$(冰)

表 3.8 - 2　放冰前后水温 T 随时间 t 变化的数据　　室温：_____℃

放冰前(每隔 0.5min 测温一次)								
n(序)	0	1	2	3	4	5	6	7	8
T(℃)									

放冰后到最低温度 T_2(每隔 10s 测温一次)　　放冰时刻：_____								
n(序)	9	10	11	12	13	14	15	16	17
T(℃)									

达最低温度后(每隔 0.5min 测温一次)								
n(序)	18	19	20	21	22	23	24	25	26
T(℃)									

(3)根据测量数据画出 $T - t$ 曲线。

(4)计算测量结果，并进行误差分析。

思 考 题

1. 冰块投入量热器内筒时，若冰块外面附有水，将对实验结果有何影响(只需定性说明)？

2. 整个实验过程中为什么要不停轻轻搅拌？分别说明投冰前后搅拌的作用。

实验 3.9 非良导体的导热系数的测量

材料的导热系数是反映其导热性能的重要参数，直接反映了材料绝热性能的好坏。制造熔炼炉、传热管道、散热器、加热器等都要考虑材料的导热性能。所以对材料导热系数的研究和测量就显得很有必要。导热系数大、导热性能好的材料称为热的良导体，反之称为热的不良导体。一般来说，金属的导热系数比非金属的要大，固体的导热系数比液体的要大，气体的导热系数最小。因为材料的导热系数不仅随温度、压力的变化而变化，而且还随材料的杂质含量、结构变化而变化，所以在科学实验和工程技术中对材料的导热系数常用实验的方法测定。测量导热系数的方法大体可分为稳态法和动态法两种。教学实验中常采用稳态法测量非良导体的导热系数。稳态法是一种简易形象、精确性和可靠性高的测量方法，主要适用于中低温条件下的测量。

3.9.1 实验目的

1. 了解热传导和导热系数的物理概念及相关背景知识；

2. 学习一种测量非良导体导热系数的方法——稳态法；体会绕过不便测量的量（使用参量转换法）的设计思想；

3. 测定非良导体的导热系数。

3.9.2 实验仪器

热学综合实验平台、导热系数实验附件、待测样品、测温探头。

3.9.3 实验原理

早在 1882 年，法国科学家傅立叶就提出了热传导定律。目前各种测量导热系数的方法都是建立在傅立叶热传导定律的基础上的。

当物体内部各处温度不均匀时，就会有热量从温度高的地方向温度低的地方流动，这种现象被称为热传导。热传导定律指出：如果热量是沿着 z 方向传导，那么在 z 轴上任一位置 z_0 处取一个垂直截面 dS，以 $\dfrac{dT}{dz}$ 表示在 z 处的温度梯度，单位为 $℃·m^{-1}$，以 $\dfrac{dQ}{dt}$ 表示该处的传热速率（单位时间内通过截面积 dS 的热量），单位为 W，那么热传导定律可表示成

$$dQ = -\lambda \left(\frac{dT}{dz}\right)z_0 ds \cdot dt \tag{3.9-1}$$

式中的负号表示热量是从高温区向低温区流动(即热传导的方向与温度梯度的方向相反),比例系数 λ 即为导热系数,单位为 $W \cdot m^{-1} \cdot ℃^{-1}$。可见导热系的物理意义为:在温度梯度为一个单位的情况下,单位时间内垂直通过单位截面积的热量。利用式(3.9-1)测量材料的导热系数 λ 需解决两个关键问题:一个是如何在材料内造成一个温度梯度 $\dfrac{dT}{dz}$ 并确定其数值;另一个是如何测量材料内由高温区向低温区的传热速率 $\dfrac{dQ}{dt}$。

3.9.3.1 温度梯度 $\dfrac{dT}{dz}$ 的确定

为了在样品内造成一个温度的梯度分布,可以把样品加工成平板状,并把它夹在两块良导体——铜板之间,如图 3.9-1 所示,使上下两块铜板分别保持恒定温度 T_1 和 T_2,就可在垂直于样品表面的方向上形成温度的梯度分布。若样品厚度 h 远小于样品直径 $D(h \ll D)$,则样品侧表面积比其上下表面积小得多,由侧面散去的热量可以忽略不计,可以认为热量是在沿垂直于样品上下表面的方向流动,即只在此方向上有温度梯度。由于铜是热的良导体,在达到平衡时,可以认为同一铜板各处的温度相同,样品内同一平行平面上各处的温度也相同。这样只要测出样品的厚度 h 和两块铜板的温度 T_1 和 T_2 就可以确定样品内的温度梯度

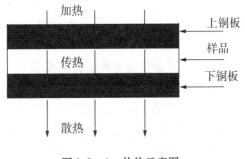

图 3.9-1 传热示意图

$$\frac{dT}{dz} = \frac{T_1 - T_2}{h} \qquad (3.9-2)$$

当然这需要铜板与样品表面紧密接触无缝隙,否则中间的空气层将产生热阻,使得温度梯度测量不准确。另外,为了保证样品中温度场的分布具有良好的对称性,要把样品及两块铜板都加工成等大的圆形。

3.9.3.2 传热速率 $\dfrac{dQ}{dt}$ 的测定

单位时间内通过某一截面积的热量 $\dfrac{dQ}{dt}$ 是一个无法直接测定的量,我们设法将这个量转化为较容易测量的量。为了维持一个恒定的温度梯度分布,必须不断给高温侧铜板加热,热量通过样品传到低温侧铜板,低温侧铜板则要将热量不断地向周围环境散出。当加热速率、传热速率与散热速率相等时,系统就达到一个动态平衡,

称之为稳态。此时低温侧铜板的散热速率就是样品内的传热速率。这样，只要测量低温侧铜板在稳态温度 T_2 下的散热速率，也就间接测量出了样品内的传热速率。但是，铜板的散热速率也不易测量，还需要进一步作参量转换。我们知道，铜板的散热速率与冷却速率（温度变化率）$\dfrac{\mathrm{d}T}{\mathrm{d}t}$ 有关，其表达式为

$$\frac{\mathrm{d}Q}{\mathrm{d}t}\bigg|_{T=T_2} = -m_A c \frac{\mathrm{d}T}{\mathrm{d}t}\bigg|_{T=T_2} \tag{3.9-3}$$

式中，m_A 为铜板的质量，c 为铜板的比热容，负号表示热量向低温方向传递。

因为质量容易直接测量，c 为常量，这样对铜板的散热速率的测量又转化为对低温侧铜板冷却速率的测量。铜板的冷却速率可以这样测量：在上下铜板的温度达到稳定后，移去样品，用上铜板直接对下铜板加热，使下铜板温度高于稳态温度 T_2（大约高出 $10\,℃$），再让其在环境中自然冷却，直到温度低于 T_2，测出温度在大于 T_2 到小于 T_2 区间中随时间的变化关系，描绘出

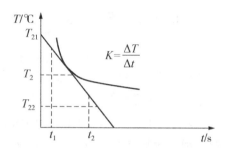

图 3.9-2   散热盘的冷却曲线图

$T-t$ 曲线（如图 3.9-2 所示），曲线在 T_2 处的斜率就是铜板在稳态温度 T_2 下的冷却速率。应该注意的是，这样得出的 $\dfrac{\mathrm{d}T}{\mathrm{d}t}$ 是铜板全部表面暴露于空气中的冷却速率，其散热面积为 $2\pi R_A^2 + 2\pi R_A h_A$（其中 R_A 和 h_A 分别是下铜板的半径和厚度）。设样品截面半径为 R_B，在实验中稳态传热时，下铜板的上表面（面积为 πR_A^2）是被样品全部（$R_B = R_A$）覆盖的，由于物体的散热速率与它们的面积成正比，所以稳态时，铜板散热速率的表达式应修正为

$$\frac{\mathrm{d}Q}{\mathrm{d}t} = -m_A c\,\frac{\mathrm{d}T}{\mathrm{d}t}\cdot\frac{\pi R_A^2 + 2\pi R_A h_A}{2\pi R_A^2 + 2\pi R_A h_A} \tag{3.9-4}$$

根据前面的分析，这个量就是样品的传热速率。

将(3.9-4)式代入热传导定律表达式(3.9-1)，同时考虑到 $\mathrm{d}S = \pi R_B^2$，可以得到导热系数

$$\lambda = -m_A c\,\frac{R_A + 2h_A}{2R_A + 2h_A}\cdot\frac{1}{\pi R_B}\cdot\frac{h_A}{T_1 - T_2}\cdot\frac{\mathrm{d}T}{\mathrm{d}t}\bigg|_{T=T_2} \tag{3.9-5}$$

式中，c 为铜板的比热容，$c = 0.385\,\mathrm{kJ\cdot℃^{-1}\cdot kg^{-1}}$。

3.9.4   实验内容和步骤

①按图 3.9-3 所示的接线图接线后，打开实验平台的电源（将平台右下角的钥

匙转动到"开"的位置即可)。

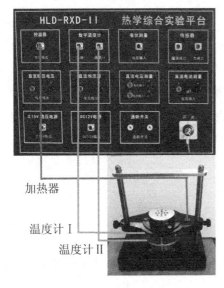

加热器
温度计Ⅰ
温度计Ⅱ

图 3.9 - 3　实验接线图

图 3.9 - 4　实验平台

②如图 3.9 - 4 所示,在平台的界面上选择"实验目录"下的"非良导体导热系数实验",再从右侧"热学实验组件"中拖出温度计Ⅰ、温度计Ⅱ、计时器模块、电源/开关控制。将电源/开关控制上的"DC12V"设置为"开"的状态。

③测量待测样品 B 的半径 R_B 和厚度 h_B,散热盘 A 的半径 R_A 和厚度 h_A 及质量 m_A,注意单位。

④把待测样品 B 放入加热盘 C 和散热盘 A 之间,调节散热盘 A 托架上的三个微调螺丝,使 B 与 A 和 C 接触良好。将温度探头插入 A 和 C 侧面的小孔中,要插到洞孔的底部使温度探头与铜盘接触良好。A 对应温度通道Ⅰ,C 对应温度通道Ⅱ。

⑤设置控温器温度为 80℃,并点击平台界面上加热盘与散热盘温度记录表格下的"开始"按钮,系统将每隔 60s 记录一次加热盘 C 的温度 T_1 与散热盘 A 的温度 T_2。

⑥需要等待较长时间,系统才能达到稳定的温度分布。系统加热一段时间后(约 40min),待 T_1 的读数稳定(波动小于 0.2℃)后,请每隔 2min 记录一次温度值于表 3.9 - 1 中,直到 T_2 示值变化不大(10min 内波动小于 0.2℃),然后停止记录。

⑦测量散热盘 A 在稳定温度值 T_2 附近的散热速率 $\dfrac{\mathrm{d}Q}{\mathrm{d}t}$:移开 C,取下 B,再使 C 与 A 直接接触,当 A 的温度上升到高于 T_2 值约 10℃时,再将 C 移开,让 A 的所有表面均暴露于空气中使 A 自然冷却,并开始记录散热温度与时间于表格 3.9 - 2 中,直到温度下降到 T_2 以下一定值,然后停止记录。

⑧作铜盘的 $T - t$ 冷却速率曲线,选取邻近 T_2 的测量数据来求出冷却速率,并

输入至输入框中，计算样品的导热系数 λ。

实验注意事项：

1. 使用前将加热盘与散热盘的表面擦干净，样品两端面擦净，可涂上少量硅油以保证接触良好。

2. 实验过程中，若移开加热盘，应先关闭电源，并注意避免烫伤手。

3. 不要使样品两端划伤，以免影响实验的精度。

4. 数字出现不稳定或加热时数值不变化，应先检查 PT100 及各个环节的接触是否良好。

3.9.5　实验数据记录表格

(1)散热盘 A 和待测样品 B 尺寸参数的记录：

散热盘 A：厚度 h_A = ＿＿＿ mm；半径 R_A = ＿＿＿ mm；质量 m_A = ＿＿＿g。

待测样品 B：厚度 h_B = ＿＿＿ mm；半径 R_B = ＿＿＿ mm。

(2)系统加热约 40min 后，从 T_1 读数稳定时起，直到 T_2 读数也相对稳定时止，每隔 2min 记录上下铜板的温度。

表 3.9 - 1

T_1/℃									
T_2/℃									

(3)下铜板 A 自然冷却时，每隔 30s 的温度：

表 3.9 - 2

t/s									
T_2/℃									

思 考 题

1. 测导热系数 λ 要满足哪些条件？在实验中如何保证？

2. 测冷却速率时，为什么要在稳态温度 T_2 附近选值？如何计算冷却速率？

3. 散热盘下方的轴流式风机起什么作用？若它不工作时实验能否进行？

实验 3.10　空气比热容比的测量

理想气体的比热容比(又称绝热指数)是热力学理论及工程技术应用中的一个常用而且重要的物理量,对气体比热容比的准确测量也是物理学基本测量之一。目前气体比热容比的常用测量方法有绝热膨胀法、振动法、声速法、传感器法等,每种方法都有各自的优缺点,其中绝热膨胀法是最常用的方法之一。本实验正是采用绝热膨胀法来测定空气的比热容比。

3.10.1　实验目的

1. 观测热力学过程中气体状态的变化情况及基本物理规律;
2. 用绝热膨胀法测定空气的比热容比。

3.10.2　实验仪器与装置

图 3.10 – 1 为绝热膨胀法测定空气比热容比的实验平台装置及接线图。本实验的仪器包括热学综合实验平台、空气比热容比附件和电阻箱等。

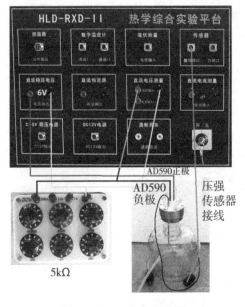

图 3.10 – 1　实验接线图

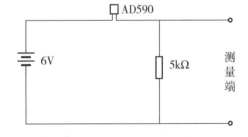

图 3.10 – 2　AD590 的测温电路

实验温度的测量采用电流型半导体集成温度传感器。该传感器灵敏度高、线性好,在其与工作电源、取样电阻构成的串联回路中,回路电流与温度的关系为 $1\mu A/℃$,如图 3.10 – 2 所示。若取样电阻为 $5k\Omega$,则可产生 $5mV/℃$ 的信号电压,

接 $0\sim2V$ 量程四位半数字电压表可检测到最小 $0.02℃$ 的温度变化。实验过程中，测量取样电阻两端的电压值就可换算出传感器所在点的温度来。气体的压强由气体压力传感器来测量，它由同轴电缆线输出信号，与仪器内的放大器及三位半数字电压表相接组成，测量气体压强的范围为 $0\sim100kPa$。

3.10.3 实验原理

理想气体的比热容比 γ 定义为气体的定压比热容 C_p 与定容比热容 C_V 之比，即

$$\gamma = \frac{C_p}{C_V} \tag{3.10-1}$$

在热力学过程特别是绝热过程中，γ 是一个很重要的参数。

本实验的热力学系统是干燥空气，放在玻璃材质的贮气瓶中。实验时，首先打开贮气瓶的进气阀，关闭放气阀，将一定量原处于环境大气压强 p_0、室温 T_0 的空气从进气阀处缓慢压入贮气瓶内。这时瓶内空气压强增大，温度升高。然后关闭进气阀，瓶内空气将等容放热，直至其温度降为室温 T_0，压强稳定，此时瓶内空气达到状态 I (p_1, V_1, T_0)，其中 V_1 是贮气瓶的体积。接着突然打开贮气瓶的放气阀使瓶内空气与大气相通，此时空气到达状态 II $(p_0, V_1+\Delta V, T_1)$，其中 ΔV 是放气过程中从贮气瓶逸出的空气的体积，当听到贮气瓶的放气声结束时迅速关闭放气阀。最后，贮气瓶内的空气将等容吸热，直到其温度恢复到室温 T_0，压强稳定，此时瓶内空气达到状态 III (p_2, V_1, T_0)。

从状态 I 到状态 II 的放气过程很短，可以认为是一个绝热膨胀过程，取等物质的量气体，满足的理想气体绝热方程

$$\left(\frac{p_1}{p_0}\right)^{\gamma-1} = \left(\frac{T_0}{T_1}\right)^{\gamma} \tag{3.10-2}$$

从状态 II 到状态 III 是等容吸热过程，满足的理想气体状态方程

$$\frac{p_0}{p_2} = \frac{T_1}{T_0} \tag{3.10-3}$$

将 $(3.10-3)$ 式代入 $(3.10-2)$ 式，消去 $\frac{T_1}{T_0}$，整理后可得

$$\gamma = \frac{\lg p_1 - \lg p_0}{\lg p_1 - \lg p_2} \tag{3.10-4}$$

根据式 $(3.10-4)$，只要测出环境大气压强 p_0 和绝热膨胀开始前瓶内空气状态稳定时的压强 p_1，以及放气后经过等容吸热瓶内空气状态稳定时的压强 p_2，就可以计算出空气的比热容比 γ。

干燥空气是以氮气和氧气为主要成分的气体，在温度不太低、压强不太高的条件下，可以近似认为是双原子理想气体，其比热容比的理论值近似为 $\gamma = 1.40$。

3.10.4　实验内容和步骤

①按图 3.10–3 所示的接线图接好线（请勿将 AD590 的正负极接错），打开实验平台的电源（将平台右下角的钥匙转动到"开"的位置即可）。

②如图 3.10–3 所示，在平台的界面上先点击"实验目录"，选择"空气比热容比实验"，再从右侧"热学实验组件"中拖出直流稳压电源 I、压强表、数字电压表 I 模块。

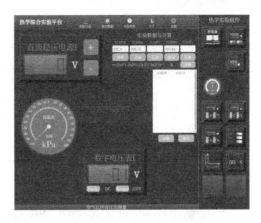

图 3.10–3　实验平台

③调节直流稳压电源 I 至 6V，调节数字电压表 I 的量程至 2V 挡。

④打开放气阀，观察压强表示数是否为 0，否则使用压强表模块调零功能将其调为零。

⑤先关闭放气阀，触摸平台界面右侧数据记录表格下的"开始"按钮，打开进气阀，再用手挤压打气球向贮气瓶内压入适量的空气（建议压强值介于 30kPa 到 100kPa 之间），最后关闭进气阀。此时，压力传感器和 AD590 温度传感器将自动测量和显示贮气瓶内空气的压强和温度。当贮气瓶内空气的状态稳定时，对应的压强值和温度值为 p_1 和 T_0（室温）。

⑥突然打开放气阀使瓶内气体与大气相通，当听到放气声消失瞬间迅速关闭放气阀（由于传感器显示滞后，所以以放气声消失作为操作依据）。此时贮气瓶内空气压强降低至环境大气压强 p_0。

⑦当贮气瓶内空气的温度上升至室温 T_0 且压强稳定时记下贮气瓶内气体的压强 p_2，同时触摸平台上的停止按钮停止记录瓶内空气的温度和压强。

⑧查看所记录的数据，选择合适数据输入对应输入框中，触摸计算按钮算出所测空气的比热容比。将对应的实验数据记录在表 3.10–1 内。

⑨重复以上步骤进行多次测量，求 γ 的平均值和误差。

表3.10 - 1　实验数据记录表

$p_0(10^5\text{Pa})$	$p_1(10^5\text{Pa})$	$T_1(\text{mV})$	$p_2(10^5\text{Pa})$	$T_2(\text{mV})$	γ	$\gamma_{平均}$

实验注意事项：

1. 实验中打开放气阀放气时，当听到放气声结束应迅速关闭阀门。提早或推迟关闭都将不满足实验要求的条件而引入误差。由于数字电压表尚有滞后显示，如用计算机实时测量，发现此放气时间约零点几秒，并与放气声消失很一致，所以用听声来决定阀门关闭时间更可靠些。

2. 实验要求环境温度基本不变，如发生环境温度不断下降的情况，可在远离实验仪器处适当加温以保证实验正常进行。

3. 仪器密封装配后必须等胶水变干且不漏气方可实验。

4. 打气球橡胶管插入前可先沾清水(或肥皂水)然后轻轻推入，以防止断裂。

思 考 题

1. 实验过程中，有哪些环节会引入实验误差？如何操作才能减小误差？

2. 本实验是测室温下空气的比热容比，如果要测量不同温度下空气的比热容比，仪器该怎样改进？

3. 试着画出实验过程中的 $p - V$ 曲线图。

实验 3.11　固体比热容的测量(混合法)

比热容是指单位质量的物质的热容量。测量固体物质比热容对于了解固体物质的性质、物质内部结构等都具有重要的意义。常用于测量固体物质比热容的方法有动态法、混合法、冷却法等。金属是重要的固态物质,本文重点介绍如何用混合法测量金属的比热容。

3.11.1　实验目的

1. 掌握基本的量热方法——混合法;
2. 了解用外推法进行散热修正的原理;
3. 测金属球的比热容。

3.11.2　实验仪器

热学综合实验平台、量热器、加热井装置、物理天平。

3.11.3　实验原理

比热容是热力学中常用的一个物理量,它是指单位质量的某种物质升高(或下降)单位温度所吸收(或放出)的热量,简称比热。

温度不同的物体混合后,热量将由高温物体传递给低温物体,最后将达到均匀稳定的平衡温度。如果在此过程中系统与外界没有热交换,则高温物体放出的热量等于低温物体所吸收的热量,此称为热平衡原理。本实验即根据热平衡原理用混合法测定固体的比热容。

将质量为 m、温度为 T_1 的金属球投入量热器的水中。设金属球、水、量热器内筒、搅拌器和温度计的比热分别为 c、c_0、c_1 和 c_2,质量分别为 m、m_0、m_1 和 m_2,待测物投入水中之前的水温为 T_2,在待测物投入水中当系统达到热平衡后其混合温度为 θ,则在不计量热器与外界的热交换的情况下,将存在下列关系:

$$mc(T_1 - \theta) = (m_0c_0 + m_1c_1 + m_2c_2)(\theta - T_2) \qquad (3.11-1)$$

即

$$c = \frac{(m_0c_0 + m_1c_1 + m_2c_2)(\theta - T_2)}{m(T_1 - \theta)} \qquad (3.11-2)$$

上述是在假定量热器与外界没有热交换时的结论。实际上,只要有温差就必然会有热交换,因此必须防止或修正热散失的影响。热散失的途径主要有三:第一是加热后的物体在投入量热器水中之前散失的热量。这部分热量不易修正,应尽量缩短投放时间。第二是在投下待测物后,量热器在低于室温时从外部吸热和高于室温后向外散失的热量。在本实验中，由于测量的是导热良好的金属，从投下物体至到达混合温度所需时间较短，可以采用热量出入相互抵消的方法消除散热的影响。即控制量热器的初温 T_2，使 T_2 低于环境温度 T_0，混合后的末温 θ 则高于 T_0，并使 $\theta - T_0$ 大体上等于 $T_0 - T_2$。第三要注意量热器外部不要有水附着（可用干布擦净）以免由于水的蒸发损失较多热量。

　　由于混合过程中量热器与环境有热交换，先是吸热，后是放热，致使由温度计读出的初温 T_2 和混合温度 θ 都与无热交换时的情况不同，因此必须对 T_2 与 θ 进行修正。修正可用图解法进行，如图 3.11 – 1 所示。

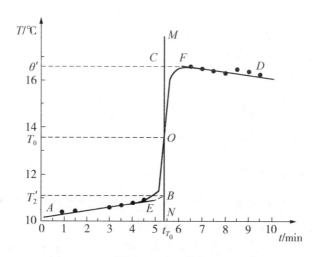

图 3.11 – 1　测量金属球比热容的 T – t 曲线

　　实验时，从投物前 5～6min 开始测水温，每 10 s 测一次，记下投物的时刻 t 与此时刻水的温度 T_2，记下达到室温 T_0 的时刻 t_{T_0}，水温达到最高点后继续测 5～6min。然后，以时间 t 为横坐标，以水温 T 为纵坐标画出水温随时间变化的曲线图，如图 3.11 – 1 所示。在图 3.11 – 1 中，过 t_{T_0} 作一竖直线 MN，过 T_0 作一水平线，二者交于 O 点。然后描出投物前的吸热线 AB 与 MN 交于 B 点，混合后的放热线 CD 与 MN 交于 C 点。混合过程中的升温线 EF 分别与 AB、CD 交于 E 和 F。因水温达到室温前量热器一直在吸热，故混合过程的新温度应是与 B 点对应的 T_2'，此值高于投物时记下的温度 T_2。同理，水温高于室温后，量热器向环境散热，故混合后的最高温度是 C 点对应的温度 θ'，此值高于温度计显示的最高温度 θ。

　　在图 3.11 – 1 中，吸热用面积 BOE 表示，散热用面积 COF 表示，当两面积相等时，说明实验过程中对环境的吸热与放热相消，否则实验将受环境影响。实验时应力求使这两面积相等。此外，要注意温度计本身的系统误差。

　　为了尽可能使系统与外界交换的热量达到最小，在实验的操作过程中应注意以下几点：不应直接用手去把握量热筒的任何部分；不应在阳光直接照射下做实验；不在空气流通过快的地方或在火炉旁或暖气旁做实验。此外，由于系统与外界温差越大，热量在它们之间传递越快，时间越长，传递的热量越多，因此在进行量热实验时，要尽可能使系统与外界的温差小些，并尽量使实验进行得快些。

3.11.4　实验内容和步骤

①打开实验平台的电源，如图 3.11-2 所示，在实验目录中选择固体比热容（混合法）实验，再从右侧实验组件中拖出温度计 I、控温器、计时器模块。

②用天平称量出量热器内筒质量 $m_筒$，然后向量热器内筒注入水。水的体积占内筒容积的二分之一左右。用天平称出筒和水的总质量 $m_总$，则水的质量 $m_0 = m_总 - m_筒$。将所测得数据输入对应输入框中（注意单位）。

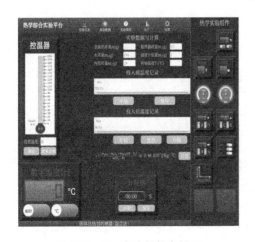

图 3.11-2　实验软件主界面　　　　　　　图 3.11-3　实验装置和接线图

③用天平称取一定量的金属球放于加热井中，并将所测得的金属球的质量 m 输入至对应输入框中（注意单位）。

④按图 3.11-3 接好实验线路，设置控温器温度至 50℃，此温度为金属球的初始温度 T_1，并等待金属球温度达到设置温度。

⑤由水、量热器内筒、搅拌器和温度计组成系统。在此系统中，加冰适量，一

般 2～3g，用搅拌器不停地徐徐搅动，使之温度低于室温 2～3℃，等系统温度趋于稳定并有微弱上升时，开始记录时间和温度：每 30s 记一次温度，延续 5min 后停止记录。然后将加热好的金属球迅速投入到量热器内筒的水中（注意不要溅出水，特别注意不要碰到温度计），盖上绝热盖，并开始记录物体放入量热器的时刻和温度。继续搅拌并观察温度计示值。当温度几乎不变时，可认为系统达到热平衡状态，停止记录。将金属球投入前后记录的时间和温度值对应填入表 3.11－1 中。

⑥根据表 3.11－1 作 $T-t$ 曲线，找出 T_2 与 θ 的修正值，计算金属球的比热容 c。已知水的比热容为 $4.187 \times 10^3 J \cdot (kg \cdot ℃^{-1})$，量热器（包括搅拌器）是铜制的，其比热容为 $0.385 \times 10^3 J \cdot (kg \cdot ℃^{-1})$。

表 3.11－1　金属球投入前后系统的温度

投 入 前			投 入 后		
观察次数	时间(s)	温度(℃)	观察次数	时间(s)	温度(℃)

实验注意事项：

1. 合理选择系统参数，尽量避免或减少系统与外界的热量交换。

2. 倒入金属球时应谨慎而迅速，不要将水溅出。

3. 为了准确读出量热器内筒中的温度变化，温度计不要触及金属球。

思 考 题

1. 本实验的"热学系统"是由哪些部分组成的？

2. 实验过程中为什么要搅拌？

3. 分析实验产生误差的因素。

实验 3.12　热电偶的定标

温差热电偶(简称热电偶)是一种感温元件。它直接测量温度,并把温度信号转换成热电动势信号,再通过电器仪表转换成被测介质的温度。热电偶测温的优点是结构简单、制作方便、价格低廉、测温范围宽、热惯性小、准确度较高,而且它输出的温差电信号便于远距离传送实现集中控制和自动检测,所以在工业生产和科学研究中被广泛应用。

3.12.1　实验目的

1. 了解热电偶测温的基本原理和方法;
2. 了解热电偶的定标方法;
3. 为热电偶定标。

3.12.2　实验仪器

热学综合实验平台、双端热电偶传感器、保温杯、加热井、冰水混合物。

3.12.3　实验原理

3.12.3.1　热电效应

热电偶测量温度的物理原理是热电效应。将 A 和 B 两种不同的导体首尾相连组成闭合回路,如图 3.12 - 1 所示,如果两连接点的温度(T, T_0)不同,就会在回路中产生热电动势 $E_T(T, T_0)$,形成热电流。这就是热电效应。将 A、B 两种不同的金属串接在一起,其两端可以和仪器相连进行测温,这种元件被称

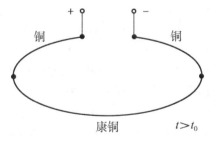

图 3.12 - 1　热电偶示意图

为热电偶。热电偶被焊接的一端是接触热场的 T 端,称为工作端或测量端,也称热端;未焊接的一端(接引线)处在温度 T_0,称为自由端或参考端,也称冷端。T 与 T_0 的温差愈大,热电偶输出的热电动势愈大,因此可以用热电动势的大小来衡量温度的高低。热电偶的热电动势由两部分组成:接触电动势和温差电动势。

(1)两种导体的接触电动势。两种导体接触的时候,由于导体内的自由电子密度不同(设 N_A 和 N_B 分别为两种金属单位体积内的自由电子数,且 $N_A > N_B$),电子密度大的导体 A 中的电子会向电子密度小的导体 B 扩散,则导体 A 由于失去电子而

具有高电位，导体 B 由于接收了电子而具有低电位。这样在扩散达到动态平衡时，A、B 之间就形成了一个电位差。这个电位差称为接触电动势，这种效应称为珀尔帖效应。接触电动势的大小与该接触点温度的高低以及导体 A 和 B 的电子密度的比值有关：温度越高，接触电动势越大，两种导体电子密度的比值越大，接触电动势也越大。

（2）单一导体中的温差电动势。对单一金属导体，如果两端的温度不同，两端的自由电子就具有不同的动能。温度高则动能大，动能大的自由电子会向温度低的一端扩散。失去电子的这一端就处于高电位，而低温端由于得到电子而处于低电位。这样两端就形成了电位差，其称为温差电动势。这种效应称为汤姆逊效应。

珀尔帖接触电动势和汤姆逊温差电动势构成了热电偶的总电动势。显然，热电偶的总电动势与电子密度及两接触点的温度有关，电子密度取决于热电偶材料的特性。当热电偶材料一定时，热电偶的总电动势 $E_T(T, T_0)$ 成为 T 的函数和 T_0 的函数之差。热电偶的总电动势与两接头温度之间的关系比较复杂，但是在较小温差范围内可以近似认为热电动势 $E_T(T, T_0)$ 与温度差 $T - T_0$ 成正比，即

$$E_T(T, T_0) = c(T - T_0) \tag{3.12-1}$$

式中，T 为热端温度；T_0 为冷端温度；c 称为温差系数（或称热电偶常量），单位为 $\mu V/℃$，它表示两接点的温度相差1℃时所产生的电动势，其大小取决于组成热电偶材料的性质，有

$$c = \frac{k}{e} \ln \frac{N_A}{N_B} \tag{3.12-2}$$

式中，k 为玻耳兹曼常量；e 为电子电量。

热电偶与测量仪器有两种连接方式：金属 B 的两端分别和金属 A 的两端焊接，测量仪器 M 插入 A 线中间（或者插入 B 线中间）；A、B 的一端焊接，另一端和测量仪器连接，如图 3.12-2 所示。

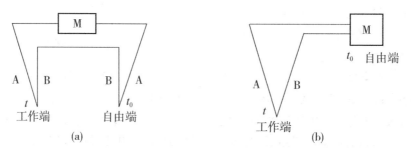

图 3.12-2　热电偶的两种连接方式

热电偶中接入了电势差计或数字电压表，这样除了构成热电偶的两种金属外，

必将有第三种金属接入热电偶电路中。理论上可以证明，在 A、B 两种金属之间插入任何一种金属 C，只要维持 C 和 A、B 的联接点在同一个温度，这个闭合电路中的热电动势总是和只有 A、B 两种金属组成的热电偶中的热电动势相同。

3.12.3.2　热电偶的定标

热电偶定标的方法有两种：

（1）比较法。用被校热电偶与一标准组分的热电偶去测同一温度，测得一组数据，其中被校热电偶测得的热电动势即由标准热电偶所测得的热电动势校准。在被校热电偶的使用范围内改变不同的温度，进行逐点校准，就可得到被校热电偶的一条校准曲线。

（2）固定点法。在一定的气压下（一般是标准大气压），选择几种合适的纯物质，将这些纯物质的沸点或熔点温度作为已知温度，测出热电偶在这些温度下对应的电动势，从而得到电动势—温度关系曲线，这就是所求的校准曲线，如图 3.12－2 所示。

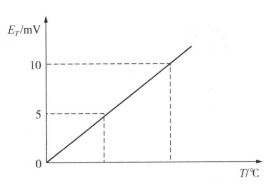

图 3.12－2　热电偶定标曲线

本实验采用固定点法进行定标。定标时，加热盘可恒温在 50～100℃ 之间。用数字电压表测出对应点的热电动势，然后以热电动势 $E_T(T, T_0)$ 为纵轴，以热端温度 T 为横轴，标出所测各点，拟合成直线，即为热电偶的定标曲线。有了定标曲线，就可以利用该热电偶测温度了。这时，仍将冷端保持在原来的温度（$T_0 = 0℃$），将热端插入待测物中，测出此时的热电动势，再由 $E_T - T$ 图线，查出待测温度。

3.12.4　实验内容和步骤

①按图 3.12－3a 所示组装好仪器，打开实验平台的电源。

②在平台界面上，如图 3.12－3b 所示，先点击"实验目录"，选择"温差热电偶定标实验"，再从右侧"热学实验组件"中拖出控温器、毫伏表、图像模块。

③调节控温器"设置温度"为 40（默认单位为℃），然后点击"确定"后设置完成。等待加热至设置温度后，点击平台界面右上角数据记录表格下的"记录"按钮，将毫伏表的电压读数记录在对应表格中。

④重复步骤③，依次设置控温器温度为 50℃、60℃、70℃、80℃、90℃、100℃，热电偶冷端不变，测量不同温度下的温差电动势，并记录至对应表格中。

⑤点击操作平台上的"作图"按钮，仪器将自动作出热电偶的 $E_T - T$ 定标曲线。

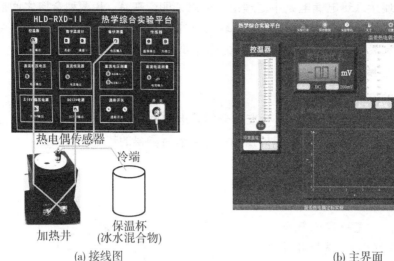

(a) 接线图　　　　　　　　　　　(b) 主界面

图 3.12 - 3　实验的接线图及实验软件主界面

插上 U 盘，保存实验数据，课后将其整理在实验报告纸上。

注意事项：

1. 在整个电路连接好之后才能打开电源开关。

2. 加热器温度不能加热到 120℃ 以上，否则可能损坏加热器。

3. 控温仪达到设定的温度并稳定需要较长的时间，一般需为 15 ～ 20min，请同学们耐心等待。

思 考 题

1. 分析热电偶测温方法的误差来源。

2. 如果热电偶的冷端在测量时不处于冰水混合物中，该如何对测量结果进行修正？

实验 3.13　　PN 结正向压降温度特性的研究

采用不同的掺杂工艺，通过扩散作用，将 P 型半导体与 N 型半导体制作在同一块半导体(通常是硅或锗)基片上，在它们的交界面处所形成的空间电荷区，被称为 PN 结。PN 结的基本电学特点是具有单向导电的整流性质。尽管目前半导体器件种类繁多、发展迅速，但其中相当大的一部分与 PN 结有关。例如普通的二极管就是由一个 PN 结装上两根电极制成的，三极管是由两个 PN 结构成的。至于半导体集成电路，则大多是将二极管、三极管等半导体做在同一块半导体小片上。PN 结温度传感器是利用二极管、三极管 PN 结的正向压降随温度变化的特性制成的温度敏感器件。在低温测量方面，它有体积小、响应快、线性好和使用方便等优点，所以在电子电路的过热和过载保护、工业自动控制领域的温度控制和医疗卫生的温度测量等方面有着广泛的应用。

3.13.1　实验目的

1. 了解 PN 结正向压降随温度变化的物理原理；
2. 在恒流条件下，测绘 PN 结正向压降随温度变化的曲线，并由此确定其灵敏度和被测 PN 结材料的禁带宽度；
3. 学习用 PN 结测温的方法。

3.13.2　实验仪器

热学综合实验平台、PN 结传感器、加热井、温度传感器特性实验模板。

3.13.3　实验原理

3.13.3.1　PN 结温度传感器的基本方程

根据半导体理论，理想 PN 结的正向电流 I_F 和正向压降 V_F 之间存在如下的近似关系：

$$I_F = I_S e^{\frac{qV_F}{kT}} \tag{3.13-1}$$

式中，q 为电子电量；k 为玻尔兹曼常数；T 为绝对温度；I_S 为反向饱和电流，是一个与 PN 结材料的禁带宽度以及温度等有关的系数，可以证明：

$$I_S = CT^\gamma e^{-\frac{qV_{g(0)}}{kT}} \tag{3.13-2}$$

式中，C 是与结面积和掺杂浓度有关的常数；γ 在一定的条件下也是常数；$V_{g(0)}$ 是绝对零度时 PN 结的导带底和价带顶的电势差。

将(3.13-2)式代入(3.13-1)式，两边取对数可得

$$V_F = V_{g(0)} - \left(\frac{k}{q}\ln\frac{C}{I_F}\right)T - \frac{kT}{q}\ln T^\gamma = V_1 + V_{nl} \qquad (3.13-3)$$

式中，

$$V_1 = V_{g(0)} - \left(\frac{k}{q}\ln\frac{C}{I_F}\right)T$$

$$V_{nl} = -\frac{kT}{q}\ln T^\gamma$$

方程(3.13-3)就是 PN 结正向压降作为电流和温度函数的表达式，它是 PN 结温度传感器的基本方程。

3.13.3.2　PN 结测温原理和温标的转换

根据(3.13-3)式，对于给定的 PN 结材料，令 PN 结的正向电流 I_F 恒定不变，则正向压降 V_F 只随温度的变化而变化。方程(3.13-3)还表明，V_F 随温度的变化包含了线性项 V_1 和非线性项 V_{nl}。理论和实验证明，在温度变化范围不大时，V_F 温度响应的非线性项 V_{nl} 可以被忽略。对于通常的硅 PN 结材料来说，这个温度范围可以认为是 $-50 \sim 150℃$。当温度变化范围增大时，非线性项 V_{nl} 对 V_F 的影响将会增大。

因此，对给定的 PN 结材料，在允许的温度变化区间内，在正向电流 I_F 恒定不变的条件下(采用恒流源供电)，PN 结的正向压降 V_F 对温度 T 的依赖关系取决于线性项 V_1，即正向压降几乎随温度升高而线性下降：

$$V_F = V_{g(0)} - \left(\frac{k}{q}\ln\frac{C}{I_F}\right)T \qquad (3.13-4)$$

因此只要测出正向电压 V_F 的大小便可以得知对应的温度 T。这就是 PN 结测温的理论依据。在以上的分析中，温度 T 是热力学温度，在实际使用时会有不便之处，为此我们需要进行温标转换，采用摄氏温度 t 来表示：$T = t + 273.2$。同时我们还定义 $S = \frac{k}{q}\ln\frac{C}{I_F}$ 为 PN 结温度传感器的灵敏度，以及 V_F 在 0℃时的值为 $V_{F(0)}$。则

$$V_F = V_{F(0)} - St \qquad (3.13-5)$$

其中

$$V_{F(0)} = V_{g(0)} - \left(\frac{k}{q}\ln\frac{C}{I_F}\right) \times 273.2 \qquad (3.13-6)$$

进一步地，令温度为 t 时的正向压降 V_F 与 0℃时的正向压降 $V_{F(0)}$ 之间的差为 ΔV。则

$$V_F = V_{F(0)} + \Delta V \qquad (3.13-7)$$

根据(3.13-5)式有

$$\Delta V = -St \qquad (3.13-8)$$

这就是 PN 结温度传感器在摄氏温标下的测温原理公式。

3.13.3.3 确定 PN 结材料的禁带宽度

PN 结材料的禁带宽度 $E_{g(0)}$ 定义为电子的电荷量 q 与热力学温度 0K 时 PN 结材料的导带底和价带顶的电势差 $V_{g(0)}$ 的乘积，即 $E_{g(0)} = qV_{g(0)}$。由公式(3.13 – 4)得

$$V_{g(0)} = V_F + \left(\frac{k}{q} \ln \frac{C}{I_F} \right) T = V_F + ST \qquad (3.13 – 9)$$

令 V_F 在温度 t_R 时的值为 $V_{F(t_R)}$，同时将上式中的热力学温标转换成摄氏温标，有

$$V_{g(0)} = V_{F(t_R)} + S(t_R + 273.2) \qquad (3.13 – 10)$$

所以

$$E_{g(0)} = qV_{g(0)} = q[V_{F(t_R)} + S(t_R + 273.2)] \qquad (3.13 – 11)$$

所以在已知 PN 结温度传感器的灵敏度 S 的情况下，只要测出温度 t_R 下 PN 结的正向压降 $V_{F(t_R)}$ 就可以计算出 PN 结材料的禁带宽度 $E_{g(0)}$。

3.13.4 实验内容和步骤

①按图 3.13 – 1 所示的接线图接好线，打开实验平台的电源。

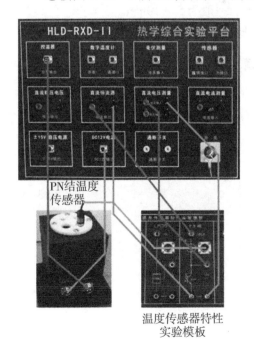

温度传感器特性
实验模板

图 3.13 – 1 实验接线图

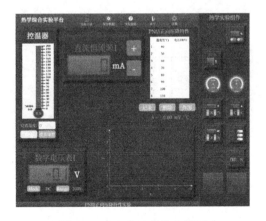

图 3.13 – 2 实验软件主界面

②在平台的界面上，如图 3.13 – 2 所示，先点击"实验目录"，选择"PN 结正向压降特性实验"，再从右侧"热学实验组件"中拖出控温器、数字电压表Ⅰ、直流恒流源Ⅰ、图像模块。

③将直流恒流源 I 的读数调节为 0.05mA。

④记录室温 t_R 及对应的 $V_{F(t_R)}$。

⑤先在控温器的"设置温度"处将温度设置为 40（默认其单位为℃），再点击其下方的"确定"按钮后设置完成。等待加热至设置温度时，点击平台右上方数据记录表格下的"记录"按钮，仪器会自动地把当前温度下数字电压表 I 的读数（也就是 PN 结的正向压降 V_F）记录在相应的表格中。

⑥依次设置 PN 结温度为 40℃、50℃、60℃、70℃、80℃、90℃、100℃、110℃，测量不同温度下的 PN 结的 V_F，并记录至对应表格中。

⑦点击屏幕界面上的"作图"按钮，系统会自动拟合出 PN 结正向压降随温度变化的曲线图，并计算其斜率。此斜率即为 PN 结温度传感器的灵敏度 $S(\text{mV}/℃)$。

⑧估算被测 PN 结的禁带宽度，并将其与公认值 $E_{g(0)} = 1.21\text{eV}$ 进行比较，求其误差。

实验注意事项：

1. 加热器温度不能超过 120℃，否则可能损坏加热器。

2. 控温仪达到设定的温度需要的时间较长，一般为 5～10min。

3. 在整个电路连接好之后才能打开电源开关，实验完毕后请关闭平台电源。

思 考 题

1. 如何用本实验测得的实验数据求得玻尔兹曼常数 k 的值？

2. 分析本实验产生误差的原因，以及减小误差的方法。

附录　分析非线性项 V_{nl} 所引起的误差

设温度从 T_1 变为 T 时，PN 结正向压降从 V_{F1} 变为 V_{F}。由 $(3.13-3)$ 式可得

$$V_{\mathrm{F}} = V_{g(0)} - \left[V_{g(0)} - V_{\mathrm{F1}} \right] \frac{T}{T_1} - \frac{kT}{q} \ln \left(\frac{T}{T_1} \right)^{\gamma} \qquad (3.13-12)$$

按理想的线性温度响应，V_{F} 应取如下形式

$$V_{理想} = V_{\mathrm{F1}} + \frac{\partial V_{\mathrm{F1}}}{\partial T}(T - T_1) \qquad (3.13-13)$$

$\dfrac{\partial V_{\mathrm{F1}}}{\partial T}$ 等于 T_1 温度时 $\dfrac{\partial V_{\mathrm{F}}}{\partial T}$ 值。由 $(3.13-13)$ 式可得

$$\frac{\partial V_{\mathrm{F1}}}{\partial T} = - \left[V_{g(0)} - V_{\mathrm{F1}} \right] \frac{V_{g(0)} - V_{\mathrm{F1}}}{T_1} - \frac{k}{q} \gamma \qquad (3.13-14)$$

所以

$$V_{理想} = V_{\mathrm{F1}} + \left(- \frac{V_{g(0)} - V_{\mathrm{F1}}}{T_1} - \frac{k}{q} \gamma \right)(T - T_1)$$

$$= V_{g(0)} - (V_{g(0)} - V_{\mathrm{F1}}) \frac{T}{T_1} - \frac{k\gamma}{q}(T - T_1) \qquad (3.13-15)$$

由理想线性温度响应 $(3.13-15)$ 式和实际响应 $(3.13-4)$ 式相比较，可得实际响应与线性近似理论之间的偏差为

$$\Delta = V_{理想} - V_{\mathrm{F}} = \frac{k}{q} \gamma(T - T_1) + \frac{kT}{q} \ln \left(\frac{T}{T_1} \right)^{\gamma} \qquad (3.13-16)$$

设 $T_1 = 300\mathrm{K}$，$T = 310\mathrm{K}$，取 $\gamma = 3.4$。由 $(3.13-16)$ 式可得 $\Delta = 0.048\mathrm{mV}$，而相应的 V_{F} 的改变量约 $20\mathrm{mV}$，相比之下，误差很小。不过当温度变化范围增大时，V_{F} 温度响应的非线性误差将有所增加，这主要是由 γ 因子所致。综上所述，在恒流供电条件下，在一定的温度范围内，PN 结的 V_{F} 对 T 的依赖关系取决于线性项 V_1，即正向压降几乎随温度升高而线性下降。这就是 PN 结测温的理论依据。

必须指出，上述结论仅适用于杂质全部电离、本征激发可以忽略的温度区间（对于通常的硅二极管来说，温度范围为 $-50 \sim 150$℃）。如果温度低于或高于上述范围，由于杂质电离因子减小或本征载流子迅速增加，$V_{\mathrm{F}} - T$ 关系将产生新的非线性。这一现象说明 $V_{\mathrm{F}} - T$ 的特性还随 PN 结的材料而异。对于宽带材料（如 GaAs，$E_{\mathrm{g}} = 1.43\mathrm{eV}$）的 PN 结，其高温端的线性范围宽；而材料杂质电离能力小（如 Insb）的 PN 结，则低温端的线性范围宽。对于给定的 PN 结，即使在杂质导电和非本征激发温度范围内，其线性度也随温度的高低而有所不同，这是非线性项 V_{nl} 引起的。由 V_{nl} 对 T 的二阶导数 $\dfrac{\mathrm{d}^2 V}{\mathrm{d}T^2} = \dfrac{1}{T}$ 可知，$\dfrac{\mathrm{d}V}{\mathrm{d}T}$ 的变化与 T 成反比，所以 $V_{\mathrm{F}} - T$ 的线性度在高温端优于低温端，这是 PN 结温度传感器的普遍规律。

实验 3.14　电桥法测定电阻

电桥是一种用比较法测量电阻、电容或电感的仪器。通常的电桥是将电阻、电容、电感等元件或这些元件的组合组成四个桥臂的电路。根据激励电源性质的不同，电桥分为交流电桥和直流电桥两大类。惠斯登电桥是直流电桥中的一种，它是测量中值电阻的重要仪器。它用比较法进行测量，即在平衡条件下，将待测电阻与标准电阻进行比较以确定其阻值。它具有测试灵敏、精确、方便等优点。

电桥电路在检测技术中应用非常广泛，不仅可以测量电阻，还可以测量电容、电感、温度、压力、真空度等许多物理量。这种测量方法广泛应用于工业和科研的自动控制中。

3.14.1　实验目的

1. 理解并掌握用电桥法测定电阻的原理和方法；
2. 掌握自搭电桥测定电阻的原理和方法；
3. 学习用交换法消除自搭电桥的系统误差。

3.14.2　实验仪器

9 孔插件板、JK – 31 稳压电源、恒流源、数字万用表、电阻箱、电阻（200Ω、1kΩ、10kΩ）、连接线。

3.14.3　实验原理

3.14.3.1　惠斯登电桥

如图 3.14 – 1 所示，把待测电阻 R_x 与另外 2 个固定电阻 R_1、R_2 和可变电阻 R_0 连接成一个闭路的电阻四边形，电池 E 通过与四边形的两个相对顶端 A 和 B 相连，在另外两个相对顶端 C 和 D 之间接入检流计。这样连接的电路称为惠斯登电桥。电阻 R_1、R_2、R_0、R_x 称为"桥臂"，接入检流计的对角线 CD 成为"桥"。检流计的作用是对"桥"的两

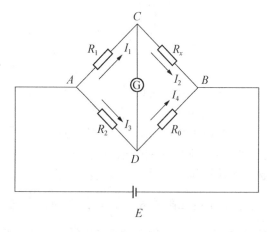

图 3.14 – 1　惠斯登电桥电路

端点的电位直接进行比较。当 C、D 两点电位相等时，检流计中无电流通过，电桥达到了平衡，即 $V_{AC} = V_{AD}$；$I_1 = I_2$；$I_3 = I_4$。可得

$$\frac{R_1}{R_2} = \frac{R_2}{R_0}$$

即

$$R_x = \frac{R_1}{R_2} R_0 = K R_0 \tag{3.14 - 1}$$

式中，$K = \dfrac{R_1}{R_2}$ 称为比率。若 R_1、R_2、R_0（或 K 和 R_0）为已知，R_x 即可由上式求出。

3.14.3.2　电桥的灵敏度

公式(3.14 -1)是在电桥平衡条件下的结果，而电桥是否平衡，实际上是通过看检流计有无偏转来判断的。检流计的灵敏度总是有限的，如实验室所用的检流计，指针偏转 1 格所对应的电流大约为 10^{-6} A，当通过它的电流比 10^{-7} 还要小时，指针的偏转小于 0.1 格，我们就很难察觉出来（数字检流计小于 10^{-8} A）。假设电桥在 $\dfrac{R_1}{R_2} = 1$ 时调整到了平衡，则有 $R_x = R_0$。这时，若把 R_0 改变一个量 ΔR_0，电桥就失去平衡，从而有电流 I_G 流过检流计。但如果 I_G 小到使检流计的偏转觉察不出来，我们就会认为电流还是平衡的，因而得出 $R'_x = R_0$。ΔR_0 就是由于检流计灵敏度不够而带来的测量误差 $\Delta R_x = |R'_x - R_x|$。对此，我们引入电桥灵敏度 S 的概念，并定义为

$$S = \frac{\Delta n}{\dfrac{\Delta R_x}{R_x}} \tag{3.14 - 2}$$

式中，ΔR_x 是在电桥平衡后 R_x 的微小改变量（实际上待测电阻 R_x 是不能变的，改变的是电阻 R_0）；Δn 是由于电桥偏离平衡而引起的检流计指针偏转的格数。S 越大，说明电桥越灵敏，误差也就越小。例如，S 等于一格/1%，也就是当 R_x 改变 1% 时（实际上是 R_0 改变 1% 时），检流计可以有 1 格的偏转。通常我们能觉察到 1/5 格的偏转，也就是说，当电桥平衡后，R_x 只要改变 0.2%，我们就可以觉察出来。这样，由于电桥灵敏度的限制所带来的误差不会大于 0.2%。

如果由于检流计灵敏度不够，或通过它的电流太微弱而无法觉察出来，可以把电源电压增高，微弱电流相应增大，从而使检流计指针发生较大的偏转。因此，检流计的灵敏度和电源电压的高低对电桥灵敏度都有影响。式(3.14 -2)是对特定的电桥、检流计和电源电压而言的。可以证明，电桥灵敏度普遍表达式为

$$S = \frac{S_1 E}{(R_1 + R_2 + R_0 + R_x) + \left(2 + \dfrac{R_2}{R_1} + \dfrac{R_x}{R_0}\right)R_G} \qquad (3.14 - 3)$$

式中，$S_1 = \dfrac{\Delta n}{\Delta I_G}$ 为检流计灵敏度。

可以证明，由于桥臂电阻所处位置的对称性，改变任一桥臂电阻得到的电桥灵敏度是相同的。在实验中，通常 R_0 是可变的，因此有

$$S = \frac{\Delta n}{\dfrac{\Delta R_0}{R_0}} \qquad (3.14 - 4)$$

3.14.3.3 电桥的测量误差估算

当在符合仪器规定的参考条件下使用时，根据 JJQ125—86 文件规定，电桥的基本误差极限可用下式表示：

$$E_{\lim} = \pm \frac{\alpha}{100}\left(\frac{R_N}{10} + R_0\right)k \qquad (3.14 - 5)$$

式中，α 为电桥的准确度等级；k 为缩放因子，取电桥的比率；R_0 为测量盘示值；R_N 为基准值，各有效量程的基准值应为该量程内最大值的 10 的整数幂。例如，量程为 11111.1Ω，此量程的基准值为 10000Ω。等级指数 α 不但反映了电桥中各标准电阻(比率 k 和测量臂 R_0)的准确度及检流计自身的灵敏度，而且还与测量范围、电源电压等因素有关。

一般在实验中由电桥的灵敏度引入的误差 ΔR 是这样估测的：在电桥平衡时，将 R_0 改变 ΔR_0 使检流计指针偏转的格数 $\Delta n = 2$，而人的眼睛觉察到的界限是 0.2 格，所以取

$$\Delta R = 0.2 \times \frac{\Delta R_0}{2} \qquad (3.14 - 6)$$

ΔR 反映了平衡判断中可能包含的误差。ΔR 越大，电桥越不灵敏。

测量结果的误差可表示为

$$\sigma_R \approx \sqrt{E_{\lim}^2 + (\Delta R)^2} \qquad (3.14 - 7)$$

3.14.3.4 交换测量法(互易法)

用交换 R_x 和 R_0 的测量法可消除因 R_1、R_2 引入的误差。为了消除上述原因造成的误差，可在保持 R_1/R_2 比值不变的条件下，将 R_0 和 R_x 交换位置，调节 R_0 为 R_0'，使电桥重新平衡，则

$$R_x = \sqrt{R_0 \cdot R_0'} \qquad (3.14 - 8)$$

(3.14 - 8)式表明使用交换法可消除由 R_1、R_2 引入 R_x 的误差。

3.14.4 实验步骤

(1)用自搭电桥测电阻 R_x：

按图 3.14 - 2 连线(图 3.14 - 1 的变形，其作用是相同的)。图中 R_M = 10kΩ，作用是保护检流计及便于平衡状态的调节；R_0 为电阻箱；R_x 为待测电阻；R_1 和 R_2 为一滑线变阻器。

用交换法测量 R_x 的电阻值。测量时用万用表估计被测电阻的大小。

①取电源电压 $E = 5V$，并预置 R_0 的值。

②改变 R_0 值调节电桥平衡，记录 R_0 的值。

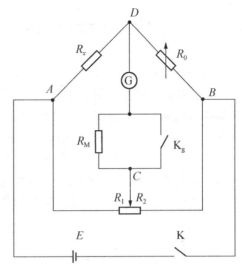

图 3.14 - 2 自搭电桥测电阻

③将 R_0 与 R_x 交换，重复上述步骤，再次调节电桥平衡，记录 R_0' 值。

(2)取 $R_x = 200Ω$，重复上述(1)中步骤，测量 R_0 值，记录到表 3.14 - 1 中(改变 C 位置，重复测三次)。

(3)取 $R_x = 1kΩ$，重复上述(1)中步骤，测量 R_0 值，记录到表 3.14 - 1 中(改变 C 位置，重复测三次)。

3.14.5 数据记录与处理

表 3.14 - 1 电桥法测电阻数据记录与处理

	$R_0/Ω$	$R_0'/Ω$	$R_x = \sqrt{R_0 \cdot R_0'}/Ω$
$R_x = 200Ω$			
$R_x = 1kΩ$			

思 考 题

1. 试证明：自搭电桥用交换法测量 R_x 时，$R_x = \sqrt{R_0 \cdot R_0'}$，其中 R_0 为电桥第一次平衡时比较臂的值；R_0' 为 R_x 与 R_0 交换位置后，电桥第二次平衡时比较臂的值。

2. 如果没有检流计，如何用自搭电桥来测量表头内阻？

实验 3.15 磁阻效应实验

磁阻器件由于其灵敏度高、抗干扰能力强等优点在工业、交通、仪器仪表、医疗器械、探矿等领域应用十分广泛，如数字式罗盘、交通车辆检测、导航系统、伪钞鉴别、位置测量等探测器。磁阻器件品种较多，可分为正常磁电阻、各向异性磁电阻、特大磁电阻、巨磁电阻和隧道磁电阻等。其中正常磁电阻的应用十分普遍。锑化铟(InSb)传感器是一种价格低廉、灵敏度高的正常磁电阻，有着十分重要的应用价值。它可用于制造在磁场微小变化时测量多种物理量的传感器。研究锑化铟在一定磁感应强度下的电阻，融合霍尔效应和磁阻效应两种物理现象，具有科学研究的前瞻性，特别适合大学物理实验。

3.15.1 实验目的

1. 测量锑化铟传感器的电阻与磁感应强度的关系；

2. 作出锑化铟传感器的电阻变化与磁感应强度的关系曲线。对此关系曲线的非线性区域和线性区域分别进行拟合。

3.15.2 实验仪器

霍尔与磁阻效应实验主机、霍尔与磁阻效应实验附件。

3.15.3 实验原理

许多金属、合金及金属氧化物材料处于磁场中，都具有磁阻效应，传导电子受到强烈的磁散射使导电材料的电阻值显著增大。如图3.15-1所示的长方形半导体薄片，设 CD 方向通有直流电流 I，当薄片处于图示方向的磁场 B 中时，半导体内的载流子将受到洛仑兹力的作用而发生偏转，在 A、B 两侧面产生电荷聚积，因而产生霍尔电场。如果霍尔电场作用和某一速度的载流子所受到的洛仑兹力作用刚好抵消，那么小于或大于该速度的载流子将发

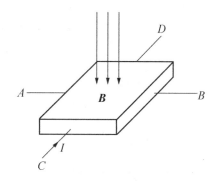

图 3.15 - 1 磁阻效应

生偏转，因而沿外加电场方向（即电流方向）CD 运动的载流子数目将减少使 CD 方向的电阻增大，表现横向磁阻效应。如果将 A、B 面短接，霍尔电场将不存在，所有电子将向 A 面偏转，也表现出磁阻效应。

通常以电阻率的相对改变量$\dfrac{\Delta\rho}{\rho}$来表征磁阻效应的强弱，$\Delta\rho = \rho(B) - \rho(0)$，式中$\rho(B)$为器件在磁感应强度为 B 的磁场中的电阻率，$\rho(0)$为零磁场时的电阻率。但由于$\dfrac{\Delta R}{R} \propto \dfrac{\Delta\rho}{\rho}$，$\Delta R = R(B) - R(0)$，其中 $R(B)$ 为磁阻器件在磁感应强度为 B 的磁场中的电阻值，$R(0)$ 为零磁场时的电阻值。因此，在实际测量中，常用磁阻器件的电阻相对改变量$\dfrac{\Delta R}{R}$来研究磁阻效应，测量磁电阻的电阻值 R 与磁感应强度 B 之间的关系。实验证明，当金属或半导体处于较弱磁场中时，一般磁阻传感器电阻相对变化率$\dfrac{\Delta R}{R(0)}$正比于磁感应强度 B 的平方，而在强磁场中$\dfrac{\Delta R}{R(0)}$与磁感应强度 B 呈线性关系。磁阻传感器的上述特性在物理学和电子学方面有着重要应用。

如果半导体材料磁阻传感器处于角频率为 ω 的弱正弦波交流磁场中，由于磁电阻相对变化量$\dfrac{\Delta R}{R(0)}$正比于 B^2，则磁阻传感器的电阻值 R 将随角频率 2ω 作周期性变化。即在弱正弦波交流磁场中，磁阻传感器具有交流电倍频性能。若外界交流磁场的磁感应强度 B 为

$$B = B_0\cos\omega t \tag{3.15 - 1}$$

式中，B_0 为磁感应强度的振幅；ω 为角频率；t 为时间。

设在弱磁场中

$$\frac{\Delta R}{R(0)} = KB^2 \tag{3.15 - 2}$$

式中，K 为常量。由(3.15 - 1)式和(3.15 - 2)式可得

$$
\begin{aligned}
R(B) &= R(0) + \Delta R = R(0) + R(0) \times \frac{\Delta R}{R(0)} \\
&= R(0) + R(0)KB_0^2\cos^2\omega t \\
&= R(0) + \frac{1}{2}R(0)KB_0^2 + \frac{1}{2}R(0)KB_0^2\cos 2\omega t \tag{3.15 - 3}
\end{aligned}
$$

式中，$R(0) + \dfrac{1}{2}R(0)KB_0^2$ 为不随时间变化的电阻值，而$\dfrac{1}{2}R(0)KB_0^2\cos 2\omega t$ 为以角频率 2ω 作余弦变化的电阻值。因此，磁阻传感器的电阻值在弱正弦波交流磁场中将产生倍频交流电阻阻值变化。

3.15.4　实验内容和要求

(1)熟悉仪器结构和使用(实验仪器结构如图 3.15 - 2，图 3.15 - 3 为航空插头脚位图，实验仪器面板图见图 3.15 - 4)。

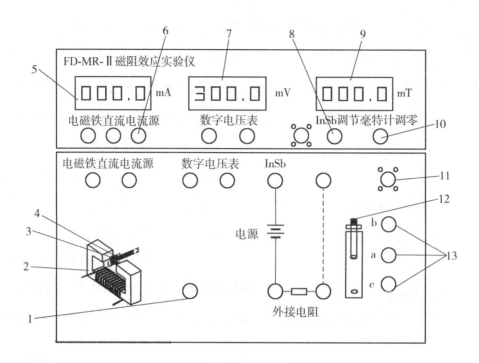

图 3.15－2　实验仪器结构

1—固定及引线铜管；2—U 型矽钢片；3—锑化铟磁阻传感器；4—砷化镓霍耳传感器；

5—电磁铁直流电流源显示；6—磁铁直流电流源调节；7—数字电压显示；

8—锑化铟磁阻传感器电流调节；9—电磁铁磁场强度大小显示；10—电磁铁磁场强度大小调零；

11—航空插头（引脚 1 和 2 给锑化铟传感器提供小于 3mA 直流恒流电流源；引脚 3 和 4 给砷化镓传感器

提供电压源；引脚 5 和 6 用于砷化镓传感器测量电磁铁间隙磁感应强度大小；引脚 7 悬空）；

12—单刀双向开关；13—单刀双向开关接线柱

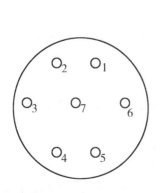

图 3.15－3　航空插头脚位图

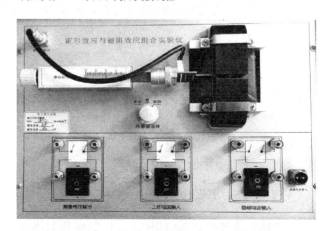

图 3.15－4　实验仪器面板图

（2）测量电磁铁材料的磁化曲线（$B - I_M$ 图线）：

①按照仪器面板图连接测量电路。打开电源开关，使仪器预热 15min。将励磁电流调至零。调节毫特计调零旋钮使毫特计指示为零。

②使励磁电流从零开始按记录表格要求逐渐增大，记录毫特计在相应的励磁电流 I_M 值下的读数。

（3）测量磁阻传感器的电阻与磁感应强度的关系：

①按照图 3.15 – 5 连接测量电路。外接电阻为电阻箱。

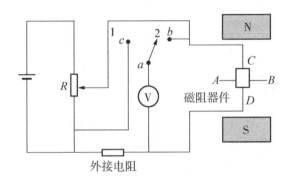

图 3.15 – 5　测量磁阻传感器的电流和电压

②将电阻箱读数调至 200.0Ω，将测量电压转换开关拨向测量外接电阻电压，调节 InSb 调节旋钮使数字毫伏表读数为 200.0mV，即使通过磁阻传感器的工作电流为 1.000mA。再将测量电压转换开关拨向测量磁阻传感器电压，以确定磁阻传感器在没有磁场状态下的电阻值 $R(0)$。

③按照记录表格要求逐渐增大电磁铁的励磁电流，测量在相应的磁感应强度 B 下的磁电阻 $R(B)$。测量时，应当保持通过磁阻传感器的工作电流不变，即先将测量电压转换开关拨向外接电阻一侧，调节 InSb 调节旋钮使数字毫伏表读数为 200mV，再将测量转换开关拨向测量磁阻传感器电压。

3.15.5　测量记录与数据处理

（1）测量电磁铁材料的磁化曲线（$B - I_M$ 图线）：

I_M/mA	10.0	20.0	30.0	40.0	50.0	60.0	70.0	80.0	90.0
B/mT									
I_M/mA	100.0	150.0	200.0	250.0	300.0	350.0	400.0	450.0	500.0
B/mT									

根据测量数据，以 I_M 为横坐标、B 为纵坐标在直角坐标纸上作 $B - I_M$ 图线。

（2）测量磁阻传感器电阻与磁感应强度 B 的关系。

测试条件：$R_{外} = 200.0\Omega$，$I_R = 1.000\text{mA}$。

①测量记录与数据处理表格：

I_M/mA	B/mT	U_R/mV	R/Ω	$\Delta R/\Omega$	$\Delta R/R(0)$
	10.0				
	20.0				
	30.0				
	40.0				
	50.0				
	60.0				
	70.0				
	80.0				
	90.0				
	100.0				
	150.0				
	200.0				
	250.0				
	300.0				
	350.0				
	400.0				
	450.0				
	500.0				

②根据测量数据，以 B 为横坐标 $\dfrac{\Delta R}{R(0)}$ 为纵坐标在直角坐标纸上作 $\dfrac{\Delta R}{R(0)} - B$ 图线。

③根据所作图线，将图线分为曲线段和直线段，分别研究各段图线所对应的 $\dfrac{\Delta R}{R(0)} - B$ 关系式。

①曲线段 $\dfrac{\Delta R}{R(0)} - B$ 关系。从图线可知，对应于 $B = 0(I_M = 0)$ 至 $B = \qquad$ ，

（$I_M = \qquad$）段图线为曲线，设其函数关系为 $\dfrac{\Delta R}{R(0)} = KB^a$，两边取以 10 为底的对数有

$\lg\left(\dfrac{\Delta R}{R(0)}\right) = \lg K + a\lg B$，令 $y = \lg\left(\dfrac{\Delta R}{R(0)}\right)$，$x = \lg B$，$b = \lg K$，则有 $y = ax + b$。组合该段数据，在直角坐标纸上作 $y - x$ 图线。

数据表格如下：（非线性段数据）

B	$\lg B$	$\dfrac{\Delta R}{R(0)}$	$\lg\left(\dfrac{\Delta R}{R(0)}\right)$	B	$\lg B$	$\dfrac{\Delta R}{R(0)}$	$\lg\left(\dfrac{\Delta R}{R(0)}\right)$

根据图线求直线的斜率 a（取近似整数值）和截距 b。根据求得的 a，b 值，写出 $\dfrac{\Delta R}{R(0)} - B$ 的函数关系式。

直线段 $\dfrac{\Delta R}{R(0)} - B$ 的经验公式。令 $x = B$，$y = \dfrac{\Delta R}{R(0)}$，将数据整理用最小二乘法求 $\dfrac{\Delta R}{R(0)} - B$ 的经验公式。

数据表格如下：（线性段数据）

序号 i	$B(T)$	$x_i - \bar{x}$	$(x_i - \bar{x})^2$	$\dfrac{\Delta R}{R}$	$y_i - \bar{y}$	$(y_i - \bar{y})^2$	$\Delta x_i \cdot \Delta y_i$
1							
2							
3							
4							
5							
6							
7							
8							
9							

相关系数 $R = \dfrac{\sum\limits_{i=1}^{n}(\Delta x_i \cdot \Delta y_i)}{\sqrt{\sum\limits_{i=1}^{n}\Delta x_i^2} \cdot \sqrt{\sum\limits_{i=1}^{n}\Delta y_i^2}} =$

直线方程的斜率 $a =$

直线方程的截距 $b =$

$\dfrac{\Delta R}{R(0)} - B$ 的经验公式为：

附录 1　霍尔效应的原理及应用

霍尔效应从本质上讲，是运动的带电粒子在磁场中受洛仑兹力的作用而引起的偏转。当带电粒子(电子或空穴)被约束在固体材料中，这种偏转就导致在垂直电流和磁场的方向上产生正负电荷在不同侧的聚积，从而形成附加的横向电场。

如图 3.15 – 6 所示，一块宽为 b 厚为 d 的矩形半导体薄片(N 型，载流子是电子)，沿 y 方向加一恒定工作电流 I_s，沿 x 方向加上恒定磁场 B 就有洛伦兹力 f_B，

$$f_B = ev \times B \qquad (3.15 – 4)$$

式中，e 为运动电荷的电量；v 为电荷运动的速度；$f_B = ev \times B$ 指向 z 轴负方向。

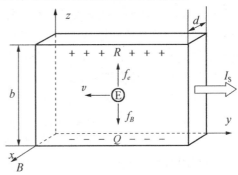

图 3.15 – 6　霍尔效应原理图

在洛仑兹力的作用下，样品中的电子偏离原流动方向而向样品下方运动，并聚集在样品下方。随着电子向下偏移，在样品上方会多出带正电的电荷(空穴)。这样，在样品中就形成了一个上正下负的霍尔电场 E_H，根据 $E = V_H/b$，在 R、Q 面间便有霍尔电压 V_H。当 E_H 建立起来后，它会给运动的电荷施加一个与洛仑兹力方向相反的电场力 $f_E = eE_H$。随着电子在 Q 面继续积累，E_H 的电场力 f_E 也逐渐增大，当两力大小相等(即 $f_E = f_H$)时，霍尔电场对电子的作用力与洛仑兹力相互抵消，电子的积累达到动态平衡，在 R、Q 间便形成一个稳定的霍尔电场 E_H，则有

$$eE_H = evB \qquad (3.15 – 5)$$

$$e\frac{V_H}{b} = evB \qquad (3.15 – 6)$$

设 N 型半导体的载流子浓度为 n，流过半导体样品的电流密度为

$$j = env \qquad (3.15 – 7)$$

则

$$v = \frac{j}{ne} = \frac{I_s}{bdne} \qquad (3.15 – 8)$$

式中，b 为半导体薄片的宽度；d 为半导体薄片的厚度；e 为载流子的电量。

将(3.15 – 8)式代入(3.15 – 4)式，并令 $R_H = \dfrac{1}{ne}$，可得

$$V_H = \frac{I_s B}{end} = R_H \frac{I_s B}{d} \qquad (3.15 – 9)$$

式中，R_H 称为霍尔系数，是反映霍尔效应强弱的重要参数，与材料中载流子的运动机理密切相关。

在实际应用中，(3.15 – 9)式常写成

$$V_H = K_H \cdot I_S \cdot B \qquad\qquad (3.15 - 10)$$

式中，$K_H = R_H/d$ 称为霍尔元件的灵敏度，单位为 mV/(mA·T)或 mV/(mA·KGs)。

半导体材料有 N 型(电子型)和 P 型(空穴型)两种，前者载流子为电子，带负电；后者载流子为空穴，带正电。由图 3.15 – 6 可以看出，若载流子为 N 型，则上底面电位高于下底面，按本实验所用仪器仪表的接线，则 $V_H < 0$；若载流子为 P 型，则上底面电位低于下底面，$V_H > 0$。可见，知道载流子的类型后，可根据 V_H 的正、负确定待测磁场的方向。同样，按图 3.15 – 6 所示的 I 和 B 的方向，若测得的 $V_H < 0$，即 R 面电位高于 Q 面，则 R_H 为负值，样品为 N 型；反之，则为 P 型。

式(3.15 – 10)是在理想情况下才成立的。但在实际情况中，除霍尔效应外，还存在着其他因素引起的几种副效应(具体分析见实验附录)。这些副效应所产生的电压总和有时甚至远远大于霍尔电压，形成测量中的系统误差。实验分析表明，这些副效应有的与流过霍尔元件的工作电流方向有关，有的与加到霍尔片的磁场方向有关，在测量过程中只要按要求改变工作电流方向和磁场方向，就可以减少或消除这些副效应的影响。

随着半导体物理学的迅猛发展，霍尔系数和电导率的测量已经成为研究半导体材料的主要方法之一。通过测量半导体材料的霍尔系数和电导率可以判断材料的导电类型、载流子浓度、载流子迁移率等主要参数。若能测得霍尔系数和电导率随温度变化的关系，还可以求出半导体材料的杂质电离能和材料的禁带宽度。

1978 年德国物理学家 Klaus von Klitzing 等研究半导体在极低温度和强磁场中存在量子霍尔效应。注意霍尔平台(图 3.15 – 7)的量子化单位为 e^2/h，它不仅可作为一种新型电阻标准(1990 年，国际标准组织将 $h/e^2 = 25812.806\Omega$ 作为标准电阻)，还可以改进一些基本物理参量的精确测定，是当代凝聚态物理学和磁学令人惊喜的进展之一。Klitzing 为此获得了 1985 年诺贝尔物理学奖。

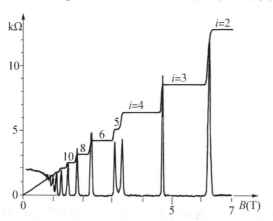

Klaus von Klitzing

图 3.15 – 7　量子霍尔效应

1982 年，美国贝尔实验室的崔琦、H. L. Stormer 等在更强磁场和更低温度下发现具有分数量子数的霍尔平台（图 3. 15 – 8）。一年后，R. B. Laughlin 写下了一个波函数，对分数量子霍尔效应给出了很好的解释。此三人分享 1998 年诺贝尔物理学奖。

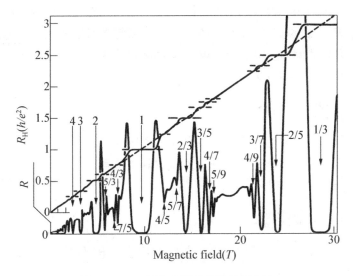

图 3. 15 – 8　霍尔电阻的分数量子台阶

2004 年日本的物理学家发现，理论上来说，光学里也有等同于霍尔效应的现象发生。而且此理论应该可以利用偏振光加以实验证明。

2005 年法国物理学家第一次证明了声子具有霍尔效应。这一效应表现为，当热流流过处于磁场中的样品且流动方向与磁场方向垂直时，便会在样品另外两表面间产生温度差。

实验 3.16 基本电路的测量

汽车的刹车灯不亮了，你对这种故障的第一判断是什么？灯泡烧了？保险丝断了？还是电路出了问题？你会怎样去检测与维修？又如你制备材料的加热炉突然不工作，你又会怎样去检测与维修？这些设备的检测与维修都涉及基本电路测量、基本电路的实验及检测问题。本实验是电子技术检测的基础，学习这部分内容对新工科类本科生来说具有重要意义。

3.16.1 实验目的

1. 通过实验，进一步理解电路中的电位和电压的概念；
2. 学会测量电路中的电位和电压，并确定其正负号；
3. 深入理解电路中等电位点的概念。

3.16.2 实验仪器

9 孔插件板、JK – 31 稳压恒流源、数字万用表、电阻(51Ω、200Ω)、电位器、开关(单刀单掷)、短接桥、连接导线。

3.16.3 实验原理

在电路中任意选定一个参考点，令参考点的电位为零，某一点的电位就是这点与参考点间的电压。参考点不同，各点的电位也就不同。参考点选定后，各点的电位具有唯一确定的值，这样就能比较电路中各点电位的高低。电路中任意两点间的电压等于该两点间的电位差，电压与参考点的选择无关。

测量电路中任意两点间的电压时，先在电路中假定电压的参考方向(或参考极性)，将电压表的正、负极分别与电路中假定的正、负极相连接，若电压表正向偏转(实际极性与参考极性相同)，则该电压记作正值；若电压表反向偏转，立即将电压表的两表笔相互交换接触位置，再读取读数(实际极性与参考极性相反)，则该电压记作负值。

测量电路中的电位时，首先在电路中选定一个参考点，将电压表跨接在被测点与参考点之间，电压表的读数就是该点的电位值。当电压表的正极接被测点，负极接参考点，电压表正向偏转，该点的电位为正值；若电压表反向偏转，立即交换电压表两表笔的接触位置，读取读数，该点的电位即为负值。

在电路中电位相等的点叫等电位点。在连接等电位点的导线中电流为零，连接后不会影响电路中各点的电位及各支路的电压和电流。

3.16.4　实验步骤

①按图 3.16 - 1 接线，D 与 F 点间先不连接，电源电压 $U_{S1} = 3V$，稳压电源电压 $U_{S2} = 8V$。R_P 为可变电阻器，电阻 $R_1 = 51\Omega$，$R_2 = 200\Omega$。

②测电流：闭合开关 S，从电流表读取回路电流 I 的值，记入表 3.16 - 1 中。

③选择 D 点为参考点，即电位 $\Phi_D = 0$，测量表 3.16 - 1 中所列各点

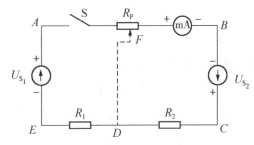

图 3.16 - 1　实验电路图

电位和各段电压，并记入该表中(测量时注意电位和电压的正负)。

④选择 E 点为参考点，即电位 $\Phi_E = 0$，重复上述测量，数据记入表 3.16 - 1。

⑤测定等电位点。选择 E 点为参考点，把电压表接至 D 与 F 之间，调节可变电阻器的滑动触点 F 使电压表指示为零值(或 D 与 F 间接入电流表，使电流为零值)，D 与 F 两点即为等电位点。再用导线连接 D 与 F 两点，分别测量表 3.16 - 1 中所列各点电位和各段电压值，并记入该表中。

注意事项：

测量电压和电位时，要注意电压表的极性，并根据电压的参考极性与测定的实际极性是否一致确定电压和电位的正负号。

3.16.5　数据记录与处理

表 3.16 - 1　基本电路的测量实验数据记录表

参考点	电流	电　位					电　压				
	I/A	Φ_A/V	Φ_B/V	Φ_C/V	Φ_D/V	Φ_E/V	U_{AB}/V	U_{BC}/V	U_{CD}/V	U_{DE}/V	U_{EA}/V
D 点为参考点											
E 点为参考点											
E 点为参考点，且 $\Phi_F = \Phi_D$，D 与 F 相连											

思 考 题

1. 复习电路中电位和电压的概念。

2. 根据图 3.16 - 1 中已给定的参数预估出表 3.16 - 1 中各点的电位、各段电压的大小和极性，供实验中参考。

实验 3.17 电路元件伏安特性的测绘

在金属导体中电流跟电压成正比。伏安特性曲线是通过坐标原点的直线，具有这种伏安特性的电学元件叫作线性元件，如电阻元件。在电子电路中，电流与电压关系不成正比的元件称为非线性电子元件，如二极管、三管极等。这些电路元件是现代电子技术的基础，也是工科类各专业的基础。

3.17.1 实验目的

1. 学习测量线性和非线性电阻元件伏安特性的方法，并绘制其特性曲线；
2. 掌握运用伏安法判定电阻元件类型的方法。

3.17.2 实验仪器

9 孔插件板、JK - 31 稳压电源、恒流源、数字万用表、电阻（100Ω）、灯泡（12V/0.1A）、二极管、灯座、连接线。

3.17.3 实验原理

二端电阻元件的伏安特性是指元件的端电压与通过该元件电流之间的函数关系。通过一定的测量电路，用电压表、电流表可测定电阻元件的伏安特性，由测得的伏安特性可了解该元件的性质。通过测量得到元件伏安特性的方法称为伏安测量法（简称伏安法）。把电阻元件上的电压取为纵（或横）坐标，电流取为横（或纵）坐标，根据测量所得数据画出电压和电流的关系曲线，称为该电阻元件的伏安特性曲线。

（1）线性电阻元件。线性电阻元件的伏安特性满足欧姆定律。在关联参考方向下，可表示为

$$U = IR$$

式中，R 为常量，称为电阻的阻值，它不随其电压或电流的改变而改变，其伏安特性曲线是一条过坐标原点的直线，具有双向性，如图 3.17 - 1a 所示。

（2）非线性电阻元件。非线性电阻元件不遵循欧姆定律，它的阻值 R 随着其电压或电流的改变而改变，即它不是一个常量，其伏安特性是一条过坐标原点的曲线，如图 3.17 - 1b 所示。

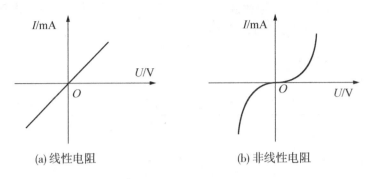

(a) 线性电阻　　　　　　　　　　　(b) 非线性电阻

图 3.17 − 1　电路元件的伏安特性

（3）测量方法。在被测电阻元件上施加不同极性和幅值的电压，测量流过该元件中的电流，或在被测电阻元件中通入不同方向和幅值的电流，测量该元件两端的电压，便得到被测电阻元件的伏安特性。

3.17.4　实验步骤

（1）测量线性电阻元件的伏安特性：

①按图 3.17 − 2a 接线，取 $R_L = 100\Omega$，U_S 用直流稳压电源，先将稳压电源输出电压旋钮置于零位。

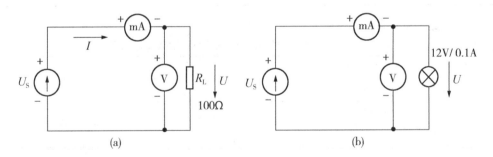

图 3.17 − 2　伏安法测元件性质的实验电路

②调节稳压电源输出电压旋钮使电压 U_S 分别为 0V、1V、2V、3V、4V、5V、6V、7V、8V、9V、10V，并测量对应的电流值和负载 R_L 两端电压 U，数据记入表 3.17 − 1 中。然后断开电源，稳压电源输出电压旋钮置于零位。

（2）测量非线性电阻元件的伏安特性：

按图 3.17 − 2b 接线。实验中所用的非线性电阻元件为 12V，0.1A 小灯泡。调节稳压电源输出电压旋钮使其输出电压分别为 0V、1V、2V、3V、4V、5V、6V、7V、8V、9V、10V、11V、12V，测量相对应的电流值 I 及灯泡两端电压 U，将数据记入表 3.17 − 2 中。断开电源，将稳压电源输出电压调节到 0V。

将图 3.17 -1b 中的小灯泡替换成二极管(IN4007),按表 3.17 -2 重复非线性元件实验,并将数据记录于表 3.17 -3 中。

3.17.5 数据记录与处理

表 3.17 -1 线性电阻元件实验数据记录表

U_S/V	0	1	2	3	4	5	6	7	8	9	10
I/mA											
U/V											
$R = U/I(\Omega)$											

根据测得的数据,在坐标平面上绘制出 $R_L = 100\Omega$ 的伏安特性曲线。先取点,再用光滑曲线连接各点。

表 3.17 -2 非线性电阻元件(小灯泡)实验数据记录表

U_S/V	0	1	2	3	4	5	6	7	8	9	10	11	12
I/mA													
U/V													
$R = U/I(\Omega)$													

表 3.17 -3 非线性电阻元件(二极管)实验数据记录表

U_S/V	-10	-8	-6	-4	-2	0	1	2	3	4	5	6	7	8	10
I/mA															
U/V															
$R = U/I(\Omega)$															

根据测得的数据在坐标纸上绘制出白炽灯和二极管的伏安特性曲线。

思 考 题

1. 比较 $R_L = 100\Omega$ 电阻与白炽灯的伏安特性曲线,可得出什么结论?

2. 根据不同的伏安特性曲线的性质分别称它们为什么电阻?

3. 从伏安特性曲线看欧姆定律,它对哪些元件成立?对哪些元件不成立?

实验 3.18 物质旋光率的测量

1811 年，法国物理学家阿拉果在研究石英晶体的双折射特性时发现：一束线偏振光沿石英晶体的光轴方向传播时，其振动平面会相对原方向转过一个角度，此现象称为旋光现象。随后，比奥等物理学家发现一些蒸汽和液态物质，如氯酸钠溶液、糖溶液、松节油及许多有机化合物等都有旋光现象。物质的旋光现象在各个领域有广泛应用，如在制药工业、药品检测及商品检测部门常用来测定一些药物和商品中某些物质的含量(如复合维生素中维生素 C、香烟中的尼古丁、樟脑丸中的樟脑等)，制糖工业中测定糖的浓度等。因此，研究溶液旋光性及浓度的关系、学习掌握利用物质的旋光性测量旋光率和浓度的方法具有重要意义。

本实验要求实验者能利用所提供的元件组装一台旋光仪，并掌握旋光仪的结构原理和使用方法；通过实验加深对光的偏振性和物质旋光性的理解，验证马吕斯定律，并掌握测定糖溶液旋光率和浓度的方法。

3.18.1 实验目的

1. 了解物质的旋光特性；
2. 学习测量物质的旋光率的方法；
3. 学习旋光仪的组装和使用。

3.18.2 实验装置与仪器

图 3.18 – 1 为 OEX-PSP 偏振光旋光实验仪的实物图，各部件的功能及参数如图所示。

3.18.3 实验原理

许多有机化合物，如石油、葡萄糖等，都具有旋光性，这是由于其分子结构不对称而形成的。这些物质的各种物态都存在旋光性，包括这些物质的溶液。一些矿物质(如石英、朱砂等)也有旋光性，这种旋光性是由于结晶构造形成的，所以当晶形消失时，旋光性也就消失。

研究表明：

(1)对于具有旋光特性的固体物质，当偏振光通过它后，偏振面旋转角度 φ 正比于光通过固体物质的厚度 l，即

$$\varphi = \alpha l \qquad (3.18 - 1)$$

(2)对于具有旋光特性的液体来说，当偏振光通过它后，偏振面旋转角度 φ 正

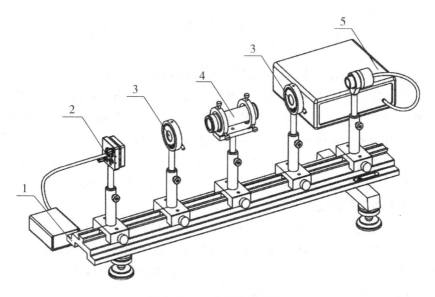

图 3.18 – 1　仪器主要部件

1—导轨：长度为 750mm，分度值为 1mm，铝型材，另配滑块；

2— 半导体激光器：波长 650nm，功率约 2mW，工作电压 DC0 – 3V 可调；

3—带转盘偏振片：转盘刻度 0°～360°，分度值 1°；

4—样品管：样品管长 200mm；

5—光功率计：带光强探测器。量程分为 200μW 和 2mW 两挡，三位半 LED 显示

比于光通过溶液的厚度 l 和溶液的浓度 c，即

$$\varphi = \alpha l c \qquad\qquad (3.18 – 2)$$

式中，α 称为物质的旋光率，它与入射光波波长和旋光物质有关，即不同波长的线偏振光通过一定长度的旋光物质后振动面旋转的角度会不同，这种现象称为旋光色散。α 还与温度有关，但关系不大。对大多数物质，温度每升高 1℃，旋光率约减小千分之几。

旋光物质有左旋和右旋之分。当实验者迎着光线观察时，振动面顺时针方向转动的物质称为右旋物质，反之称为左旋物质。

图 3.18 –2 是利用检偏镜测量线偏振光旋转角度的数学示意图（如何用检偏镜测量线偏振光参见偏振光特性研究实验）。线（平面）偏振光的旋转周期是 180°。由图 3.18 –2 可见，我们无法判断线偏振光从位置 0 变化到位置 1 是从右旋 θ_1 度过来的，还是左旋 $180 - \theta_1$ 度过来的。实际上（因为自然界中有些物质的旋光率非常大，比如石英晶体）线偏振光 1 的位置有可能 $\varphi_1 = N_1 \pi + \theta_1$（右旋），或者 $\psi_1 = -M_1 \pi + \theta_1$（左旋，$N = 0, 1, 2, \cdots; M = 1, 2, \cdots, 180° \geqslant \theta_1 \geqslant 0°$）。在此规定：角度为正为右旋，角

度为负即左旋。由此可见，不能判定旋光物质是左旋还是右旋就不能确定旋光角，不能确定旋光角自然就不能确定物质的旋光率。

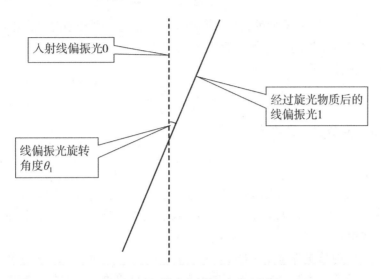

图 3.18 - 2　旋光角测量讨论示意图 1

那么如何确定左旋右旋的角度呢？首先我们需要再测量另外一段不同长度的旋光物质的旋光角度。测量示意图如图 3.18 - 3 所示。

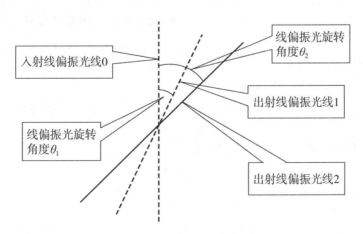

图 3.18 - 3　旋光角测量讨论示意图 2

线偏振光 2 的位置有可能是 $\varphi_2 = N_2 \pi + \theta_2$（右旋），或者 $\psi_2 = M_2 \pi + \theta_2$（左旋，$N = 0, 1, 2, \cdots; M = 1, 2, \cdots, \pi \geqslant \theta_2 \geqslant 0$）。由(3.18 - 1)式和(3.18 - 2)式可知，

$$\frac{l_1}{l_2} = \frac{\varphi_1}{\varphi_2} = \frac{N_1 \pi + \theta_1}{N_2 \pi + \theta_2} \qquad （右旋） \qquad (3.18 - 3)$$

或者

$$\frac{l_1}{l_2} = \frac{\psi_1}{\psi_2} = \frac{\theta_1 - M_1 \pi}{\theta_2 - M_2 \pi} \qquad (左旋) \qquad (3.18-4)$$

因为只能有左旋、右旋两种情况，所以下面分别对这两种情况来讨论：

①假设物质是右旋的。显然，无论 α 有多大，一定存在一个足够小的 l_1、l_2，此时，$N=0$，因此有下列等式成立：

$$\frac{l_1}{l_2} = \frac{\varphi_1}{\varphi_2} = \frac{\theta_1}{\theta_2} \qquad (3.18-5)$$

如果要(3.18-4)成立，必然满足下列条件：

$$\frac{M_1}{M_2} = \frac{\theta_1}{\theta_2} = \frac{l_1}{l_2} \qquad (3.18-6)$$

式中只有 l 是自变量，其他都是因变量。选取合适的 l_1 和 l_2 值（素数），在 l_2-l_1 差值不大的情况下，M 值不合理的大即可不考虑相关的旋向。确定旋向以后，即可确定偏振面旋转角度 φ，然后算出物质的旋光率。

比如有一种物质的溶液，如果选 $l_1=100$mm，$l_2=200$mm，测得 $\theta_1=10.0°$，$\theta_2=20.0°$：推测其为右旋，则 $\alpha=0.100°$/mm；也可以推测为左旋，算得 $\psi_1=\theta_1-\pi=-170.0°$，$\psi_2=\theta_2-2\pi=-340.0°$，其 $\alpha=-1.70°$/mm，这个数值还不算离谱。但是如果选 $l_1=97$mm，$l_2=107$mm，测得 $\theta_1=9.7°$，$\theta_2=10.7°$；推断为右旋，其 $\alpha=0.10°$/mm；推断为左旋，算得 $\psi_1=\theta_1-97\pi=-17450.3°$，$\psi_2=\theta_2-107\pi=-19249.3°$，其 $\alpha=-18\times10°$/mm，这个数值就离谱了。因此可以判定该物质为右旋光物质。

②假设物质是左旋的。显然，无论 α 有多大，一定存在一个足够小的 l_1、l_2，此时，$M=1$，因此有下列等式成立：

$$\frac{l_1}{l_2} = \frac{\psi_1}{\psi_2} = \frac{\theta_1-\pi}{\theta_2-\pi} \qquad (3.18-7)$$

联立(3.18-3)式与(3.18-7)式，解得

$$\frac{l_1}{l_2} = \frac{N_1+1}{N_2+1} \qquad (3.18-8)$$

还是选 $l_1=97$mm，$l_2=107$mm，测得 $\theta_1=170.3°$，$\theta_2=169.3°$：如果推测为左旋，其 $\alpha=-0.10°$/mm；如果推测为右旋，算得 $\varphi_1=\theta_1+96\pi=17450.3°$，$\varphi_2=\theta_2+106\pi=19249.3°$，其 $\alpha=18\times10°$/mm，这个数值就离谱了。因此可以判定该物质为左旋光物质。

在实际研究中，因为不知道 α 有多大，l_1、l_2 的选取不一定足够小，也即(3.18-5)式、(3.18-8)式不一定成立。怎么办？办法是：依然选取 l_1、l_2 为素数，$l_2>l_1$，且其差值不大；如果测得 $\theta_2>\theta_1$，即可判定该物质为右旋光物质，反之

则为左旋光物质。

3.18.4　实验内容与步骤

3.18.4.1　确定光源的偏振性并验证马吕斯定律

①把激光器、光强探测器按如图 3.18 – 4 所示安放在导轨上，然后将光强探测器与光功率计相连。

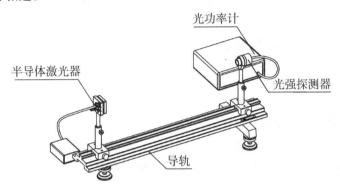

图 3.18 – 4

②打开光功率计电源开关，先通过量程选择键将测量范围调到 mW 挡。在导轨上没有其他元件时，使激光垂直输入光强探测器。

③放入起偏器，调节起偏器的高度使激光从其中心通过；调节起偏器的角度使光强 E 读数最大，如图 3.18 – 5 所示。从最大光强位置开始到旋转 90°，逐次改变起偏器的角度，每隔 15°记录一组数据，根据得到的数据判断光源的偏振态。

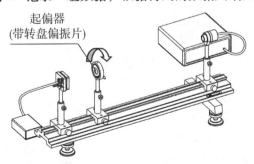

图 3.18 – 5

④如果得出光源是线偏振光，请用这些数据作 $E - \cos^2\theta$ 的关系图，验证马吕斯定律。

⑤如果光源不是线偏振光，请将起偏器调回光强读数最大的位置，放入检偏器，并调节检偏器使光强读数最大，然后从这个位置开始到旋转 90°，逐次改变检偏器

的角度，每隔15°记录一组数据，用得到的数据验证马吕斯定律，如图3.18－6所示。

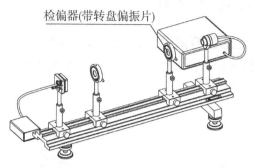

检偏器(带转盘偏振片)

图3.18－6

3.18.4.2　偏振光旋光仪的组装

①按图3.18－7将半导体激光器、起偏器、样品管支架、光强探测器安装并固定在光具座上，调节同轴等高使激光器发出的激光垂直通过起偏器和光强探测器的中心。

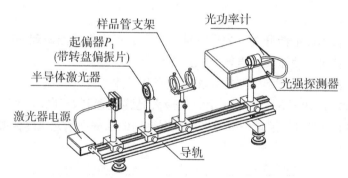

样品管支架　　　　光功率计

起偏器P_1
(带转盘偏振片)

半导体激光器　　　　　　　　　光强探测器

激光器电源

导轨

图3.18－7

②调节起偏器转盘使输出的偏振光最强，将检偏器固定在导轨的滑块上（如图3.18－8），使检偏器与起偏器平行且等高同轴。调节检偏器转盘并使从检偏器输出的光强最小，此时检偏器的偏振化方向与起偏器的偏振化方向相互垂直，记下此时P_2的角度值θ'。将P_2旋转360°，观测旋转过程中光强的变化。

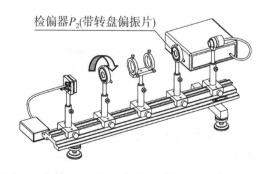

检偏器P_2(带转盘偏振片)

图3.18－8

3.18.4.3　用组装的旋光仪测量葡萄糖溶液的旋光率

①将装有纯水的样品管放于支架上，用白纸片观察偏振光入射至样品管的光点和从样品管出射的光点形状是否相同，以检验玻璃样品管是否与激光束等高同轴。如果不同轴可调节样品管支架下的调节螺丝使达到同轴为止。

②观测纯水的旋光现象。调整检偏器转盘使输出光强最小，记下此时 P_2 的角度值 θ_0，并比较 θ_0 与 θ'。在读完一次 θ_0 角度后，将 P_2 旋转 $360°$ 后再次读数，共测 5 次。注意：须从一个方向旋转 P_2，以消除螺距误差。

③分别将已注入不同浓度溶液、长度相同的样品试管依次放在样品管支架上。此时可观察到透过检偏器的光强不是最小值，必须转动检偏器到某 θ_i 角度后，光功率计显示数值才为最小值(判断时请用 μW 挡)，由此测出不同浓度时 P_2 所对应的角度值 θ_i(每种样品测 5 次)。θ_i 与 θ_0 的差值便是该浓度溶液的旋光度。

④用游标卡尺测量样品管的长度 L(取 5 根并各测一次)、实验环境温度 t(实验前、实验中、实验后各测一次)。(实验数据记录可参考表 3.18-1)

⑤用逐差法求出该物质的旋光率 $[\alpha]_{650}^t$；并求旋光率的不确定度。

3.18.4.4　用组装的旋光仪测量未知葡萄糖溶液的浓度

将装有未知浓度 C_x 的葡萄糖溶液样品管放在样品管支架上，按上述方法测出未知浓度葡萄糖溶液下的旋光度 θ，重复测量 5 次。按公式(3.18-3)求未知葡萄糖溶液的浓度。

注意事项：

1. 半导体激光器功率较强，不要用眼睛直接观察激光束，也不可直接入射至探测器上，以免损坏探测器。测量时应注意使激光束入射至探测器的中间部位。

2. 一般将数字式光功率计的量程置于 mW 挡，然后根据需要把量程切换到 μW 档。

3. 玻璃管应用双手取放，以免损坏。

4. 仪器不用时应用防尘布遮盖。

5. 仪器要放在干燥通风、无腐蚀性气体的室内，并防止突然撞击及强烈振动。

3.18.5　数据记录与处理

1. 自绘数据记录表格并记录各实验数据。

2. 利用测得数据在坐标纸上绘出 $E-\cos^2\theta$ 的关系曲线，验证马吕斯定律。

3. 利用测得数据在坐标纸上绘出 $E-\theta$ 的关系曲线，进而计算物质的旋光率 $[\alpha]_{650}^t$，并写出测量结果。

4. 写出测定溶液浓度 C_0 的表达式。

第 4 章　进阶实验

实验 4.1　NTC 热敏电阻数字温度计的设计

温度是表征物体冷热程度的物理量，不易被准确测量。它不能像长度、质量等可以被直接测量，但物质的很多物理特性与温度有密切关系。如物质的尺寸、电导率、热电势等会随着温度的不同而改变，所以可通过物质随温度变化的某些特性来间接测量温度。热敏电阻是一种热敏感元件，其电阻值会随温度的改变而发生显著变化，常被应用在温度测量、温度控制、温度补偿等多个方面。

4.1.1　实验目的

1. 研究热敏电阻温度传感器的特性；
2. 设计制作 NTC 热敏电阻数字温度计。

4.1.2　实验仪器

热学综合实验平台、加热井、NTC 传感器、热电阻温度计设计实验模板。

4.1.3　实验原理

我们知道，金属导电是靠自由电子在电场作用下做定向运动。当温度升高时，自由电子的数目基本不增加，只是自由电子杂乱无章的动能增加了。因此，在一定电场作用下，使自由电子做定向运动时就会遇到更大的阻力，即金属的电阻值随温度升高而增加，也就是金属电阻的温度系数是正值。金属的这个效应称为热电阻效应。其特点是电阻值小、温度系数小且在较大的温度范围内基本不变，也就是线性度好。

而半导体内参加导电的是载流子（为自由电子和空穴两种异性电荷），由于半导体中的载流子数目要比原子的数目少几千倍到几万倍，相邻自由电子之间的距离是原子之间距离的几十倍到几百倍，所以在一般情况下它的电阻值很大。当温度升高时，半导体中更多的价电子获得热能而被激发，挣脱核束缚成为载流子，因而参加导电的载流子数目增加了。所以，一般半导体的电阻值随温度升高而急剧减小，且按指数规律下降，呈非线性。用这样的半导体材料制成的电阻元件称为负温度系数（NTC）热敏电阻。另外，某些材料如陶瓷半导体（半导瓷）的电阻随温度的升高而增加，称为正温度系数(PTC)热敏电阻，可用于自动恒温加热装置。热敏电阻的主要特点如下：

(1)电阻温度系数大，灵敏度高。通常温度变化1℃，阻值变化1% ~ 6%，电阻温度系数绝对值比一般金属的大10 ~ 100 倍。

(2)结构简单，体积小。珠形热敏电阻探头的最小尺寸为0.2mm，能测量热电偶和其他温度传感器无法测量的空隙、腔体、内孔等处的点温度。如人体血管内温度等。

(3)电阻率高，热惯性小，不像热电偶需要冷端补偿，适宜动态测量。

(4)使用方便。热敏电阻阻值在10 ~ 10⁵Ω 范围内可任意挑选，不必考虑线路引线电阻和接线方式，容易实现远距离测量，功耗小。

(5)阻值与温度变化呈非线性关系：热敏电阻的温度特性如图4.1 -1 所示。

NTC 热敏电阻一般采用电阻温度系数很大的固体多晶半导体氧化物的混合物制成。例如铜、铁、铝、锰、钴、镍、铼等氧化物，取其中的2 ~ 4 种按一定的比例混合进行研磨后，烧结成坚固的整块，最后烧上金属粉末作为焊接引线的接触点。改变这些混

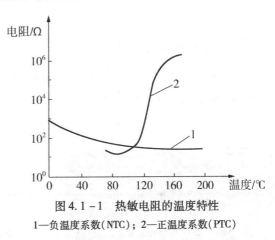

图 4.1 - 1　热敏电阻的温度特性
1—负温度系数(NTC)；2—正温度系数(PTC)

合物的成分和配比就可获得测温范围、阻值和温度系数不同的 NTC 热敏电阻。

在一定的温度范围内，NTC 热敏电阻的阻值与温度的关系满足下列近似关系式：

$$R_T = R_0 e^{B(\frac{1}{T} - \frac{1}{T_0})} \tag{4.1 - 1}$$

式中，R_T，R_0 分别为温度 $T(K)$ 和 $T_0(K)$ 的阻值；B 为热敏电阻的材料系数，一般情况下，$B = 200 \sim 6000K$，在高温下，B 值将增大。

若定义 $\frac{1}{R_T} \frac{dR_T}{dT}$ 为热敏电阻的温度系数 α_T，则由(4.1 -1)式可得

$$\alpha_T = \frac{1}{R_T} \frac{dR_T}{dT} = \frac{1}{R_T} R_0 e^{B(\frac{1}{T} - \frac{1}{T_0})} \cdot B\left(-\frac{1}{T^2}\right) = -\frac{B}{T^2} \tag{4.1 - 2}$$

可见，α_T 随温度降低而迅速增大。α_T 决定热敏电阻在全部工作范围内的温度灵敏度。热敏电阻的测温灵敏度比金属丝的热电阻效应的灵敏度高得多，且有体积小、响应快、成本低以及引线电阻影响小等优点，非常适合测量微小温度变化，因而其

在工业、农业、科技、医学、通信、家电等领域得到广泛应用。但是，热敏电阻非线性严重，不易设计电路，所以实际测量时要对其进行线性化处理。当温度的变化范围很小时，$\frac{1}{T} - \frac{1}{T_0}$ 为趋于 0 的小量，所以可对 (4.1 - 1) 式在 0 处进行泰勒展开，结果如下：

$$R_T = R_0 \left[1 + B\left(\frac{1}{T} - \frac{1}{T_0} \right) + o\left(\frac{1}{T} - \frac{1}{T_0} \right) \right] \qquad (4.1 - 3)$$

忽略高阶小量，可整理成

$$R_T = \frac{k}{T} + b \qquad (4.1 - 4)$$

故温度变化范围很小时，$R_T \propto \frac{1}{T}$。

4.1.4　实验内容和步骤

①按图 4.1 - 2 所示接好线路图，然后如图 4.1 - 3 所示在实验目录中选择 NTC 热敏电阻数字温度计设计实验，并从右侧实验组件中拖出控温器、电压表、恒流源、控制电源开关模块。

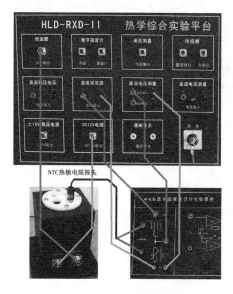

图 4.1 - 2　实验接线　　　　　　　　图 4.1 - 3　实验操作界面

②调节恒流源输出电流为 1mA，数字电压表 Range 设置成 2V 挡。

③设置温控器的设置温度为 40℃，等 PID 控温器稳定后，将输出电压填入表 4.1 - 1 对应的位置。

④再分别设置控温器设置温度为 50℃、60℃、70℃、80℃、90℃、100℃，并记录所对应的输出电压。

注意事项：

1. 供电电源插座必须良好接地。

2. 在整个电路连接好之后才能打开电源开关。

3. 严禁带电插拔电缆插头。

4. 加热器温度不能加热到120℃以上，否则可能损坏加热器。

5. 控温仪达到设定的温度，稳定需要的时间较长，一般需要 15～20min，请同学们耐心等待。

4.1.5 数据记录与处理

表4.1-1 热敏电阻的阻值随温度变化情况记录表

$T/℃$	40	50	60	70	80	90	100
V/V							
R_T/Ω							

(1)完成表4.1-1，作 R_T-T 曲线，观察热敏电阻的阻值随温度变化的情况。

(2)根据表4.1-1，作 $R_T-\dfrac{1}{T}$ 图，拟合得出(4.1-4)式中的 k 和 b。

(3)根据得出的 k 和 b 的值自行设计 NTC 热敏电阻数字温度计。

实验 4.2　迈克尔逊干涉仪的调整与使用

　　1881 年美国物理学家迈克尔逊为了测量光速，依据分振幅产生双光束实现干涉原理，精心设计了一种干涉测量装置——迈克尔逊干涉仪。迈克尔逊 – 莫雷用此仪器完成了在相对论中有重要意义的"以太"漂移实验，彻底否定了"以太"的存在，为爱因斯坦提出的相对论提供了实验依据。迈克尔逊干涉仪能以极高的精度测量长度的微小变化，并可观察和分析各种干涉现象。在光谱学方面，迈克尔逊利用其所设计的干涉仪发现了氢光谱以及水银和铊光谱的超精细结构，为现代原子光谱、分子光谱和激光光谱等学科的发展奠定了理论和实验的基础。在计量学方面，迈克尔逊发现国际米原器长度即 1m 等于 1553163.5 倍的红镉谱线的波长（643.84722nm）。国际计量局决定以镉的波长测定国际米原器的长度，迈克尔逊的工作为人类获得的长度统一基准奠定了基础。迈克尔逊因为对光学精密仪器以及用之于光谱学和计量学研究所做的贡献，获得了 1907 年的诺贝尔物理学奖。

4.2.1　实验目的

1. 了解迈克尔逊干涉仪的结构、原理及调节方法；
2. 观察点光源的非定域干涉现象和扩展光源的等倾干涉及等厚干涉现象；
3. 利用迈克尔逊干涉仪测量 He – Ne 激光器的波长；
4. 利用等倾干涉条纹测定钠光灯黄双线波长差。

4.2.2　实验仪器

迈克尔逊干涉仪、He – Ne 激光器、低压钠灯、扩束镜、观察屏等。

4.2.3　实验原理

4.2.3.1　光路原理

　　迈克尔逊干涉仪的光路原理图如图 4.2 – 1 所示。从光源 S 发出的光束入射到分光板 G_1 上，G_1 板的后表面镀有半透明的金属膜 AB（镀银或铝），这个反射膜将入射光分成强度近似相等的反射光 1 和透射光 2，这两束光分别垂直射向反射镜 M_1 和 M_2，经 M_1 和 M_2 反射后沿原光路返回到 G_1 后表面进行透射和反射，沿

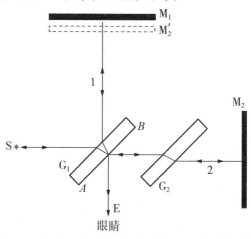

图 4.2 – 1　迈克尔逊干涉仪光路图

着 E 方向传播的两束光产生会聚。由于这两束光频率相同、振动方向相同且相位差恒定(即满足干涉条件),因此形成干涉。在光路中为了补偿 1 号光束在 G_1 板中往返两次所多走的光程,在光路 G_1 与反射镜 M_2 间插入补偿板 G_2,G_2 板的材料、几何形状、厚度与 G_1 相同,方向与 G_1 板平行。

眼睛从 E 点向 G_1 板看去,除了能看到 M_1 镜对光源产生的像以外,还能看到 M_2 在 G_1 中的反射像 M_2'。对于观察者来说,由 M_1 和 M_2 反射所引起的干涉可以看成由 M_1 和 M_2' 之间的空气层上下表面反射光所形成的干涉。它的优越之处在于 M_2' 不是实物,因而可以通过任意改变 M_1 或 M_2 的位置,使得 M_2' 在 M_1 之前或之后,或使它们相交,或完全重叠和平行,进而根据薄膜干涉加以讨论。

4.2.3.2　点光源产生的非定域干涉

可以用激光作为光源来观察迈克尔逊干涉仪的非定域干涉现象。如图 4.2-2 所示,用短焦距透镜 L 将激光光束会聚成一个很高亮度的点光源 S 射向迈克尔逊干涉仪,点光源经平面镜 M_1、M_2 反射后,相当于由两个点光源 S_1' 和 S_2' 发出的相干光束,S' 是 S 的等效光源,是经半反射面 G_1 所成的虚像。S_1' 是 S' 经 M_1 所成的虚像。S_2' 是 S' 经 M_2' 所成的虚像。由图 4.2-2 可知,只要观察屏放在两点光源发出光波的重叠区域内,都能看到干涉现象,故这种干涉称为非定域干涉。

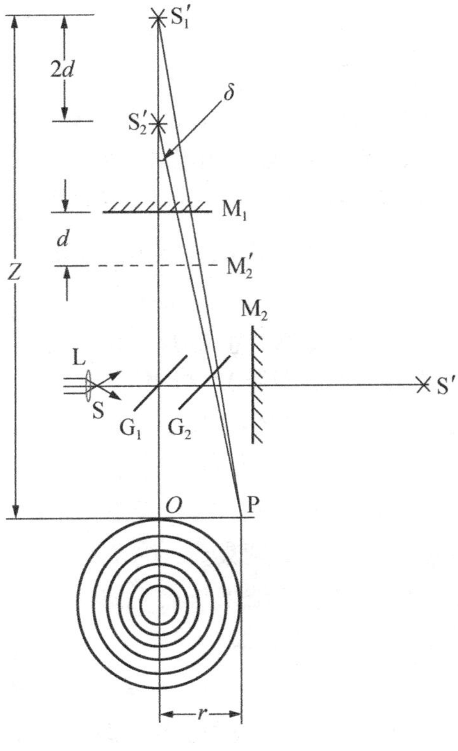

如果在垂直于 $S_1'S_2'$ 连线的位置观察,则可以看到一组同心圆,而圆心就是 $S_1'S_2'$ 连线与观察屏的焦点 O。由于同一级次干涉条纹上各点对虚光源的倾角相同,所以这一干涉条纹又称为点光源等倾干涉条纹。

图 4.2-2　点光源的非定域干涉

由图 4.2-2 可以计算出 S_1' 和 S_2' 到屏上任一点的光程差 $\alpha = \overline{S_1'P} - \overline{S_2'P}$。考虑到 $d \ll z$,且 δ 角很小,从图上可以看出

$$\alpha = 2d\cos\delta \approx 2d\left(1 - \frac{1}{2}\delta^2\right) \qquad (4.2-1)$$

若入射光是单色光,波长为 λ,则观察屏上明暗干涉条纹位置满足以下条件:

$$\alpha = 2d\cos\delta = \begin{cases} k\lambda & （明纹） \\ (2k+1)\lambda/2 & （暗纹） \end{cases} \quad (k = 1,2,3,\cdots) \quad (4.2-2)$$

由明纹成立的条件可知，点光源非定域干涉的特点是：

当 d、λ 一定时，具有相同倾角 δ 的所有光线的光程差相同，所以干涉情况也相同，对应于同一级次，形成以光轴为中心的同心圆。

当 d、λ 一定时，$\delta = 0$ 时光程差 $\alpha = 2d$ 最大，即圆心处的干涉级最高（k 最高）；$\delta \neq 0$ 时，δ 越大，干涉级次越低（k 值越小），对应的干涉条纹越往外。

当 λ 一定时，d 逐渐减小，δ 也逐渐减小，即同一级次 k 的条纹，当 d 减小时该级圆环往回缩；反之，d 逐渐增加，干涉圆环向外冒。对于中央条纹，每冒出或者缩回一次，对应于反射镜 M_1 移动的距离为 $\lambda/2$。当缩回或冒出 N 次，则光程差变化 $2\Delta d = N\lambda$（Δd 为 d 的变化量），

$$\lambda = \frac{2|\Delta d|}{N} \quad (4.2-3)$$

从仪器上读出 $|\Delta d|$，并数出相应的条纹变化条数 N，就可由上式测出光波的波长 λ。若将 λ 作为标准值，测出冒出或消失 N 个圆环时 M_1 移动的距离，与由（4.2-3）式算出的理论值比较，则可以校正仪器传动系统的误差。

4.2.3.3 扩展光源的定域干涉

（1）等倾干涉。调节迈克尔逊干涉仪的反射镜 M_1 和反射镜 M_2 互相垂直，即使 M_1 与 M_2' 互相平行，如图 4.2-3 所示。由面光源上一点 S 发出的光，入射角为 δ，经过 M_1 与 M_2' 反射后成互相平行的两束光，它们的光程差的讨论结果与点光源非定域干涉类似，即

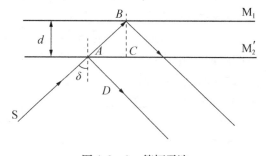

图 4.2-3 等倾干涉

$$\alpha = (\overline{AB} + \overline{BC}) - \overline{AD} = 2d\cos\delta \quad (4.2-4)$$

面光源上有无数个点 S 以同样的入射角 δ 入射，经过反射后都互相平行，它们在无穷远处相遇而产生干涉，用眼睛观察同样可以看到一组同心圆干涉条纹。只不过这些条纹只能发生在空间某特定区域，因此称为定域干涉。同时，各光点对于不同的入射角，干涉条纹的级次不同，所以称为等倾定域干涉。

钠光灯的黄光包括两条波长相近的谱线：$\lambda_1 = 588.996\text{nm}$ 和 $\lambda_2 = 589.593\text{nm}$。利用迈克尔逊干涉仪可以测量其波长差。观测它们的等倾干涉条纹时，如果 λ_2 的第 k_1 级明条纹与 λ_1 的第 k_2 级暗条纹同时出现在等倾干涉圆环状条纹的圆心，则此时

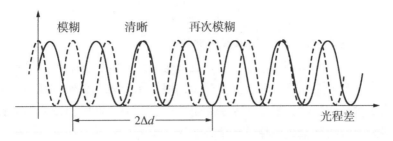

图 4.2 - 4 辐射能量分布与光程差的关系

光程差

$$\alpha = 2d = k_1 \lambda_2 = \left(k_2 + \frac{1}{2} \right) \lambda_1 \qquad (4.2 - 5)$$

这时 λ_2 光的明条纹与 λ_1 光的暗条纹重叠，两种光波的辐射能分布之和几乎处处相同，造成条纹在视场中变模糊。如果移动 M_1，可以看到条纹又逐渐变清晰。当 λ_1 与 λ_2 光的两个明条纹重合时，两种光波辐射能分布之和出现了反差最大，视场中条纹最清晰。然后继续沿同一方向移动 M_1，可以看到视场中的条纹又会变得越来越不清晰。当 λ_2 光的明条纹与 λ_1 光的暗条纹再次重叠时，视场中的条纹再次模糊。这个过程可用 λ_1 光和 λ_2 光的辐射能分布与光程差的关系来说明，如图 4.2 - 4 所示。这两次不清晰发生时，由于 M_1 移动所附加的光程差正好满足 $k\lambda_2 = (k+1)\lambda_1$，即

$$k = \frac{\lambda_1}{\lambda_2 - \lambda_1} \qquad (4.2 - 6)$$

第二次模糊发生时的光程差

$$\alpha' = 2d' = (k_1 + k)\lambda_2 = \left[k_2 + (k+1) + \frac{1}{2} \right]\lambda_1 \qquad (4.2 - 7)$$

由(4.2 - 7)式减去(4.2 - 5)式并将(4.2 - 6)式代入，得

$$2(d' - d) = k\lambda_2 = (k+1)\lambda_1 = \frac{\lambda_1 \lambda_2}{\lambda_2 - \lambda_1}$$

设 $d' - d = \Delta d'$ 为视场中的条纹连续出现两次模糊时 M_1 所移动的距离。由上式可得

$$\lambda_2 - \lambda_1 = \frac{\lambda_1 \lambda_2}{2\Delta d'} \qquad (4.2 - 8)$$

因为 λ_1 与 λ_2 的值很接近，可以认为 $(\sqrt{\lambda_2} - \sqrt{\lambda_1})^2 \approx 0$，于是有

$$\sqrt{\lambda_1 \lambda_2} \approx \frac{1}{2}(\lambda_1 + \lambda_2) = \bar{\lambda}$$

将(4.2 - 8)式中的 $\lambda_1 \lambda_2$ 用 $\overline{\lambda^2}$ 替代，于是钠双线的波长差

$$\Delta\lambda = \frac{\overline{\lambda^2}}{2\Delta d'} \qquad (4.2-9)$$

故只需测出 $\Delta d'$，即可测出钠双线的波长差。

(2)等厚干涉。当 M_1 与 M_2 不垂直，也就是 M_1 与 M_2' 不平行有一个很小的夹角 θ，在 M_1 和 M_2' 之间相当于有一个空气劈尖，用扩展光源照射时，就会出现等厚干涉条纹，它定域在空气劈尖附近。由于夹角 θ 很小，仍可以用(4.2－1)式计算光程差。所以等厚干涉实际上是一种与倾角和空气层厚度有关的干涉。

当 M_1 和 M_2' 相交时，其交线上的 $d=0$，则 $\alpha=0$。考虑光线在空气劈尖的不同界面产生反射时的半波损失，故在交线处为暗纹干涉，称为中央条纹。在交线两侧是两个对顶劈尖干涉，如图4.2－5所示。当夹角 θ 很小时，在交线附近的干涉条纹可近似为直线条纹，与中央暗纹平行。离中央条纹较远处，因受光线入射角 δ 的影响较大而出现弯曲。随着视角 δ 的增加，θ 不变(即同一级次条纹的光程不变)，就必须增大 d，使观察到的同一级次条纹凹向两旁，如图4.2－6所示。

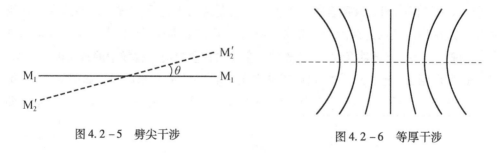

图4.2－5 劈尖干涉   图4.2－6 等厚干涉

当用白光照射时，各种不同波长的光产生的干涉条纹明暗互相叠加，一般不出现干涉条纹。只有在 M_1 和 M_2' 的交线上，对各种波长的光，其光程差均为 $\frac{\lambda}{2}$(反射时附加 $\frac{\lambda}{2}$)，故产生直线黑纹，即所谓的中央条纹，两旁有对称分布的彩色条纹。d 稍大时，因对各种不同波长的光，满足明暗条纹的条件不同，所产生的干涉条纹明暗互相重叠，结果就显不出条纹来。只有用白光才能判断出中央条纹，利用这一点可定出 $d=0$ 的位置。

当视场中出现中央条纹之后，在 M_1 与 A 之间放入折射率为 n_x、厚度为 D 的透明物体，则两束光出现光程差 α，有

$$\alpha = 2D(n_x - n_o) \qquad (4.2-10)$$

式中，n_o 为空气折射率。只有移动 M_1 补偿由于插入透明物体而引起的光程差才能使两束光的光程差重新为零，使中央暗条纹出现，即

$$2|x - x_o|n_o = 2(n_x - n_o)D$$

$$n_x = \frac{|x - x_o| n_o}{D} + n_o \qquad (4.2-11)$$

式中，$x - x_o$ 称为补偿距离。若已知透明物体的厚度 D，则可用上式测量透明物体的折射率 n_x；反之，若已知透明物体的折射率，则可以计算出被测透明物体的厚度 D。

4.2.4　仪器结构与调节

迈克尔逊干涉仪装置如图 4.2-7 所示。仪器各组件都固定在坚实稳固的平台 8 上。固定在平台上的粗微动机构实现了移动镜 M_1(4) 往复运动；粗调测微手轮 10 分度值为 0.01mm，粗调范围为 12mm。转动微动测微手轮 9 带动齿条做前后平动，与齿条啮合的齿轮带动螺距为 1mm 的螺杆转动，推动移动镜 M_1 移动。这些都是在一高精度的十字导轨中进行。齿轮模数为 0.4，齿数 40。微动测微手轮分度值为 0.0002mm，微调范围为 0.5mm。直接读数就是将粗动测微手轮和微动手轮四位值相加。固定反射镜 M_2(3)、分光板 G_1(1)、补偿板 G_2(7) 分别安装在平台上，它们与移动镜 M_1 一起构成了迈克尔逊干涉系统。

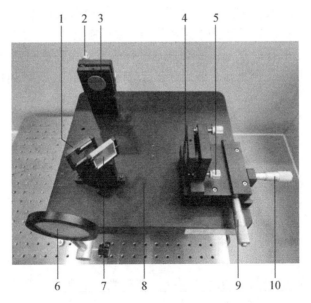

图 4.2-7　迈克尔逊干涉仪

1—分光板；2，5—调节螺钉(各两个)；3，4—反射镜；6—观察屏；

7—补偿板；8—平台；9—细调手轮；10—粗调手轮

本装置在 M_1 和 M_2 反射镜的背面各装有两个倾角调节螺钉(2 和 5)，可以缓慢地调节 M_1 和 M_2 间的夹角，从而平稳地观察干涉条纹的变化。由于机械齿合等空隙的存在，所以在读数前要注意消除空回误差。即将微动手轮朝着某一个方向连续转动直到所观察的干涉条纹开始出现连续变化时才能开始读数，并且在整个测量过程中微动手轮只能朝一个方向移动，不得来回折返。

4.2.5 实验内容与步骤

特别提醒，迈克尔逊干涉仪属于精密光学仪器，调节时一定要谨慎小心，实验过程中不能用手触摸反射镜、分光板、补偿板等光学器件表面。

4.2.5.1 迈克尔逊干涉仪的调节

①熟悉迈克尔逊干涉仪结构。调节光源高度使光源大致与分光板等高，其方向与分光板成45°。

②调整光程差。调整转动粗调手轮使移动镜 M_1 和固定镜 M_2 相对到分光板的距离基本相等。

③调节迈克尔逊干涉仪使反射镜 M_1 和反射镜 M_2 互相垂直，即 M_1 和 M_2' 相互平行。根据光源不同，调节方法也略有差异：

采用钠光灯作为光源时，为了方便观察，在钠光灯前加上一个毛玻璃片，毛玻璃片上画有"十"字。取下观察屏6（见图4.2－7），用肉眼直接观察反射镜 M_1，仔细调整 M_1 和 M_2 后的两只调节螺钉使两个"十"字严格重合，这里的严格重合指的是两个"十"字必须是平行时重合，如果是不平行的重合就需要耐心调节直到平行重合，如图4.2－8所示。调整到严格的重合后就可以看到同心圆环组成的干涉条纹。

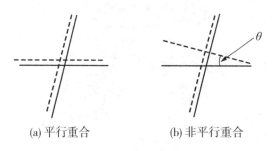

(a) 平行重合   (b) 非平行重合

图4.2－8 两个重合的"十"字

使用 He-Ne 激光器时，应安装光屏6，并在光屏上观察。打开激光器使激光基本垂直 M_2 面，在光源前放一小孔光阑，调节 M_2 上的两个螺钉（有时还需调节 M_1 后面的两个螺钉）使从小孔出射的激光束，经 M_1 与 M_2 反射后在毛玻璃上重合，这时能在毛玻璃上看到两排光点一一重合。去掉小孔光阑换上短焦距透镜而使光源成为发散光束，在两光束光程差不太大时，在毛玻璃屏上可观察到干涉条纹，轻轻调节 M_2 后的螺钉应出现圆心基本在毛玻璃屏中心的圆条纹。

4.2.5.2 测量激光或钠光波长

①保持调好的干涉仪状态不变，朝一个方向转动微动测微手轮直至观察到干涉

条纹开始连续变化(消除空程差),然后记录数据。需要注意的是,在整个测试过程中微动测微手轮只能朝一个方向转,不能往回转。

②中心每"生出"或"吞进"50 个条纹,记录一次数据,N 的总数要不小于 500 条,用逐差法处理数据求出 λ 值。

4.2.5.3　测定钠双线的波长差

①保持调好的干涉仪状态不变,采用钠光灯作为光源。用眼睛直接在分光板 G_1 与 M_1 镜的延长线上向 M_1 处观察。

②调节直到 M_1 干涉条纹的可见度最低,记下 d_1'。继续沿同一方向移动 M_1 改变值 d',直到视场中再次出现可见度最低的现象,记下 d_2',则 $\Delta d' = |d_1' - d_2'|$。再次改变 d' 值,直到视场中又一次出现可见度最低的现象,记下 d_3',用这种方法测出多个可见度最低的位置,并填入表格,用逐差法算出 $\Delta d'$,代入(4.2 - 9)式求出 $\Delta\lambda$。

4.2.5.4　测量薄膜折射率或厚度

①光源为激光或钠光,移动反射镜 M_1 使同心圆环的圆心面积达到最大(占满整个视场),然后调节两镜面倾角将圆心移出视场而且条纹粗稀。

②将光源换成日光灯,用眼睛直接从 E(图 4.2 - 1)方向观察,缓慢转动微动测微手轮朝条纹由弯曲到直的方向调节,直至观察到对称彩色干涉条纹出现在视场中心。记下此时反射镜 M_2 所在的位置 x_0。

③在反射镜 M_1 和分光板 G_1 之间的光路中放入厚度为 D 的透明薄膜,则上述产生的彩色条纹的交线位置被移出视场,沿光程差减小的方向继续移动反射镜 M_2 直到对称彩色条纹再次出现在视场中央,此位置即为 x。将所得到的数据代入(4.2 - 11)式计算出薄膜折射率或厚度。

4.2.6　数据记录及处理

表 4.2 - 1　激光(钠光)波长测量

平面镜位置	d_1	d_2	d_3	d_4	d_5
x/mm					
平面镜位置	d_6	d_7	d_8	d_9	d_{10}
x/mm					
$\Delta d_i = d_i - d_{i+5}$					
$\overline{\Delta d_5}$					

表 4.2 -2　钠光波长差的测量数据记录表　（单位：mm）

测量次数	d_1'	d_2'	d_3'	d_4'
d/mm				
测量次数	d_5'	d_6'	d_7'	d_8'
d/mm				
$\Delta d' = d_{i+5}' - d_i'$				
$\Delta d'' = \dfrac{\Delta d'}{4}$				
$\Delta \overline{d'} = \dfrac{1}{4} \sum\limits_{i=1}^{n} \Delta d''$				

表 4.2 -3　测量薄膜的折射率 n

测量次数	1	2	3	4	5
x_o/mm					
x/mm					
$|\Delta x|/\text{mm}$					

实验 4.3　全息照相与激光全息

　　早在 1948 年匈牙利裔英国物理学家丹尼斯·伽博就已经做出了第一张全息照片。他当时用高压汞灯作为光源，但在实验中一直受到伽博全息孪生像的困扰，有效的工作很少，因此 20 世纪 50 年代中期，全息术的研究工作一直处于停顿状态。1960 年激光器的出现给全息术带来了新的生命，1962—1963 年，利斯和乌帕特尼克斯发表了第一张激光全息图，立刻引起了轰动。1964 年他们又用光照明漫反射体制作全息图，成功地得到了三维物体的立体再现像。他们提出来的斜参考波法应用于激光全息，取得了全息技术的重大突破。1971 年伽博因全息技术的发明而获得了诺贝尔奖。

　　光全息技术发展到现在可分为三代：第一代全息术为同轴全息，用水银灯记录，光源相干性差，原始像与共轭像分不开；第二代全息技术为离轴全息，用激光记录，激光再现，原始像与共轭像分离，可以再现具有三维特性的立体像；第三代全息是用激光记录，白光再现的全息术，主要有反射全息、像面全息、彩虹全息以及合成全息等。本实验我们学习第二代全息技术并制作全息照片。

4.3.1　实验目的

1. 了解全息照相的基本原理和特点；
2. 学习静态全息照相的拍摄方法和有关技术；
3. 掌握全息照相再现物像的性质和观察方法。

4.3.2　实验仪器

　　光学实验台、氦氖激光器、分束镜、扩束镜、反射镜、载物台、各种镜头支架、被摄物体、全息干板、暗室冲洗胶片器材等。

4.3.3　实验原理

　　全息照相是一种用光学方法在视觉上再现原物的清晰立体像的典型技术，全息照相分为两步：波前记录和波前再现。波前记录是指将物体射出（直接或间接）的光波与另外一束相干光波（参考光波）相干涉，用照相的方法将干涉条纹记录下来，称为全息图。当用原始记录时的参考光或其他合适的光波照射全息图时，光通过全息图发生衍射，其衍射光波与原物体的光波相似，于是构成物体的再现，这就是波前再现。

4.3.3.1　全息记录

　　(1)全息记录过程。成像原理如图 4.3 - 1 所示，激光光源发出的光波经过（分光板)后分成两部分：直接照射到底片上的叫参考光；另一部分经物体表面散射的光也照射到相片底片，称为物光。物光波和参考光波在全息干板上叠加发生干涉，形成明暗强度不均的干涉图样。干涉图样的明暗反衬度记录了物光的振幅分布，图样的形状、间距、位置(几何特征)记录了物光的相位分布，用无线电术语来说，即通过物光波以及物光波对参考光进行调制，感光底片便将物光波的全部信息记录下来，经过显影、定影处理后就得到与衍射光栅相似的全息底片。

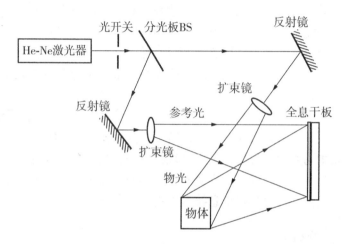

图 4.3 - 1　全息照相成像光路

(2)记录原理：

待记录的物光波载有物体特征的信息，构成一种复杂的光路，其复振幅可表示为：

$$O(x,y) = O_o(x,y) e^{j\phi_o(x,y)} = O_o e^{j\phi_o} \qquad (4.3-1)$$

式中，(x, y) 是记录介质平面上的坐标，$O_o(x, y)$ 和 $\phi_o(x, y)$ 分别是参考光在 (x, y) 处的振幅和相位。

与此类似，参考光波可表示为

$$R(x,y) = R_o(x,y) e^{j\phi_r(x,y)} = R_o e^{j\phi_r} \qquad (4.3-2)$$

记录时物光和参考光在记录介质平面上相干叠加后的光强分布为

$$I(x,y) = |O + R|^2 = (O + R)(O^* + R^*)$$

$$= (O_o^2 + R_o^2) + O_o R_o e^{j(\phi_o - \phi_r)} + O_o R_o e^{j(\phi_r - \phi_o)} \qquad (4.3-3)$$

从式中可以看出，物光振幅 O_o 与相位 ϕ_o 已经以光强的形式被记录下来，第一项是背景光强度；后两项的大小是周期性变化的，是与时间无关的干涉相，包含了物光波的相位信息，因此物光波的相位信息就这样转化成了强度信息。

4.3.3.2　全息照相的再现

全息底片记录下来的不是被拍摄物的图像，而是复杂的干涉图样，在观察照片时必须采用一定的再现手段。

（1）物象再现过程。如图 4.3 – 2 所示，利用光波衍射原理，用一束参考光照射全息底片，底片上明暗强度不均的干涉图样就相当于一个特殊的光栅（其光栅常数的变化反映了物光的相位信息），当参考光束照射到光栅上时便产生衍射，它的一级衍射光波就将原来的物光波的波前重现出来。因此，我们通过全息照片可重新看到与原物几乎一样的逼真立体图像。观察照片时，从全息底片的背面（透射光）可看到在原物位置上有一个和原物完全相同的立体虚像，而全息底片的另外一侧的屏幕上有一个共轭实像。

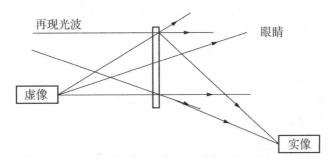

图 4.3 – 2　物像再现

（2）再现原理：

对于薄型全息图，显影过程中往往要产生一个表征全息图振幅透过率的函数：

$$T(x,y) = F|I(x,y)| \qquad (4.3 – 4)$$

记录介质不同，函数 $F|I(x, y)|$ 可以是实函数、虚函数或复函数，同时，它可以是线性的也可以是非线性的，但不论何种情况下都可以进行线性近似（例如，取泰勒级数展开的前两项）。对于振幅型全息图，便可得到一个透射函数：

$$T(x,y) = T_0 + \beta I(x,y) \qquad (4.3 – 5)$$

式中，T_0 是代表背景的一个常数，β 是与材料性质和曝光时间有关的比例系数。

再现过程通常是用与参考光波完全相同的读出光去照明全息图，设该光波可用 $R(x, y)$ 表示，则在全息图后表面的光场分布可表示为

$$W(x,y) = R(x,y)T(x,y) = R_0(x,y)e^{j\phi_r(x,y)}[T_0 + \beta I(x,y)]$$

$$= (T_0 + \beta R_0^2)R + \beta O_0^2 R + \beta R_0^2 O + \beta O^* R_0^2 e^{2\phi_r} \qquad (4.3 – 6)$$

式中的第一项代表直接透射的读出光束；第二项表示在第一项周围随空间而变化的背景光，和第一项一起合起来称为零级光波；第三项正比于物光 $O(x,y)$，被称为"原始像"光波；第四项为共轭像，它和第三项形成了 ±1 级衍射波。当参考光相对于物光偏离了一个角度 θ 时，便可以把不需要的共轭像及零级背景光在空间上与有用的"原始像"分开。这就是离轴全息的原理。

4.3.3.3 全息照片特点

(1)三维性。因为全息图记录的是光波的全部信息，即振幅与相位同时记录在全息图上，图像具有显著的视差特性，可以看到逼真的三维图像。而普通的图像只记录了振幅，得到的是二维平面图像。

(2)可分割性。全息照片被打碎后，它的任何一个碎片都能再现完整的被拍物体信息。因为全息照相过程中，物面和像面之间是点面对应的关系，形成的全息照片中每一个局部都包含了物体各点的信息。

(3)信息容量大。可以转动底片角度拍摄多次。再现时作同样转动不同角度可以出现不同图像，也可以不转动底片而改变被拍物体的状态进行多次曝光，再现时可以互不干扰地出现不同的图像。

(4)亮度可变性。全息图的亮度随再现光的亮度改变而改变。再现光越强，像的亮度越大，反之越暗。

(5)可放大或缩小。因为衍射角与波长有关，用不同波长的光照射全息图，再现像就会出现放大或者缩小。

4.3.4 实验内容

4.3.4.1 调节全息照相光路系统

根据全息照相实验的基本要求，在进行实验前要先了解、熟悉全息照相实验设备、仪器和光学元件支架的调整和使用方法。

(1)调整、检查光学实验台的水平度和稳定度。由于全息底片上所记录的干涉条纹很细，相当于波长量级，在照相过程中极小的干扰都会引起干涉条纹的模糊，不能形成全息图，因此要求整个光学系统的稳定性良好。一般用干涉仪进行检测，或在光学实验台上组合一个迈克尔逊干涉仪。若干涉条纹在曝光时间内移动量小于四分之一到二分之一条纹间隔，则基本满足实验条件。平台的水平度一般用气泡水准仪检查。

(2)摆放光路。可以按图 4.3－1 摆放实验光路，并做如下调整：

①使各元件基本等高共轴。

②在底片架上夹一块白屏，使参考光均匀照在白屏上，入射光均匀照亮被摄物体，且其漫反射光能照射到白屏上，调节两束光夹角在 30°～45°之间。

③使物光和参考光的光程大致相等，可分别挡住物光和参考光调节其光强比约 1:4～1:10，两光束有足够大的重叠区。

④所有光学元件必须通过磁钢与平台保持稳定。

(3)检查实验光路。开启激光电源并调节扩束镜和反射镜使物光和参考光充满感光屏。用测光仪器(代替感光屏)测量物光和参考光的相对强度(即分束比)，要达到 3 : 5 左右。

4.3.4.2 拍摄静态全息照片

①根据感光板的性质(即感光材料的分辨率和感光板的感光灵敏度)以及光源的强弱确定曝光时间,一般可选择 10 ～ 15s。最好通过试拍确定最佳时间,然后再调整曝光计时器。

②取下白屏,关闭激光光源(或在输出镜前用一挡光板挡住光束),在底片夹上装夹全息干板。必须把涂有感光材料的一面(可以有手触摸干板边缘,相对不光滑的一面就是涂层)朝向物体以便接收物光。

③静止数分钟后才可开启激光电源进行曝光。曝光过程中,绝对不能触碰防震台以及任何光学元件,不能说话以及在防震台周边走动。

④曝光完毕,拆下干板进行显影定影处理。全息干板的显影和定影的处理过程与普通照相底片类似,一般显影 20 ～ 30s,定影 5 ～ 10min。实验中以在绿色灯光下观察到底片变为灰色为准,取出用流水冲洗 3 ～ 5min,使多余的银粒冲去,用电吹风吹干。为增加全息图的衍射能力,定影后还可以对底片进行漂泊处理。

4.3.4.3 观察全息照片的再现物象

(1)观察虚像。将全息照片放回到原干板支架上,使涂有感光材料面朝向参考光(接收扩束面的激光束)。先遮住物光束,直接从全息照片背面观察(图 4.3 - 2),可以看到原物体位置上的虚像。

(2)观察实像。为了方便观察,通常直接利用扩束的激光照射全息照片的反面(非感光材料面),选取适当的角度观察,可得到比较清晰的实像。

注意事项:

1. 为保证全息照片的质量,各光学元件应保持清洁。若光学元件表面被污染或有灰尘,应按实验室规定方法处理,切忌用手、手帕或纸片等擦拭。

2. 不要用眼睛直接对准激光束观察,手切勿触摸激光管的高压端。

3. 曝光时,要避免室内震动和空气流动。

4. 全息底片是玻璃片基,注意轻拿轻放,防止破碎。

思 考 题

1. 许多实验教材强调,物光波和参考光波的光程差要很小甚至要接近相等。请思考若使它们的光程差比较大(如: 20 cm 或 40 cm),是不是一定得不到全息图? 若有条件,不妨实际做一下实验检验你的想法。

2. 在没有激光进行再现的条件下,如何检验干板上是否记录了信息?

实验 4.4 双光栅微弱振动的测量

在电磁波的传播过程中，由于光源和接收器之间相对运动使得接收器收到的光波频率不同于光源发出的光波频率的现象称为多普勒效应，由此产生的频率变化称为多普勒频移。如果移动光栅相对静止光栅运动，使激光束通过这样的双光栅便可以产生光的多普勒效应，将频移和非频移的两束光直接平行叠加可以获得光拍，再通过光电的平方律检波器检测，取出差频信号，就可以精确测量微弱振动的位移。

多普勒频移物理特性的应用也非常广泛，如医学上的超声诊断仪，测量海水各深度层的海流速度和方向、卫星导航定位系统、乐器的调音等。

双光栅微弱振动测量仪在力学实验项目中用于音叉振动分析、微弱振幅（位移）测量和光拍研究等。

4.4.1 实验目的

1. 了解利用光的多普勒频移形成光拍的原理并用于测量光拍拍频。
2. 学会使用精确测量微弱振动位移的一种方法。
3. 应用双光栅微弱振动测量仪测量音叉振动的微振幅。

4.4.2 实验原理

4.4.2.1 移动光学相位光栅的多普勒频移

所谓相位物体就是指那些只有空间的相位结构而透明度一样的透明体，如生物切片、油膜、热塑料等，它们只改变入射光的相位而不影响其振幅。当激光平面波垂直入射到相位光栅上时，由于相位光栅上不同的光密和光疏媒质部分对光波的位相延迟作用使入射的平面波变成出射时的摺曲波阵面，如图 4.4 - 1 所示。

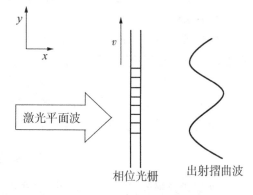

图 4.4 - 1 出射的摺曲波阵面

由于光栅上单缝自身的衍射作用和缝之间的干涉作用，通过光栅后光的强度出现周期性的变化。在远场，可以用大家熟知的光栅衍射方程即(4.4 - 1)式来表示主极大位置：

$$d\sin\theta = \pm k\lambda \qquad k = 0,1,2,\cdots \qquad (4.4 - 1)$$

式中：整数 k 为主极大级数，d 为光栅常数，θ 为衍射角，λ 为光波波长。

如果光栅在 y 方向以速度 v 移动，则从光栅出射的光的波阵面也以速度 v 在 y 方向移动。因此在不同时刻，对应于同一级的衍射，它从光栅出射时，在 y 方向也有一个 vt 的位移量，见图 4.4 – 2。

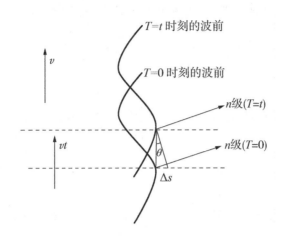

图 4.4 – 2　衍射光线在 y 方向上的位移量

这个位移量对应于出射光波位相的变化量为 $\Delta\phi(t)$：

$$\Delta\phi(t) = \frac{2\pi}{\lambda}\Delta s = \frac{2\pi}{\lambda}vt\sin\theta \tag{4.4 – 2}$$

把 (4.4 – 1) 式代入 (4.4 – 2) 式得

$$\Delta\phi(t) = \frac{2\pi}{\lambda}vt\frac{k\lambda}{d} = k\cdot 2\pi\frac{v}{d}t = k\omega_d t \tag{4.4 – 3}$$

式中，$\omega_d = 2\pi\dfrac{v}{d}$。

若激光从一静止的光栅出射时，光波电矢量方程为

$$E = E_0\cos\omega_0 t \tag{4.4 – 4}$$

而激光从相应移动光栅出射时，光波电矢量方程则为

$$E = E_0\cos[\omega_0 t + \Delta\phi(t)] = E_0\cos[(\omega_0 + k\omega_d)t] \tag{4.4 – 5}$$

显而易见，移动的位相光栅 k 级衍射光波相对于静止的位相光栅有一个多普勒频移，其频率为

$$\omega_D = \omega_0 + k\omega_d \tag{4.4 – 6}$$

如图 4.4 – 3 所示。

4.4.2.2　光拍的获得与检测

光频率很高，为了在光频中检测出多普勒频移量，必须采用"拍"的方法，即要

把已频移的和未频移的光束互相平行迭加以形成光拍。由于拍频较低，容易测得，通过拍频即可检测出多普勒频移量。

本实验形成光拍的方法是采用两片完全相同的光栅平行紧贴，一片 B 静止，另一片 A 相对移动。激光通过双光栅后所形成的衍射光即为两种以上光束的平行迭加。其形成的第 k 级衍射光波的多普勒频移如图 4.4 – 4 所示。

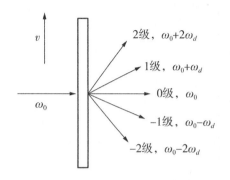

图 4.4 – 3　移动光栅的多普勒频移　　　图 4.4 – 4　k 级衍射光波的多普勒频移量

光栅 A 按速度 v_A 移动，起频移作用，而光栅 B 静止不动，只起衍射作用，故通过双光栅后射出的衍射光包含了两种以上不同频率成分而又平行的光束。由于双光栅紧贴，激光束具有一定宽度，且光栅常数 d 相对光波波长 λ 大很多，故同一衍射光斑的光束能平行迭加，这样直接而又简单地形成了光拍，如图 4.4 – 5 所示。

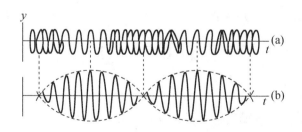

图 4.4 – 5　频差较小的两列光波叠加形成光拍

当激光经过双光栅所形成的衍射光叠加成光拍信号，光拍信号进入光电检测器后，其输出电流可由下述关系求得：

设光束 1 的电矢量为

$$E_1 = E_{10}\cos(\omega_0 t + \varphi_1) \tag{4.4 – 7}$$

光束 2 的电矢量为

$$E_2 = E_{20}\cos[(\omega_0 + \omega_d)t + \varphi_2] \tag{4.4 – 8}$$

取 $k = 1$，则光电流

$$I = \xi(E_1 + E_2)^2$$
$$= \xi\{E_{10}^2\cos^2(\omega_0 t + \varphi_1) + E_{20}^2\cos^2[(\omega_0 + \omega_d)t + \varphi_2] +$$
$$E_{10}E_{20}\cos[(\omega_0 + \omega_d - \omega_0)t + (\varphi_2 - \varphi_1)] +$$
$$E_{10}E_{20}\cos[(\omega_0 + \omega_d + \omega_0)t + (\varphi_2 + \varphi_1)]\} \qquad (4.4-9)$$

其中 ξ 为光电转换常数。

因光波频率 ω_0 甚高，在 $(4.4-9)$ 式第一、二、四项中，光电检测器无法反应，$(4.4-9)$ 式第三项即为拍频信号，因为频率较低，光电检测器能作出相应的响应，其光电流为

$$i_S = \xi\{E_{10}E_{20}\cos[\omega_d t + (\varphi_2 - \varphi_1)]\} \qquad (4.4-10)$$

因此，光电探测器能检测到的光拍信号的频率就是拍频 $F_{拍}$

$$F_{拍} = \frac{\omega_d}{2\pi} = \frac{v_A}{d} = v_A n_\theta \qquad (4.4-11)$$

其中 $n_\theta = 1/d$ 为光栅密度，本实验 $n_\theta = 100$ 条/mm。

4.4.2.3　微弱振动位移量的检测

从 $(4.4-11)$ 式可知，$F_{拍}$ 与光频率 ω_0 无关，且当光栅密度 n_θ 为常数时，只正比于光栅移动速度 v_A，如果把光栅黏在音叉上，则 v_A 是周期性变化的。所以光拍信号频率 $F_{拍}$ 也是随时间而变化的。微弱振动的位移振幅为

$$A = \frac{1}{2}\int_0^{\frac{T}{2}} v(t)\,\mathrm{d}t = \frac{1}{2}\int_0^{\frac{T}{2}} \frac{F_{拍}(t)}{n_\theta}\,\mathrm{d}t = \frac{1}{2n_\theta}\int_0^{\frac{T}{2}} F_{拍}(t)\,\mathrm{d}t \qquad (4.4-12)$$

式中，T 为音叉振动周期，$\int_0^{\frac{T}{2}} F_{拍}(t)\,\mathrm{d}t$ 表示 $\frac{T}{2}$ 时间内的拍频波的波形数。所以只要测得拍频波的波形数就可得到较弱振动的位移振幅。

图 4.4-6　示波器显示拍频波形

波形数由完整波形数、波的首数、波的尾数三部分组成。根据示波器上显示计算为

$$波形数 = 整数波形数 + \frac{a}{l} + \frac{b}{l} \qquad (4.4-13)$$

式中，a、b 分别为波群的首部和尾部的长度；l 为一个完整波形的平均长度。

4.4.3 实验装置

激光源、信号发生器、频率计(上述仪器已集成在测量仪箱内)。

激光器:$\lambda = 635nm$,$0 \sim 3mW$ 连续可调。信号发生器:$14.4 \sim 950Hz$,$0.001Hz$ 微调,$0 \sim 650mW$ 输出。频率计:触摸屏,可移动光标。($1 \sim 999.999Hz$)$\pm 0.001Hz$。音叉谐振频率:$500Hz$ 左右。

双光栅微弱振动测量仪面板结构如图4.4 – 7 所示。

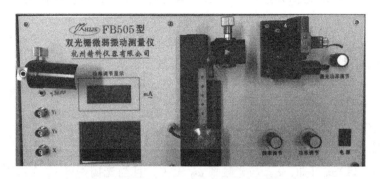

图4.4 – 7　双光栅微弱振动测量仪面板结构

4.4.4 实验内容

(1)预习《示波器的使用》,熟悉双踪示波器的使用方法。

(2)将示波器的 Y_1、Y_2、X 外触发器接至双光栅微弱振动测量仪的 Y_1、Y_2、X 的输出插座上,开启各自的电源。

(3)几何光路调整。调节激光器固定架左右调节螺钉和上下调节螺钉使红色激光通过静光栅、动光栅让某一级衍射光正好落入光电池前的小孔内。

(4)音叉谐振调节。先将"功率"旋钮置于 30mW,调节频率至508Hz 附近,然后微调频率使音叉谐振。调节时可由耳朵试听,找出调节方向。如音叉谐振太强烈,将功率调小使在示波器上看到的 $\frac{T}{2}$ 内光拍的波数为 15 个左右。记录此时音叉振动频率、屏上完整波的个数、不足一个完整波形的首数及尾数值以及对应该处完整波形的振幅值。

(5)测出外力驱动音叉时的谐振曲线。固定音叉驱动功率,在音叉谐振点附近,小心调节频率,测出音叉的振动频率与对应的信号振幅大小,频率间隔例如可以取 0.1Hz,选 8 个点,分别测出对应的波的个数,由(4.4 – 8)式,计算出各自的振幅 A。

(6)使音叉在谐振频率下振动,调节信号输出功率,相应地测算出每一信号输出功率作用下音叉的振动振幅，测出音叉功率和音叉振动振幅的关系。

注意事项：

(1)激光器功率一般调节到中部就可，不需要经常调节。

(2)在示波器荧光屏上数拍频波的波数时，最好待波形稳定后进行。

4.4.5　数据处理

(1)音叉谐振频率 $f =$

(2)音叉在谐振点时做微弱振动的位移振幅 $A =$

(3)画出在谐振频率下，音叉的功率 – 振幅曲线：

mA	10	20	30	40	50	60	70
功率							
波形数							
振幅							

(4)画出在一定功率驱动下音叉的频率 – 振幅曲线。

功率 $W =$

频率			(谐振频率)			
波形数						
振幅						

思 考 题(选做)

1. 如果将动、静光栅互相换位会得到什么样的结果？为什么？

2. 在拍频波形中，如果看见波形中有毛刺，这是高倍频拍频。那么我们需要将高倍频的波形数计算在内吗？

3. 本实验测量方法有何优点？测量微振动位移的灵敏度是多少？

实验4.5　电表的改装与设计

电流计表头一般只能测量很小的电流。若要用它来测量较大的电流和电压，就必须进行改装来扩大量程，各种多量程表(多用途万用表)就是用这种方法制作的。万用表是一种基本的电学仪表，它测量范围广，构造简单，使用方便，是电磁学工作者的必备工具。改装电表不仅能强化学生掌握相关电路的基础知识，而且能培养学生思维和实验操作能力。

4.5.1　实验目的

1. 掌握将表头(扩大量程)改装成电流表、电压表的原理和方法；
2. 学会用替代法测定表头的内阻。

4.5.2　实验仪器

9孔插件板、JK-31稳压电源、恒流源、数字万用表、四盘电阻箱、表头(100μA，$R_g = 1700\Omega$)、电阻、可变电阻、电位器、连接线。

4.5.3　实验原理

4.5.3.1　表头参数和内阻的测定

用于改装的电流计(俗称表头)其指针偏转到满刻度时所需要的电流 I_g 称为该表头的灵敏度。I_g 越小，表头的灵敏度就越高。表头内线圈的电阻 R_g 称为表头的内阻。将表头进行改装或扩大量程，均需知道表头的两个参量 I_g 和 R_g。I_g 可在表头的面板刻度上获得，而 R_g 需实测。本实验用替代法测量表头的内阻，其测量电路如图4.5–1所示。实验时各

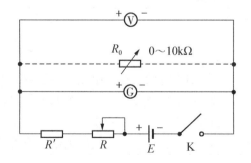

图4.5–1　表头内阻测定原理图

参数取值为 $E = 1.5V$，$R' = 10k\Omega$，$R_0 = 0 \sim 10k\Omega$。

4.5.3.2　将表头改装(扩大量程)成电流表

将表头改装成电流表的方法是，在表头两端并联一低电阻 R_A 使超过表头承受量的那部分电流从 R_A 流过，由表头和 R_A 组成的整体就是量程为 I_m 的电流表，如图4.5–2所示。R_A 称为分流电阻。并联不同大小的 R_A 可以得到不同量程的电流表。

设表头扩大后的量程为 I_{m}，由欧姆定律可得

$$(I_{\mathrm{m}} - I_{\mathrm{g}})R_{\mathrm{A}} = I_{\mathrm{g}}R_{\mathrm{g}} \qquad (4.5-1)$$

$$R_{\mathrm{A}} = \frac{I_{\mathrm{g}}}{I_{\mathrm{m}} - I_{\mathrm{g}}} R_{\mathrm{g}} = \frac{1}{\dfrac{I_{\mathrm{m}}}{I_{\mathrm{g}}} - 1} R_{\mathrm{g}} \qquad (4.5-2)$$

$$R_{\mathrm{A}} = \frac{1}{n-1} R_{\mathrm{g}} \qquad (4.5-3)$$

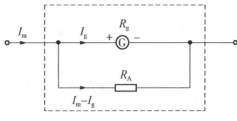

图 4.5-2　电流表的改装原理

可见，将表头的量程扩大 n 倍，只需在表头上并联一个电阻值为 $\dfrac{R_{\mathrm{g}}}{n-1}$ 的分流电阻即可，其中 $n = \dfrac{I_{\mathrm{m}}}{I_{\mathrm{g}}}$。

4.5.3.3　将表头改装为电压表

表头虽然也可以用来测量电压，但其量程 $(I_{\mathrm{g}}R_{\mathrm{g}})$ 很小。为了测量较大的电压，可在表头上串联一高阻 R_{V}，使超过表头的那部分电压降落在电阻 R_{V} 上，由表头和 R_{V} 组成的整体就是量程为 U_{m} 的电压表，如图 4.5-3 所示。串联不同大小的 R_{V} 可以得到不同量程的电压表。

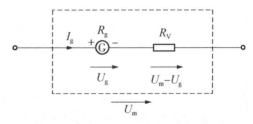

图 4.15-3　电压表的改装原理

设表头改装后的量程为 U_{m}，由欧姆定律可得

$$U_{\mathrm{m}} = I_{\mathrm{g}}(R_{\mathrm{g}} + R_{\mathrm{V}}) \qquad (4.5-4)$$

$$R_{\mathrm{V}} = \frac{U_{\mathrm{m}}}{I_{\mathrm{g}}} - R_{\mathrm{g}} = \frac{U_{\mathrm{m}}R_{\mathrm{g}}}{I_{\mathrm{g}}R_{\mathrm{g}}} - R_{\mathrm{g}} = (n-1)R_{\mathrm{g}} \qquad (4.5-5)$$

可见，要将电压量程为 $I_{\mathrm{g}}R_{\mathrm{g}}$ 的表头改装成量程为 U_{m} 的电压表，只需在表头上串联一个阻值为 $(n-1)R_{\mathrm{g}}$ 的分压电阻即可，其中 $n = \dfrac{U_{\mathrm{m}}}{I_{\mathrm{g}}R_{\mathrm{g}}}$。

4.5.3.4　改装表的校正

电表在扩大量程或改装后需要进行校正。校正的目的是：评定该表在扩大量程或改装后是否仍符合原电表的准确等级；绘制校准曲线，以便对改装后的电表示值进行修正。

校正电表的方法可使用比较法。电路如图 4.15-4 和图 4.15-5 所示。校正点应选在电表满偏转范围内各个标度值的位置上，确定各校正点的 $\Delta I = I_X - I_S$ 或 $\Delta U = U_X - U_S$ 的值。

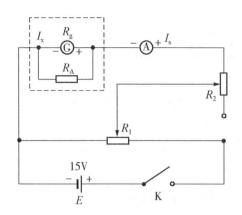

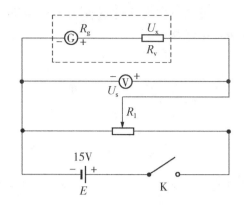

图 4.15 – 4 改装后电流表的校正电路   图 4.15 – 5 改装后电压表的校正电路

4.5.4 实验步骤

(1)用替代法测量表头内阻:

按图 4.5 – 1 接线,按如下步骤操作:

①万用表打到电压挡,合上开关 K,调节 R 使万用表显示较大值处(同时注意表头 G 指针不能超过量程),记录此时万用表显示值 U = _____。

②先断开 K,将 G 表位置替换成 R_0,其他不变,合上 K,调节 R_0,使万用表示值不变。此时 R_0 替代了表头内阻 R_g。R_0 为电阻箱,可直接读得表头内阻。记录阻值 R_g = _____。

(2)将表头改装成量程为 10mA 的电流表:

①计算分流电阻 R_A,用电阻箱作 R_A,按图 4.5 – 4 接线,R_A = _____。

②校正扩大量程表上有标度值的点。应使电流增加和减少各校正一次,并将测得数据记录于表 4.5 – 1 中。将标准表的两次读数的平均值做为 I_s,计算各校正点的 ΔI 值。

(3)将表头改装成量程为 10V 的电压表:

①计算分压电阻 R_V,用电阻箱作 R_V,按图 4.5 – 5 接线,R_V = _____。

②校正扩大量程表上有标度值的点。应使电压增加和减少各校正一次,并将测得数据记录于 4.5 – 2 中。将标准表的两次读数的平均值作为 U_s,计算各校正点的 ΔU 值。

4.5.5 数据记录与处理

表 4. 15 - 1 电流表改装与校准实验数据记录表

标度值 I_X/mA	20	40	60	80	100
I_{S1}/mA					
I_{S2}/mA					
I_S/mA					
$\Delta I = I_X - I_S$/mA					

表 4. 15 - 2 电压表改装与校准实验数据记录表

标度值 U_X/V	20	40	60	80	100
$\Delta U = U_X$/V					
U_{S2}/V					
U_S/V					
$\Delta U = U_X - U_S$/V					

思 考 题

1. 试设计测量内阻的几种方法。

2. 设计多量程电流表时，可选用哪些电路？

实验 4.6　稳压电路的特性与设计

　　所谓稳压电路就是指在输入电压、负载、环境温度、电路参数等发生变化时仍能保持输出电压恒定的电路。稳压电路是现代电子技术中常用的电路，它也是保证电子设备正常稳定工作的重要部件。稳压电路通常包括调整元件、基准电压电路、取样电路以及比较放大电路四部分。

4.6.1　实验目的

1. 掌握稳压电路工作原理及各元件在电路中的作用；
2. 学习直流稳压电源的安装、调整和测试方法；
3. 熟悉和掌握线性集成稳压电路的工作原理；
4. 学习线性集成稳压电路技术指标的测量方法。

4.6.2　实验仪器

　　9孔插件板、交流电源、数字万用表、电容器（0.1μF，1μF，470μF）、电阻（100Ω，200Ω，1kΩ）、电位器（10kΩ）、二极管、三端稳压器（7805）、双踪示波器、连接线。

4.6.3　实验原理

4.6.3.1　电路组成

　　当电网电压发生变化或输出负载发生变化时，能使输出电压保持不变的电路称为稳压电路。直流稳压电源是电子设备中最基本、最常用的仪器之一。它作为能源，可保证电子设备正常运行。直流稳压电源一般由整流电路、滤波电路和稳压电路三部分组成，如图4.6-1所示。本实验主要探讨线性集成稳压元件7805组成的直流稳压电路。

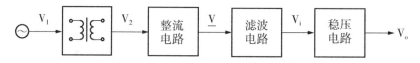

图 4.6-1　直流稳压电路框图

图 4.6 – 2a 为由桥式整流、电容滤波及 7805 线性稳压集成块组成的固定输出为 5V 的稳压电路。图 4.6 – 2b 为由桥式整流、电容滤波及 7805 线性稳压集成块组成的可调输出稳压电路。电路中各电容的作用分别为：C_1 为滤波电容，该电容量和负载电流 I_o 间经验公式通常为 $C_1 = (1500 \sim 2000) \cdot I_o (\mu F)$；$C_2$ 为抑制稳压器自激振荡；C_3 为高频噪声旁路电容。

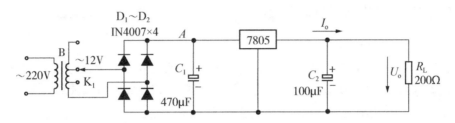

（a）固定输出为 5V 的稳压电路

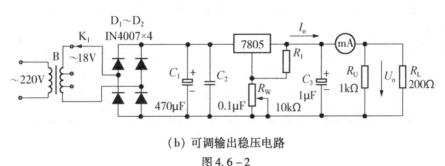

（b）可调输出稳压电路

图 4.6 – 2

4.6.3.2　稳压电路的主要指标参数

输出电压及其可调范围：对于可调稳压电源，输出电压可调范围反映电源输出的应用范围的适应性。

稳压系数 S_r：指直流稳压电源在负载电流和环境温度不变时，输出的电压 U_o 的相对变化量和输入的电压 U_i 的相对变化量的比值，表示为

$$S_r = \frac{\dfrac{\Delta U_o}{U_o}}{\dfrac{\Delta U_i}{U_i}} \qquad\qquad (4.6 - 1)$$

纹波抑制比 S_{SRPP}：稳压电路并不能完全消除交流成分，引入纹波抑制比用于描述稳压电路的性能。定义为输入纹波电压峰 – 峰值与输出纹波电压峰 – 峰值之比的对数值的 20 倍

$$S_{SRPP} = 20 \lg \frac{U_{ipp}}{U_{opp}} \qquad\qquad (4.6 - 2)$$

纹波抑制比越大，说明稳压电路对交流成分的消除能力越强。

输出电阻 R_o：定义为输入电压和环境温度不发生变化时，输出电压变化量与输出电流变化量之间的比值。在实验测量时，通常把输出电阻看成类似电源的内阻，测量开路输出电压 U'_o 和负载 R_L 上的电压 U_o 即可用公式 $R_o = \left(\dfrac{U'_o}{U_o} - 1 \right) \cdot R_L$。

4.6.4 实验内容与步骤

(1)由 7805 组成的直流稳压电路：

①按图 4.6－2b 连接电路，电路接好后在 A 点处断开，测量并记录 U_1 的波形（即 U_A 的波形）。然后接通 A 点后面的电路，观察 U_o 的波形，如有振荡应消除。调节 R_W，输出电压若有变化，则电路的工作基本正常。

②测量稳压电源输出范围。调节 R_W，用示波器监视输出电压 U_o 的波形，分别测出稳压电路的最大和最小输出电压，以及相应的 U_1 值。测量稳压块的基准电压（即 100Ω 电阻两端的电压）。

③观察纹波电压。调节 R_W 使 $U_o = 5V$，用示波器观察稳压电路输入电压 U_i 的波形，并记录纹波电压的大小，再观察输出电压 U_o 的纹波，将两者进行比较。

④测量稳压电源输出电阻 R_o。断开 $R_L(R_L = \infty)$，用万用表测量 R_L 两端的电压，记为 U'_o。然后接入 R_L，测出相应的输出电压，记为 U_o，用下式计算 R_o：

$$R_o = \left(\frac{U'_o}{U_o} - 1 \right) \times R_L \qquad (4.6 - 3)$$

4.6.5 数据处理要求

(1)测量整流滤波输出的纹波电压及绘制波形图；
(2)计算电路的稳压系数；
(3)计算稳压电路(输出电压为 8V 时)的纹波抑制系数；
(4)计算稳压电路的输出电阻。

思 考 题

1. 列表整理所测的实验数据，绘出所观测到的各部分波形。
2. 按实验内容分析所测的实验结果与理论值的差别，分析产生误差的原因。
3. 简要叙述实验中所发生的故障及排除方法。

说明：交流变压器初级指示灯为电源接通指示灯。次级指示灯为对应低压绕组短路指示灯，灯亮时需仔细检查排除故障。

附录 1　整流、滤波电路

（一）整流电路

把交流电能转换为直流电能的电路称为整流电路。大多数整流电路由变压器、整流主电路和滤波器等组成。整流电路分为半波、全波和桥式整流三种，如图 4.6 – 3 所示。

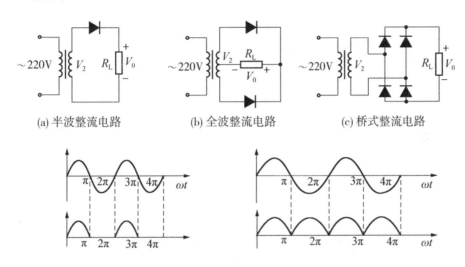

　　(a) 半波整流电路　　　　　(b) 全波整流电路　　　　　(c) 桥式整流电路

图 4.6 – 3　各类型的整流电路

设变压器副边输出电压振幅为 V_m，角频率为 ω，变压器副边输出有效值为 V_2，整流输出电压平均值为 V_0，整流电路输出有效值为 V_E。对于半波整流电路，其输出电压的平均值

$$V_0 = \frac{1}{2\pi}\int_0^\pi V_m \sin \omega t \mathrm{d}t = \frac{1}{\pi}V_m = \frac{\sqrt{2}}{\pi}V_2 = 0.45V_2 \qquad (4.6 – 4)$$

根据有效值的定义 $V_E^2 = \dfrac{1}{2\pi}\displaystyle\int_0^\pi V_m^2 \sin^2 \omega t \mathrm{d}t = \dfrac{V_m^2}{4}$，可得整流电路输出电压有效值为

$$V_E = \frac{V_2}{\sqrt{2}} = 0.71V_2 \qquad (4.6 – 5)$$

同理可推导得到，对于全波整流或桥式整流，输出电压的平均值 $V_0 = 0.9V_2$，输出电压的有效值 $V_E = V_2$。以上计算结果没考虑二极管的压降。

（二）滤波电路

滤波电路用于滤除整流输出电压中的纹波（直流中的交流成分）。滤波电路一般由电抗元件组成。常用的滤波电路有电容滤波、电感滤波，或是电容、电感组合而成的各种复式滤波电路。这些滤波电路各有优缺点，如电容滤波电路能输出较稳定的直流电压，但其适用于负载变化不大、输出电流较小、小功率的电子设备。在电容滤波电路(如图4.6-2)中，电容的容量选择一般按经验关系 $C \geqslant (3 \sim 5)\dfrac{T}{2R_2}$ 选取，其中 T 为电源周期，$R_L = R + R_w$，相应输出电压平均值为 $V_0 = (1.1 \sim 1.2)V_2$。

实验 4.7　RC 一阶电路的响应研究

　　用一阶微分方程描述的动态电路称为一阶电路。在电路形式，含多个元件的电路简化后（如电阻的串并联简化为一个电阻，电容或电感的串并联简化为一个电容或电感），只含有一个电容或电感的电路称为一阶电路，通常指 RC 电路或 RL 电路。一阶电路是电子技术中常用的电路，应用范围非常广，如比例器电路、延时器、积分微分电路等。这部分知识内容是工科类各专业学科的基础。

4.7.1　实验目的

1. 加深理解 RC 电路过渡过程的规律及电路参数对过渡过程的理解；
2. 学会测定 RC 电路的时间常数的方法；
3. 观测 RC 充放电电路中电流和电容电压的波形图。

4.7.2　实验仪器

9 孔插件板、JK – 31 稳压电源、恒流源、交流电源、JK-6 型信号源、数字万用表、电容器（$2\mu F$，$10\mu F$，$470\mu F$）、开关、示波器、连接线。

4.7.3　实验原理

4.7.3.1　RC 电路的充电过程：

　　在图 4.7 – 1a 电路中，设电容器上的初始电压为零。当开关 K 向"1"闭合瞬间，由于电容电压 u_C 不能跃变，电路中的电流为最大，$i = \dfrac{U_S}{R}$。此后电容电压随时间逐渐升高，直至 $u_C = U_S$，电流随时间逐渐减小，最后 $i = 0$，充电过程结束。充电过程中的电压 u_C 和电流 i 均随时间按指数规律变化。u_C 和 i 的数学表达式为

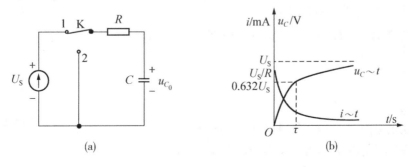

(a)　　　　　　　　　　　　(b)

图 4.7 – 1　一阶 RC 电路及其充电时电压、电流变化曲线

$$u_C(t) = U_S\left(1 - e^{-\frac{t}{RC}}\right) \tag{4.7-1}$$

$$i = \frac{U_S}{R} \cdot e^{-\frac{t}{RC}} \tag{4.7-2}$$

(4.7-1)式为 RC 电路的一阶微分方程(通常将可用一阶微分方程描述的电路称为一阶电路)。上述的暂态过程为电容充电过程,充电曲线如图4.7-1b所示。理论上要无限长的时间电容器充电才能完成,实际上当 $t = 5RC$ 时, u_C 已达到99.3% U_S ,充电过程已近似结束。

4.7.3.2   *RC* 电路的放电过程

在图4.7-1b电路中,若电容 C 已充有电压 U_S。将开关 K 向"2"闭合,电容器立即对电阻 R 进行放电。放电开始时的电流 $\frac{U_S}{R}$,放电电流的实际方向与充电时相反,放电时的电流 i 与电容电压 u_C 随时间均按指数规律衰减为零,电流和电压的数学表达式为:

$$u_C(t) = U_S e^{-\frac{t}{RC}} \tag{4.7-3}$$

$$i = -\frac{U_S}{R} e^{-\frac{t}{RC}} \tag{4.7-4}$$

式中, U_S 为电容器的初始电压。这一暂态过程为电容放电过程,放电曲线如图4.7-2所示。

在 RC 电路中,通常用 $\tau = RC$ 表示充电放电过程的时间常数, τ 的大小决定了电路充放电时间的长短。对充电而言,时间常数 τ 是电容电压 u_C 从零增长到63.2% U_S 所需的时间;对放电而言, τ 是电容电压 u_C 从 U_S 下降到36.8% U_S 所需的时间。

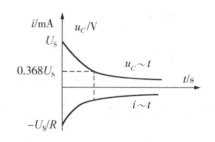

图4.7-2 RC 电路放电电压、电流变化曲线

4.7.3.3   *RC* 电路中电流和电压的波形图

在图4.7-3中,将周期性方波电压加于 RC 电路,当方波电压上升为 U 时,相当于一个直流电压源 U 对电容充电。当方波电压下降为零时,相当于电容 C 通过电阻 R 放电。图4.7-4a和图4.7-4b示出方波电压与电容电压的波形图,图4.7-4c示出电流 i 的波形图,它与电阻电压 u_R 的波形相似。

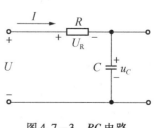

图4.7-3 RC 电路

当电源方波电压的周期 $T \gg \pi$ 时，电容器充放电速度很快，若 $u_c \gg u_R$，$u_C \approx u$，在电阻两端的电压

$$U_R = Ri \approx RC \frac{\mathrm{d}u_C}{\mathrm{d}t} \approx RC \frac{\mathrm{d}u}{\mathrm{d}t}$$

这就是说电阻两端的输出电压 u_R 与输入电压 u 的微分近似成正比，此电路即称为微分电路。u_R 的波形如图 4.7－4d 所示。当电源方波电压的周期 $T \ll \tau$ 时，电容器充放电速度很慢，又若 $u_C \ll u_R$，$u_R \approx u$，在电容两端的电压

$$U_C = \int i \frac{\mathrm{d}t}{C} = \int \left(\frac{u_R}{R} \right) \frac{\mathrm{d}t}{C} \approx \int u \frac{\mathrm{d}t}{RC}$$

这就是说电容两端的输出电压 u_C 与输入电压 u 的积分近似成正比，此电路称为积分电路。u_C 波形如图 4.7－4e 所示。

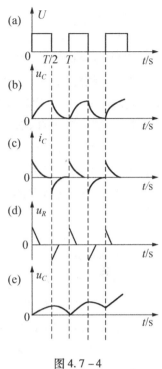

图 4.7－4

4.7.4　实验步骤

（1）测定 RC 电路充电和放电过程中电容电压的变化规律：

①实验线路如图 4.7－5a 所示，电阻 $R = 1\mathrm{k}\Omega$，电容 $C = 470\mu\mathrm{F}$，直流稳压电源 U_S 输出电压取 10V，万用表置直流电压 10V 挡，将万用表并接在电容 C 的两端。首先用导线将电容 C 短接放电，以保证电容的初始电压为零。然后，将单刀双掷开关 K 打向位置"1"，电容器开始充电，同时立即用秒表计时，读取不同时刻的电容电压 u_C，直至时间 $t = 5\tau$ 时结束。将 t 和 $u_C(t)$ 记入表 4.7－1 中。充电结束后，记下 u_C 值，再将开关 K 打向位置"2"处（可用短接桥的拔插来替代），电容器开始放电，同时立即用秒表重新计时，读取不同时刻的电容电压 u_C，也记入表 4.7－1 中。

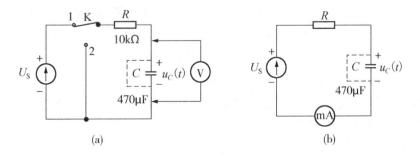

(a)　　　　　　　　　　　(b)

图 4.7－5　实验电路图

②将图 4.7 - 5a 电路中的电阻 R 换为 10kΩ，重复上述测量，测量结果记入表 4.7 - 2 中。

(2)测定 RC 电路充电过程中电流的变化规律：

①实验线路如图 4.7 - 5b，电阻 R 取 1kΩ，电容 C 取 470μF，直流稳压电源的输出电压取 10V，万用表置电流 mA 挡，将万用表串联于实验线路中。首先用导线将电容 C 短接使电容内部的电放完，再拉开电容两端连接导线的一端同时计时，记录下充电时间分别为 5s，10s，15s，20s，25s，30s，35s，40s，45s 时的电流值，将数据记录于表 4.7 - 3 中。

图 4.7 - 5b 电路中的电阻 R 换为 10kΩ，重复上述过程，测量结束记录于表 4.7 - 3 中。

(3)时间常数的测定：

①实验线路见图 4.7 - 5a，R 取 10kΩ，测量 u_C 从零上升到 63.2% U_S 所需的时间，充电时间常数 τ_1；测量 u_C 从 U_S 下降到 $36.8U_S$ 所需的时间，即放电时间常数 τ_2；将 τ_1、τ_2 记入下面空格处。($U_S = 10V$)

②实验线路见图 4.7 - 5b，取 $R = 10$kΩ，电容 C 取 10μF，实验方法同步骤①。观测电容充电过程中电流变化情况。试用时间常数的概念，比较说明 R、C 对充放电过程的影响与作用。

观测 RC 电路充放电时电流 i 和电容电压 u_C 的变化波形：

实验线路如图 4.7 - 3，阻值为 10kΩ，C 取 10μF，电源信号为频率 $f = 1000$Hz，幅度为 1V 的方波电压(也可以利用示波器本身输出的校正方波电压)。用示波器观看电压波形，电容电压 u_C 由示波器的 Y_A 通道输入，方波电压 u 由 Y_B 通道输入，调整示波器各旋钮，观察 u 与 u_C 的波形，并描下波形图。改变电阻阻值使 $R = 1$kΩ，观察电压 u_C 波形的变化，分析其原因。

观测微分和积分电路输出电压的波形：

按图 4.7 - 3 接线，取 $R = 1$kΩ，$C = 10$μF($\tau = RC = 10$ms)，电源方波电压 u 的频率为：1kHz，幅值为 1V($T = 1/1000 = 1$ms $\gg \tau$)，电容两端的电压 u_C 即为积分输出电压。将方波电压 u 输入示波器的 Y_B 通道，u_C 输入示波器的 Y_A 通道，观察并描绘 u 和 u_C 的波形图。再将图 4.7 - 5 中 R 和 C 的位置互换，取 $C = 10$μF，$R = 51$Ω($\tau = RC = 0.51$ms)，电源方波电压 u 同上($T = 1/1000 = 1$ms $\gg \tau$)，在电阻两端的电压 U_R 即为微分输出电压，将 u 输入示波器的 Y_B 通道，U_R 输入示波器的 Y_A 通道，观察并描绘 u 和 U_R 的波形图。

注意事项：

1. 本次实验中要求万用表电压档的内阻要大，否则测量误差较大，建议采用串接毫安表测量充电电路中电流的方法。

2. 当使用万用表测量变化中的电容电压时，不要换挡以保证电路的电阻值不变。

3. 秒表计时和电压/电流表读数要互相配合，尽量做到同步。

4. 电解电容器有正、负极性，使用时切勿接错。

5. 每次做 RC 充电实验前都要用导线短接电容器的两极以保证其初始电压为零。

4.7.5　数据记录与处理

(1)将实验所得数据记录到下面相应的表格中。

$R = 1\text{k}\Omega$，$C = 470\mu\text{F}$，$U_S = 10\text{V}$。

表 4.7-1　RC 一阶电路响应与研究数据记录表

t/s	0	5	10	15	20	25	30	35	40	50	60	70	80	90
u_C 充电/V														
u_C 放电/V														

$R = 10\text{k}\Omega$，$C = 470\mu\text{F}$，$U_S = 10\text{V}$。

表 4.7-2　RC 一阶电路响应与研究数据记录表

t/s	0	5	10	15	20	25	30	40	60	80	90	120	150	165
u_C 充电/V														
u_C 放电/V														

表 4.7-3　RC 充电过程中电流 i 变化数据记录表

充电时间/s	0	5	10	15	20	25	30	40	45
$R = 1\text{k}\Omega$，$C = 470\mu\text{F}$									
$R = 10\text{k}\Omega$，$C = 470\mu\text{F}$									

(2)根据表 4.7-1 和表 4.7-2 所测得的数据，以 u_C 为纵坐标，时间 t 为横坐标，画 RC 电路中电容电压充、放电曲线 $u_C = f(t)$。

(3)根据表 4.7-2 中所列的数据，以充电电流 i 为纵坐标，充电时间为横坐标，绘制 RC 电路充电电流曲线 $i = f(t)$。

①充电过程中：$63.2\% U_S = $ _____；测量 $\tau_1 = $ _____；

②放电过程中：$36.8 U_S = $ _____；测量 $\tau_2 = $ _____。

思 考 题

1. 根据实验结果，分析 RC 电路中充放电时间的长短与电路中 RC 元件参数的关系。

2. 通过实验说明 RC 串联电路在什么条件下构成微分电路、积分电路。

3. 要将方波信号转换为尖脉冲信号，可通过什么电路来实现？对电路参数有什么要求？

4. 要将方波信号转换为三角波信号，可通过什么电路来实现？对电路参数有什么要求？

实验 4.8　二阶电路的响应研究

用二阶微分方程描述的动态电路称为二阶电路。在电路形式上，通常包括电阻、电容和电感，又称为 RLC 电路，包括串联 RLC 和并联 RLC 电路。二阶电路也是电子技术和工程技术中常见的电路之一，如二阶滤波器等。

4.8.1　实验目的

1. 研究 RLC 串联电路的电路参数与其暂态过程的关系；

2. 观察二阶电路过阻尼、临界阻尼和欠阻尼三种情况下的响应波形，利用响应波形计算二阶电路暂态过程的有关参数；

3. 掌握观察动态电路状态轨迹的方法。

4.8.2　实验仪器

9 孔插件板、JK – 6 型信号源，数字万用表，电阻(10Ω，5Ω，200Ω，$1k\Omega$，$2k\Omega$)、电容($22nF$)、电感($10mH$)、双踪示波器、连接线。

4.8.3　实验原理

4.8.3.1　二阶电路

用二阶微分方程来描述的电路称为二阶方程。如图 4.8 – 1 所示的 RLC 串联电路就是典型的二阶电路。根据回路电压定律，当 $t = 0^+$ 时，电路存在如下关系：

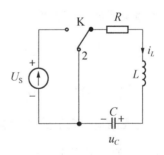

图 4.8 – 1　RLC 串联电路

$$\begin{cases} LC\dfrac{\mathrm{d}^2 u_C}{\mathrm{d}t^2} + RC\dfrac{\mathrm{d}u_C}{\mathrm{d}t} + u_C = 0 & (4.8 - 1) \\[2mm] u_C(0^+) = u_C(0^-) = U_S & (4.8 - 2) \\[2mm] \dfrac{\mathrm{d}u_C(0^+)}{\mathrm{d}t} = \dfrac{i_L(0^+)}{C} = \dfrac{i_L(0^-)}{C} & (4.8 - 3) \end{cases}$$

(4.8 – 1)式中，每一项均为电压，第一项是电感上的电压 U_L，第二项是电阻上的电压 U_R，第三项是电容上的电压 u_C，即回路中的电压之和为零。各项都是电容上电流 i_C 的函数。这里是二阶方程。(4.8 – 2)式中，由于电容两端电压不能突变，所以电容上电压 u_C 在开关接通前后瞬间都是相等的，都等于信号电压 U_S。(4.8 – 3)式中，电容上电压对时间的变化率等于电感上电流对时间的变化率，都等于零，即电容上电压不能突变，电感上电流不能突变。

4.8.3.2 二阶电路的响应

由 RLC 串联形成的二阶电路在选择了不同的参数以后，会产生三种不同的响应，即过尼状态、欠阻尼(衰减振荡)和临界阻尼三种情况。

(1)当电路中的电阻过大 $R > 2\sqrt{\dfrac{L}{C}}$ 时，称为过阻尼状态。响应中的电压、电流呈现出非周期性变化的特点。其电压、电流波形如图 4.8 - 2a 所示。

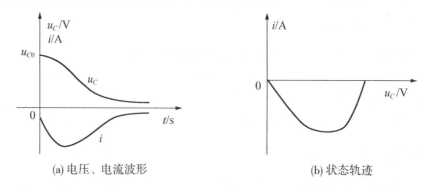

(a) 电压、电流波形　　　　　　(b) 状态轨迹

图 4.8 - 2　过阻尼状态下 RLC 串联电路输出特点

从图 4.8 - 2a 中可以看出，电流振荡不起来。图 4.8 - 2b 中所示的状态轨迹就是伏安特性。电流由最大减小到零，没有反方向的电流和电压，是因为经过电阻，能量全部被电阻吸收了。

(2)当电路中的电阻 $R < 2\sqrt{\dfrac{L}{C}}$ 时，称为欠阻尼状态。响应中的电压、电流具有衰减振荡的特点，此时衰减系数 $\delta = \dfrac{R}{2L}$。$\omega_0 = \dfrac{1}{\sqrt{LC}}$ 是在 $R = 0$ 的情况下的振荡频率，称为无阻尼振荡电路的固有角频率。在 $R \neq 0$ 时，RLC 串联电路的固有振荡角频率 $\omega' = \sqrt{W_0^2 - \delta^2}$ 将随 $\delta = \dfrac{R}{2L}$ 的增加而下降。其电压、电流波形如图 4.8 - 3a 所示。

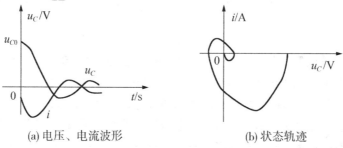

(a) 电压、电流波形　　　　　　(b) 状态轨迹

图 4.8 - 3　欠阻尼状态下 RLC 串联电路电压、电流及其状态轨迹

从图 4.8 – 3a 中可见有反方向的电压和电流。这是因为电阻较小，当过零后，有反充电的现象。

（3）当电路中的电阻适中 $R = 2\sqrt{\dfrac{L}{C}}$ 时，称为临界状态。此时衰减系数 $\delta = \omega_0$，$\omega' = \sqrt{W_0^2 - \delta^2} = 0$，暂态过程界于非周期与振荡之间，其本质属于非周期暂态过程。

4.8.4 实验步骤

将电阻、电容、电感按图 4.8 – 4 所示接线。$U_S = 1V$，$f = 2kHz$。改变电阻 R 分别使电路工作在过阻尼、欠阻尼和衰减振荡状态，测量出输出波形，进行数据计算求出衰减系数 δ、振荡频率 ω，并用示波器测量其电容上电压的波形。将波形及数据处理结果填入表 4.8 – 1。

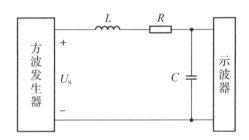

图 4.8 – 4　二阶电路实验电路图

保证电路一直处于欠阻尼状态。取三个不同阻值的电阻，用示波器测量输出波形，并计算出衰减系数，将波形和数据填入表 4.8 – 2。

表 4.8 – 1　实验数据记录与处理（$\omega_0 = \dfrac{1}{\sqrt{LC}}$）

	$L = 10mH$，$C = 0.022\mu F$，$f_0 = 1.5kHz$		
	$R_1 = 51\Omega$	$R_2 = 1k\Omega$	$R_3 = 2k\Omega$
$\delta = \dfrac{R}{2L}$			
$\omega = \sqrt{W_0^2 - \delta^2}$			
电路状态			
波形			

表 4.8 −2 RLC 二阶电路响应与研究实验数据记录表 $\left(\omega_0 = \dfrac{1}{\sqrt{LC}} \right)$

已知参数	$L = 10\text{mH}$, $C = 0.022\mu\text{F}$, $f_0 = 1.5\text{kHz}$		
已知参数	$R_1 = 10\Omega$	$R_2 = 51\Omega$	$R_3 = 200\Omega$
$\delta = \dfrac{R}{2L}$			
$\omega = \sqrt{W_0^2 - \delta^2}$			
电路状态			
波形			

思 考 题

1. RLC 串联电路的暂态过程为什么会出现三种不同的工作状态? 试从能量转换角度对其作出解释。

2. 叙述二阶电路产生振荡的条件。振荡波形如何? u_C 与电路参数 R、L、C 有何关系?

实验 4.9 非线性电路混沌效应

非线性动力学及分岔与混沌现象的研究是近二十多年来科学界研究的热门课题，已有大量论文对此进行深入的研究。混沌现象涉及物理学、数学、生物学、计算机科学、电子学、经济学等领域，应用极广泛。非线性电路混沌实验已列入新的综合大学普通物理实验教学大纲，是理工科院校新开设的倍受学生欢迎和令人关注的实验之一。

4.9.1 实验目的

1. 根据实验要求，自己搭建非线性电路混沌实验装置；
2. 用示波器观测 LC 振荡器产生的波形及经 RC 移相后的波形；
3. 用双踪示波器观测上述两个波形组成的相图(李萨如图)；
4. 改变 RC 移相器中 R 的阻值观测相图周期的变化，观测倍周期分岔、阵发混沌、三倍周期、吸引子(混沌)和双吸引子(混沌)现象，分析混沌产生的原因。

4.9.2 实验仪器

9 孔插件板、交流电源、数字万用表、整流二极管、集成双运放(LF353)、电阻(100Ω，$1k\Omega$，$2k\Omega$，$10k\Omega$)、电容器($22nF$，$0.1\mu F$，$470\mu F$)、电感线圈、电位器(200Ω，$1k\Omega$)、双踪示波器、连接线。

4.9.3 实验原理

4.9.3.1 实验电路

该实验电路如图 4.9 - 1 所示。其中 NR 是有源非线性负电阻，它等效于图 4.9 - 2 电路。它的 $I - V$ 曲线如图 4.9 - 3 所示。C_1、C_2 是电容，L 是电感，$G\left(G = 1/Rv = \dfrac{1}{W_1 + W_2}\right)$ 是可变电导。实验中通过改变电导值实现改变参数的目的。

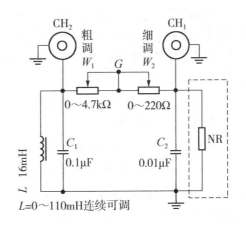

图 4.9 - 1 非线性电路混沌实验

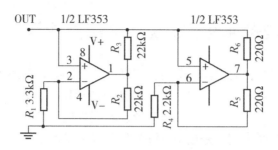

图 4.9 - 2　非线性负阻性元件 NR 电路

4.9.3.2　非线性元件

　　非线性元件的实现方法有许多种。这里使
用的是 Kennedy 在 1993 年提出的方法，他的线
路很简单，是用两个运算放大器和六个电阻来
实现的。其电路图如图 4.9 - 2 所示。它的特性
曲线如图 4.9 - 3 所示。由于我们研究的只是元
件的外部效应，即其两端电压及流过电路电流
的关系。因此，在允许的范围内，完全可以把
它看成一个黑匣子。也可以利用电流或电压反

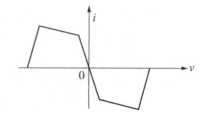

图 4.9 - 3　非线性电路的三段伏安曲

位相等技术来实现负阻特性，这里就不多讨论了。负阻的实现是为了产生振荡。非
线性的目的是为了产生混沌等一系列非线性现象。其实，我们很难说哪一个元件是
绝对线性的，这里特意去做一个非线性的元件只是为了使非线性现象更加明显。

4.9.3.3　其他元件

　　因为在这里只是作定性的讨论，所以实验对元件要求并不太高。一般来说，电
容与电感的误差允许 ≤10%。由于实验是靠调节电导 $G(G = 1/R_v)$ 来观测的，而实
验中的非线性现象对电导的变化很敏感，因此建议在保证调节范围的前提下提高可
调的精度，以便观测到尽可能好的曲线。可使用配对的、无电感性的电阻器，在适
当的条件下也可以将电阻器并联来提高调节的精度，达到缓慢调节的目的。

4.9.3.4　示波器

　　示波器用来观测非线性现象的波形。通过示波器进行 CH_1，CH_2 处波形的合成，
可以更加明显地观察到非线性的各种现象，并对此有一个更感性的认识。图 4.9 - 4
是在示波器屏幕观察到的倍周期分岔图形：1P、2P 和 4P 的图形，其他曲线请同学
自己观察。

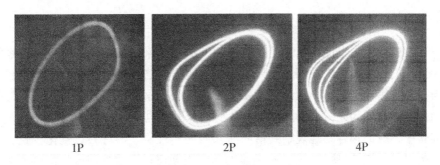

图 4.9 - 4 示波器屏幕上观察到部分倍周期分岔图形

4.9.4 实验内容

4.9.4.1 实验现象的观察

(1)按图 4.9 - 5、图 4.9 - 6 连接电路,仔细调节 R_7、R_8,用双踪示波器从 CH_1、CH_2 处接入,观察电路混沌效应。

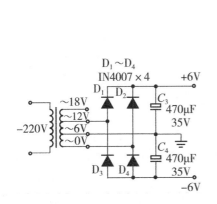

图 4.9 - 5 自组正负直流电源

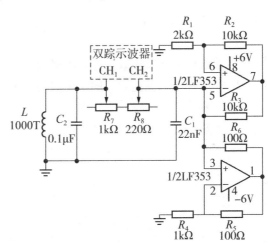

图 4.9 - 6 电路混沌效应实验电路图

(2)将示波器功能调至 $CH_1(x)$、$CH_2(y)$ 波形合成挡,调节可变电阻器 W_1、W_2 的阻值,我们可以从示波器上观察到一系列现象。最初仪器刚打开时,电路中有一个短暂的稳态响应现象。这个稳态响应被称作系统的吸引子。这意味着系统的响应部分虽然初始条件各异,但仍会变化到一个稳态。在本实验中对于初始电路中的微小正负扰动,各对应于一个正负的稳态。当电导继续平滑增大到某一值时,我们发现响应部分的电压和电流开始周期性地回到同一个值,产生了振荡。这时我们就说,我们观察到了一个单周期吸引子。它的频率决定于电感与非线性电阻组成的回路的特性。

(3)再增加电导时，我们就观察到了一系列非线性的现象，先是电路中产生了一个不连续的变化：电流与电压的振荡周期变成了原来的二倍，也称分岔。继续增加电导，我们还会发现二周期倍增到四周期、四周期倍增到八周期……如果精度足够，当我们连续地越来越小地调节时就会发现一系列永无止境的周期倍增，最终在有限的范围内会成为无穷周期的循环，从而显示出混沌吸引的性质。

实验中，我们很容易地观察到倍周期和四周期现象。再有一点变化，就会导致一个单漩涡状的混沌(吸引子)，较明显的是三周期窗口。观察到这些窗口表明我们得到的是混沌的解，而不是噪声。在调节的最后，我们看到吸引子突然充满了原本两个混沌吸引子所占据的空间，形成了双漩涡混沌吸引子。由于示波器上的每一点对应着电路中的每一个状态，出现双混沌吸引子就意味着电路在这个状态时，相当于电路处于最初的那个响应状态，最终到达哪一个状态完全取决于初始条件。

在实验中，尤其需要注意的是，由于示波器的扫描频率不符合的原因，当分别观察每个示波器输入端的波形时，可能无法观察到正确的现象。这时需要仔细分析。可以通过使用示波器的不同的扫描频率挡来观察现象，以期得到最佳的图像。

思 考 题

1. 非线性电路混沌效应产生的机理。
2. 非线性电路混沌效应的实际应用。

实验 4.10　反馈放大 – 阻容耦合放大电路

4.10.1　实验目的

1. 加深理解反馈放大电路的工作原理及负反馈对放大电路性能的影响;
2. 学习反馈放大电路性能的测量与测试方法。

4.10.2　实验仪器

9 孔插件板、直流稳压电源、数字万用表、低频信号源、电阻(2kΩ)、反馈放大电路模块、双踪示波器、连接线。

4.10.3　电路原理

实验电路为阻容耦合的两级放大电路,如图 4.10 – 1 所示。在电路中引入由电阻 R_{F_2} 和电位器 R_{F_1} 组成的电压负反馈电路。引入负反馈的放大电路,实验电器性能可以得到改善。其中: $R_{F_1} = 1kΩ$, $R_W = 150kΩ$, $C_2 = C_3 = 0.47μF$, $C_7 = C_8 = 0.01μF$, $C_1 = 10μF/25V$, $C_{E_1} = C_{E_2} = 47μF/25V$, $R'_{E_1} = R'_{E_2} = 10Ω$, $R_{F_2} = 51Ω$, $R'_{C_1} = R''_{F_1} = 120Ω$, $R_{C_2} = R_S = R''_{E_2} = 470Ω$, $R_{B_{22}} = 1kΩ$, $R_{B_{21}} = 1.5kΩ$, $R_{B_1} = 10kΩ$, $T_1 = T_2 = 9013(β = 1)$, 外接负载电阻 $R_L = 2kΩ$。

4.10.4　实验内容与步骤

(1)按照电路原理图选用 "FB715/01 反馈放大电路"模块,熟悉 4.10 – 1 电路图,并仔细观察元件安装位置后,细心认真连接电路。电路连接方法:取一根导线,一端连接直流稳压电源" + 12V"的输出端,另一端连线图 4.10 – 1 的" + 12"接口;电路中"0V"接口连接直流稳压电路的接地端(GND)。注意:线路经检查无误后,方可闭合电源开关。

(2)测定静态工作点。将电路 D 端接地,AB 不连线,R_W 调到中间

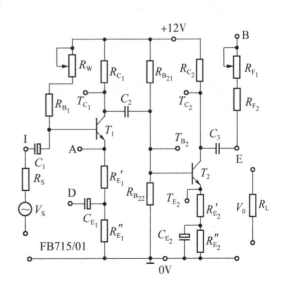

图 4.10 – 1　FB715/01 反馈放大电路模块

合适位置。输入端接入信号源,令 $V_i = 20\text{mV}$, $f = 1\text{kHz}$, 调 R_w 使输出电压 V_o 为最大不失真(V_i 尽量最大,也可增大输入信号)正弦波后,撤出信号源,输入端(I)接地,用万用表测量表 4.10 – 1 中各直流电位(对地)。

(3)测量基本放大电路的性能。将 D 端接地,AB 不连接(即无负反馈的情况),R_{F_1} 调到中间位置。

①测量基本放大电路的放大倍数 A_V。令 $V_i = 20\text{mV}$, $f = 1\text{kHz}$, 不接 R_L, 用毫伏表/示波器测量 V_o 记入表 4.10 – 2,并用公式 $A_V = \dfrac{V_o}{V_i}$ 求取电压放大倍数 A_V。

②测量基本放大电路的输出电阻 R_o。仍令 $V_i = 20\text{mV}$, $f = 1\text{kHz}$, 接入负载电阻 $R_L = 2\text{k}\Omega$, 测输出电压 V_o' 并记入表 4.10 – 2 中。则

$$R_o = \frac{V_o - V_o'}{V_o'} R_L = \left(\frac{V_o}{V_o'} - 1 \right) RL$$

式中,V_o 是未接负载电阻 R_L 时的输出电压,V_o' 是接负载电阻 R_L 后的输出电压。设接负载 R_L 后的电压放大倍数为 A_V', 则 $A_V' = \dfrac{V_o'}{V_i}$。

③观察负反馈对波形失真的改善。拆下负载电阻 R_L, 当 AB 不连线时,令 V_i 值增大,从示波器上看输出电压的波形失真;而当 AB 连线时,在同样大的 V_i 值下,波形则不失真。

④测量基本放大电路的输入电阻 R_i。在电路的输入端接入 $R_S = 470\Omega$, 把信号发生器的两端接在 V_S 两端,加大信号源电压使放大电路的输入信号仍为 20mV(即用毫伏表测 I 端和接地端的电压仍为 20mV),测量此时信号源电压 V_S, 并记录于表 4.10 – 2 中。则

$$R_i = \frac{V_i}{V_S - V_i} R_S$$

(4)测定反馈放大电路的性能,将 AB 连线,即为反馈放大电路:

①测量反馈放大电路的放大倍数 A_{VF}。与上同,令 $V_i = 20\text{mV}$, $f = 1\text{kHz}$, 不接 R_L, 测量 V_{oF}, 并记入表 4.10 – 2 中,并用公式 $A_{VF} = \dfrac{V_{oF}}{V_i}$, 求取电压放大倍数 A_{VF}。

②测量反馈放大电路输出电阻 r_{oF}。

仍令 $V_i = 20\text{mV}$, $f = 1\text{kHz}$, 接入 $R_L = 2\text{k}\Omega$, 用毫伏表测量输出电压 V_{oF}' 记入表 4.10 – 2 中,并用公式 $r_{oF} = (V_{oF}/V_{oF}' - 1) R_L$, 来计算 r_{oF}, 用 $A_{VF}' = V_{oF}'/V_i$ 求取 A_{VF}'。

③测量反馈放大电路输入电阻 r_{iF}。与上同,在电路输入端接入 $R_S = 470\Omega$, 把信号发生器的两端接在 V_S 两端,加大信号源电压使放大电路的输入信号仍为 20mV,测量此时信号源电压 V_{SF}, 并记入表 4.10 – 2 中。则 $r_{iF} = \dfrac{V_i}{V_{SF} - V_i} R_S$。

4.10.5 实验数据记录与处理

表 4.10-1

测量项目	V_{E1}	V_{C1}	V_{B2}	V_{E2}	V_{C2}
测量数据					

表 4.10-2

测量电路	测量项目				计算项目			
基本放大电路 （无反馈）	V_i	V_o （不接 R_L）	V'_o （接 R_L）	V_S （接 R_S）	A_V （不接 R_L）	A'_V （接 R_L）	R_i	R_o
	20mV $f=1$kHz							
反馈放大电路 （AB 连接）	V_i	V_{oF}	V'_{oF}	V_{SF}	A_{VF}	A'_{VF}	r'_{iF}	r_{oF}
	200mV $f=1$kHz							

思 考 题

1. 总结电压串联负反馈对放大电路性能的影响，包括输入电阻、输出电阻、放大倍数及波形失真的改善等。

实验 4.11　弗兰克 – 赫兹实验

　　1913 年丹麦物理学家玻尔在卢瑟福原子核模型的基础上，结合普朗克量子理论提出了原子能级的概念并建立了原子模型理论，成功地解释了原子的稳定性和原子的线状光谱。该理论指出，原子处于稳定状态时不辐射能量，当原子从高能态（能量 E_m）向低能态（能量 E_n）跃迁时才辐射能量，辐射能量满足 $\Delta E = E_m - E_n$。对于外界提供的能量，只有满足原子跃迁到高能级的能级差，原子才吸收并跃迁，否则不吸收。

　　1914 年德国物理学家弗兰克和赫兹用慢电子穿过汞蒸气的实验，测定了汞原子的第一激发电位，从而证明了原子分立能态的存在。后来他们又观测了实验中被激发的原子回到正常态时所辐射的光，测出的辐射光的频率很好地满足了玻尔理论。弗兰克 – 赫兹实验的结果为玻尔理论提供了直接证据。

　　玻尔因其原子模型理论获得 1922 年诺贝尔物理学奖，而弗兰克与赫兹的实验也于 1925 年获得诺贝尔物理学奖。

4.11.1　实验目的

1. 学习测量原子的第一激发电位的方法；
2. 通过实验证实原子能级的存在；
3. 研究影响充气电子管阳极电流的因素，分析其机理。

4.11.2　实验仪器

电子管综合实验仪。

4.11.3　实验原理

　　根据玻尔的原子理论，原子只能较长久地停留在一些稳定的状态下，简称"定态"。原子在定态时既不发射能量也不吸收能量，各定态的能量是分立的，也就是处于不同的能级上，原子只能吸收或辐射相当于各能级之间差值的能量。原子从一个定态跃迁到另一个定态时将发生能量的发射或吸收，发射或吸收的能量辐射的频率也是一定值，其辐射频率 ν 决定于 $h\nu = \Delta E = E_m - E_n$，$h$ 为普朗克常数。则有

$$\nu = \frac{E_m - E_n}{h} \qquad (4.11-1)$$

　　要使原子状态改变，必须有一外部能量对原子作用，轰击原子以便使之获得能量产生跃迁。弗兰克 – 赫兹实验就是通过加速电子，使具有一定能量的电子与原子碰撞进行能量交换而实现原子能态的改变。

弗兰克－赫兹实验原理（如图 4.11 – 1 所示），充氩气的电子管中，K 为阴极，A 为阳极，G_1、G_2 分别为第一、第二栅极。

阴极 K、栅极 G_1、栅极 G_2 之间加正向电压，为电子提供能量。V_{G_1K} 的作用主要是消除空间电荷对阴极电子发射的影响，提高发射效率。栅极 G_2、阳极 A 之间加反向电压 V_{G_2A}，形成拒斥电场。

电子从热阴极 K 发出，在 K—G_2 区间获得能量，在 G_2—A 区间损失能量。如果电子进入 G_2—A 区域时动能大于或等于 eV_{G_2A}，就能到达阳极形成阳极电流 I_A。

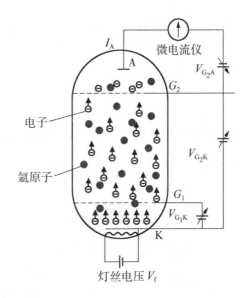

图 4.11 – 1　弗兰克－赫兹实验原理图

电子在不同区间的情况：

在 K—G_1 区间，电子迅速被电场加速而获得能量；在 G_1—G_2 区间，电子继续从电场获得能量并不断与氩原子碰撞。当其能量小于氩原子第一激发态与基态的能级差 $\Delta E = E_2 - E_1$ 时，氩原子基本不吸收电子的能量，碰撞属于弹性碰撞；当电子的动能达到 ΔE，则可能在碰撞中被氩原子吸收这部分能量，这时的碰撞属于非弹性碰撞。ΔE 称为临界能量。在 G_2—A 区间，电子克服拒斥电场力做功损失能量。若电子进入此区间时的动能小于 eV_{G_2A} 则不能到达阳极。

由此可见，电子经过从 K 到 G_2 加速后，若 $eV_{G_2K} < \Delta E$，则电子带着 eV_{G_2K} 的能量进入 G_2—A 区域。随着 eV_{G_2K} 的增加，越来越多的电子具有足够的能量克服拒斥电场作用到达阳极，电流 I_A 增加（如图 4.11 – 2 中 Oa 段）。

若 $eV_{G_2K} = \Delta E$ 之后，随着 V_{G_2K} 增大，电子能量被氩原子吸收 ΔE 的概率逐渐增加，剩下的动能不能克服拒斥电压，阳极电流逐渐下降（如图 4.11 – 2 中 ab 段）。

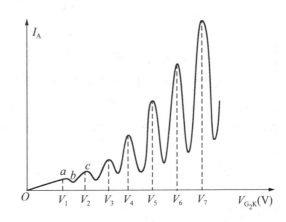

图 4.11 – 2　弗兰克－赫兹实验 V_{G_2K} – I 曲线

继续增大 V_{G_2K}，电子碰撞后的剩余能量也增加，到达阳极的电子又会逐渐增多

（如图 4.11 -2 中 bc 段）。

若 $eV_{G_2K} > n\Delta E$，则电子在进入 G_2—A 区域之前可能 n 次被氩原子碰撞而损失能量。阳极电流 I_A 随加速电压 V_{G_2K} 变化曲线就形成 n 个峰值，如图 4.11 -2 所示。凡是在

$$V_{G_2K} = nV_0 \tag{4.11 - 2}$$

处阳极电流就会相应下跌。相邻峰值之间的电压差 V_0 称为氩原子的第一激发电位。氩原子第一激发态与基态间的能级差

$$\Delta E = eV_0 \tag{4.11 - 3}$$

4.11.4　实验内容

测量原子（以下以氩原子为例）的第一激发电位。通过 I_A - V_{G_2K} 曲线，观察原子能量量子化情况，并求出氩原子的第一激发电位。

本电子管综合实验仪弗兰克 - 赫兹实验模块分为自动、手动两种模式，其中自动模式获得的实验数据，连接示波器后，可以在示波器上复现 I_A - V_{G_2K} 曲线。

注意事项：

弗兰克 - 赫兹实验参数的设置，请参照黑色盒上的参数表进行设置，不要超范围设置。由于弗兰克 - 赫兹管使用过程中的衰老，每只管子的最佳状态会发生变化，有经验的使用者可参照原参数在下列范围内重新设定标牌参数：

　　　灯丝电压：DC 0—6.3V

　　　第一栅压：V_{G_1K}：DC 0—5V

　　　第二栅压：V_{G_2K}：DC 0—85V

　　　拒斥电压：V_{G_2A}：DC 0—12V

4.11.4.1　自动模式下测量

①按照图 4.11 -1 连接好实验电路，接通电源。

②主机启动后，在弗兰克 - 赫兹实验主菜单中点击"左边第一栏"进行参数设置，设置以下参数：灯丝电压 $V_f \approx 2.7V$，第一栅极电压 $V_{G_1K} \approx 1.0V$，拒斥电压 $V_{G_2A} \approx 9V$。

③预热 3min，点击弗兰克 - 赫兹实验主菜单的"自动模式 V_{G_2K}"，开始进行"自动模式"实验，仪器控制 V_{G_2K} 从 0 到 85V 以 0.2V 的步距绘制 I_A - V_{G_2K} 曲线，并将实验数据保存。

④注意观察屏上曲线形态，若曲线削峰，应适当降低灯丝电压 V_f；若削谷，则应适当降低拒斥电压 V_{G_2A}。重新开始，直到绘制出包括 6 个完好峰和谷的 I_A - V_{G_2K} 曲线。

⑤在弗兰克 – 赫兹实验主菜单，点击右边"下一页"进行数据查询。屏幕上列出最近一次自动模式测量的数据，在数据列表中找到电流 I_A 的每一个峰值和谷值，记录极值电流对应的拒斥电压 V_{G_2K} 填入表 4.11 – 1。

4.11.4.2　手动模式下测量（作为自动模式的替换方法，根据教学目的选择）

①按照图 4.11 – 1 连接好实验电路，接通电源。

②主机启动后，在弗兰克 – 赫兹实验主菜单中点击"左边第一栏"进行参数设置，设置以下参数：灯丝电压 $V_f \approx 2.7V$，第一栅极电压 $V_{G_1K} \approx 1.0V$，拒斥电压 $V_{G_2A} \approx 9V$。

③点击弗兰克 – 赫兹实验主菜单的" +0.2"，仪器即进入手动模式。

每点击" +0.2V"按钮 V_{G_2K} 增加 0.2V，同时窗口内逐点描绘出 I_A – V_{G_2K} 曲线，下方表格中显示电压 V_{G_2K}、阳极电流 I_A 值。每点击" +1V"按钮 V_{G_2K} 增加 1V。" +1V"按钮是为了快速调节 V_{G_2K} 和寻峰。

注意观察屏上曲线形态，若曲线削峰，应适当降低灯丝电压 V_f；若削谷，则应适当降低拒斥电压 V_{G_2A}（需要返回到主菜单进行参数设置调节）。重新测量，直到绘制出包括 6 个完好的峰和谷的 I_A – V_{G_2K} 曲线。

V_{G_2K} 步距 0.2V，不一定正好测得曲线的极大值或极小值。用测得的数据绘出光滑曲线能更准确找到极值点。在每个极值点记录邻近 7 组数据填入表 4.11 – 2，以绘制阳极电流曲线的各个峰和谷。

4.11.4.3　研究各电压对 I_A – V_{G_2K} 曲线的影响

（1）拒斥电压 V_{G_2A} 的影响：

①进入自动模式，设置灯丝电压 $V_f \approx 2.7V$，第一栅极电压 $V_{G_1K} \approx 1.0V$，拒斥电压 $V_{G_2A} \approx 6V$。

②绘制出完整 I – V_{G_2K} 曲线，返回数据查询，记录各峰谷对应的 V_{G_2K} 填入表 4.11 – 3。

③分别调节拒斥电压 $V_{G_2A} \approx 9V$、11V，重复步骤②。

④分析不同拒斥电压下曲线峰、谷对应的 V_{G_2K} 有何变化，有何规律。

（2）第一栅极电压的影响：

①设置灯丝电压 $V_f \approx 2.7V$，第一栅极电压 $V_{G_1K} \approx 1.0V$，拒斥电压 $V_{G_2A} \approx 9V$。

②进入自动模式，点击"自动 V_{G_2K}"按钮，即开始绘制曲线。

③绘制完整曲线后，将第一栅极电压 V_{G_1K} 设置成 2V，重新开始绘制曲线。此时，比较之前绘制的曲线与新绘制的曲线的差异，分析 V_{G_1K} 对曲线有何影响。

（3）阴极灯丝电压的影响：

①设置灯丝电压 $V_f \approx 2.7V$，第一栅极电压 $V_{G1K} \approx 1.0V$，拒斥电压 $V_{G2A} \approx 9V$。

②进入自动模式，点击"自动 V_{G2K}"按钮，开始绘制曲线。

③绘制完整曲线后，将灯丝电压 V_f 设置成2.8V重新开始绘制曲线。比较前后两条曲线的差异，分析灯丝电压 V_f 对曲线的影响。

注意事项：

1. 实验开始前连接线路及实验后拔除线路时，请勿触碰线路金属部分，避免高压对身体造成伤害。

2. 灯丝电压不要超过3V，避免阳极电流超过量程。

4.11.5 数据记录与处理

4.11.5.1 自动模式测量

表4.11-1 自动模式 $I-V_{G2K}$ 曲线峰、谷电压记录

序号 i	1	2	3	4	5	6	$V_{i+3}-V_i$/V	平均值
峰 V_{G2K}/V								
谷 V_{G3K}/V								

由表4.11-1中峰、谷电压值用逐差法计算第一激发电势，其平均值 $\overline{V}_0 = \underline{\quad}$ （V）。

与氩原子第一激发电势公认值 $U_0 = 11.55$（V）比较，相对误差为 $\underline{\qquad}$。

4.11.5.2 手动模式测量

表4.11-2 手动模式阳极电流 I_A 极值点附近数据记录

i	1		2		3		4		5		6	
量	V_{G2K}/V	I_A/nA	V_{G2K}/V	I_A/nA	V_{G2K}/V	I_A/nA	V_{G2K}/V	I_A/nA	V_{G2K}/V	I_A/nA	V_{G2K}/V	I_A/nA
峰												

（续表 4.11 - 2）

i	1		2		3		4		5		6	
量	V_{G_2K}/V	I_A/nA	V_{G_2K}/V	I_A/nA	V_{G_2K}/V	I_A/nA	V_{G_2K}/V	I_A/nA	V_{G_2K}/V	I_A/nA	V_{G_2K}/V	I_A/nA
谷												

思 考 题

1. 为什么 $I_A - V_{G_2K}$ 曲线呈周期性变化？

2. 如果 $I_A - V_{G_2K}$ 曲线出现削峰，应该如何调节？如果出现削谷，又应该如何调节？

3. 分别改变灯丝电压 V_f、第一栅极电压 V_{G_1K}、拒斥电压 V_{G_2A}，对 $I_A - V_{G_2K}$ 有何影响？为什么？

实验4.12　金属逸出功实验

金属中存在大量的自由电子，但电子在金属内部所具有的能量低于在外部所具有的能量，因而电子逸出金属时需要给电子提供一定的能量，这部分能量称为电子逸出功。

逸出功（功函）是金属材料基本属性之一。金属逸出功是电子器件研究或技术中的重要参数，如发光二极管（LED）和太阳能电池等。研究金属材料的逸出功等物理性质，不仅能提高金属材料在电子技术中的应用效果，而且能加深对微观原子结构的了解，特别是对修正相关原子结构理论和计算方法具有重要意义。

4.12.1　实验目的

1. 用里查逊直线法测定金属钨的电子逸出功；
2. 学习数据处理的方法。

4.12.2　实验仪器

电子管综合实验仪。

4.12.3　实验原理

4.12.3.1　热电子发射测量电子逸出功的基本原理

根据固体物理学中金属电子理论，金属中的传导电子按能量的分布遵从费米－狄拉克分布。即

$$f(E) = \frac{dN}{dE} = \frac{4\pi}{h^3}(2m)^{\frac{3}{2}}E^{\frac{1}{2}}\left(e^{\frac{E-E_F}{kT}} + 1\right)^{-1} \qquad (4.12-1)$$

式中，E_F 称为费米能级。

在绝对零度时，电子的能量分布如图4.12－1曲线1所示。这时电子所具有的最大能量为 E_F。当温度升高时电子的能量分布曲线如图4.12－1曲线2所示。其中，能量较大的少数电子具有比 E_F 更高的能量，其数量随能量的增加呈指数减少。

通常情况下，由于金属表面

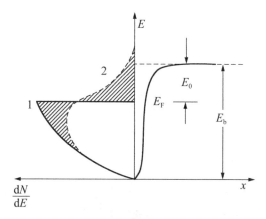

图4.12－1　金属传导电子能量分布

与外界(真空)之间存在一个势垒 E_b，所以电子要从金属表面逸出必须至少具有能量 E_b。从图 4.12 - 1 可见，在绝对零度时电子逸出金属至少需要从外界得到的能量为

$$W = E_b - E_F = e\varphi \qquad (4.12 - 2)$$

W(或 $e\varphi$)称为金属电子的逸出功，其常用单位为电子伏特(eV)，它表征处于绝对零度的金属中具有最大能量的电子逸出金属表面所需要给予的能量。φ 称为逸出电位，其数值等于以电子伏特为单位的电子逸出功大小。

　　真空二极管的阴极(用被测金属钨丝做成)通以电流加热以提高阴极温度，温度的升高改变了金属钨丝内电子的能量分布，使动能大于 E_F 的电子增多，使动能大于 E_b 的电子数达到可观测的大小，使从金属表面发射出来的热电子达到可检测的数目。因此在阳极 A 未加正电压(图中 $U_A = 0$)时，连接两个电极的外电路中也将会检测到有热发射电流 I(称为零场电流)通过。此零场电流强度 I 由理查逊 - 热西曼公式确定，有

$$I = AST^2 e^{-\frac{e\varphi}{kT}} \qquad (4.12 - 3)$$

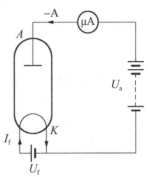

图 4.12 - 2　热电子发射电路图

式中，A 是和阴极表面化学纯度有关的系数(单位为 A·m^{-2}·K^{-2})，S 为阴极的有效发射面积(单位为 m^2)，T 为发射热电子的阴极的绝对温度(单位为 K)，k 为玻尔兹曼常数。它就是热电子发射测量电子逸出功的基本原理公式。此式显示出电子逸出功($e\varphi$)对热电子发射的强弱有着决定性作用。将 (4.12 -3)式两边除以 T^2 再取对数，得

$$\lg \frac{I}{T^2} = \lg AS - \frac{e\varphi}{2.30kT} = \lg AS - 5.04 \times 10^3 \varphi \frac{1}{T} \qquad (4.12 - 4)$$

此式显示 $\lg \dfrac{I}{T^2}$ 与 $\dfrac{1}{T}$ 成线性关系。如以 $\lg \dfrac{I}{T^2}$ 为纵坐标，$\dfrac{1}{T}$ 为横坐标作图，由直线斜率即可求出电子的逸出电势 φ 和电子逸出功 $e\varphi$。这样的数学处理方法叫理查逊直线法。

4.12.3.2　零场电流 I 的测量

　　在热电子不断从阴极射出飞向阳极过程中形成空间电荷。空间电荷的电场阻碍后续的电子飞往阳极。这就严重地影响零场电流的测量。为了克服空间电荷电场的影响，使电子一旦逸出就能迅速飞往阳极，不得不在阳极和阴极之间加一个加速场 E_a。但是，E_a 的存在又会产生肖脱基效应，使阴极表面的势垒 E_b 降低，电子逸出功减小，发射电流变大，因而测量得到的电流是在加速电场 E_a 的作用下的阴极表面发射电流 I_a，而不是零场电流 I。可以证明，零场电流 I 与 I_a 的关系为

$$I_a = I e^{\frac{0.439\sqrt{E_a}}{T}} \qquad (4.12 - 5)$$

对上式取对数，曲线取直，有

$$\lg I_a = \lg I + \frac{0.439\sqrt{E_a}}{2.30T} \qquad (4.12-6)$$

通常把阴极和阳极做成共轴圆柱形，忽略接触电位差和其他影响，则阴极表面加速电场可表示为 $E_a = \dfrac{U_a}{r_1\ln(r_2/r_1)}$，其中 r_1 和 r_2 分别为阴极和阳极的半径，U_a 为阳极电压。把 E_a 代入上式得

$$\lg I_a = \lg I + \frac{0.439}{2.30T}\frac{1}{\sqrt{r_1\ln(r_2/r_1)}}\sqrt{U_a} \qquad (4.12-7)$$

此式是测量零级电流的基本公式。对于一定尺寸的二极管，当阴极的温度 T 一定时，$\lg I_a$ 和 $\sqrt{U_a}$ 成线性关系。如果以 $\lg I_a$ 为纵坐标、以 $\sqrt{U_a}$ 为横坐标作图，这些直线的延长线在 $U_a=0$ 处与纵坐标的交点为 $\lg I$。然后求其反对数就可求出在一定温度下的零场电流 I。

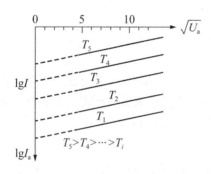

图 4.12-3　外推法求零场电流

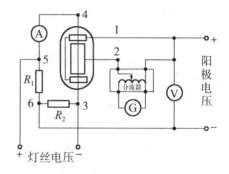

图 4.12-4　实验电路图

4.12.4　实验内容

连接好实验电路，接通电源。调节理想二极管灯丝电流 I_f，在 $0.6 \sim 0.7\text{A}$ 之间每隔 0.025A 进行一次测量。对于每一灯丝电流，预热 $3 \sim 5\text{min}$，对应温度按照 $T = 900 + 1430\,I_f$ 求得（如果阳极电流 I_a 偏小或偏大，也可适当增加或降低灯丝电流 I_f）。对应每一灯丝电流，在阳极上依次加上 25V，36V，49V，64V，81V，100V，121V，144V 电压，各测出一组阳极电流 I_a 填入表 4.12-1。

注意事项：

1. 实验开始前连接线路及实验后拔除线路时，勿触碰线路金属部分，避免高压对身体造成伤害；因实验过程中可能长期处于高压状态，故机箱温度较高，实验数据采集结束后应及时降压或关闭试验仪，同时注意降温。

2. 实验所有电子管因生产原因性能不会完全一致，故不同电子管相同灯丝电流

灯丝温度可能不相同，所逸出电子数值不会完全一致。可用多个电子管实验计算平均值以减小误差。

4.12.5　数据记录与处理

（1）将实验数据记录于下表：

表 4.12 – 1　不同灯丝电流 I_f 和阳极电压 U_a 对应的阳极电流 I_a 值（单位：mA）

U_a I_f	16V	25V	36V	49V	64V	81V	100V

（2）根据表 4.12 – 1 中的数据作出 $\lg I_a - \sqrt{U_a}$ 图线。直线的截距即为（4.12 – 6）式中的 $\lg I$，由此可得在不同阴极温度时的零场热电子发射电流 I。

3. 将图 4.12 – 3 中各温度下的直线截距填入表 4.12 – 2，作出 $\lg \dfrac{I}{T^2} - \dfrac{1}{T}$ 图线。

表 4.12 – 2　$\lg\left(\dfrac{I}{T^2}\right) - \dfrac{1}{T}$ 图线相关数据

I_f/A					
T/K					
$\lg I/mA$					
$1/T$ $(10^{-4}K^{-1})$					
$\lg\left(\dfrac{I}{T^2}\right)$					

（4）根据 $\lg \dfrac{I}{T^2} — \dfrac{1}{T}$ 直线斜率，求电子逸出电势，并代入（4.12 – 4）式求出金属钨的电子逸出功，并与公认值 4.54 eV 比较，计算相对误差。

实验 4.13 磁致伸缩效应的研究

19 世纪，焦耳发现磁性材料(如铁、镍、钴以及它们的合金等)的磁化状态发生改变时，其外观尺寸会发生微小的改变，这称为磁致伸缩。磁致伸缩效应在工业和军事领域有重要的应用，如利用磁致伸缩效应制造的超精密机床微进给机构具有可达纳米级精度、响应速度快等优点。另外稀土超磁致伸缩材料已成功应用于军事的尖端产品，如美国已成功地将其应用于舰艇水下声纳探测系统以及导弹发射控制装置等。

磁致伸缩效应一般非常微弱，如何观测微米级甚至是纳米级的这种效应？本实验利用迈克尔逊干涉仪系统测量这一微小的伸缩变化。实验通过干涉环的"冒"与"缩"非常清晰地将磁致伸缩效应表现出来，其伸缩量可根据干涉环变化的多少，环的"冒出"或"缩进"多少精确地进行判断和测量。

4.13.1 实验目的

1. 研究磁致伸缩系数与磁场强度的关系；
2. 熟练使用和调整迈克尔逊干涉仪。

4.13.2 实验仪器与装置

如图 4.13 – 1 为实验仪主机，由激光器、反射镜 M_1、反射镜 M_2、励磁线圈、干涉显示屏、稳压直流电源等组成。

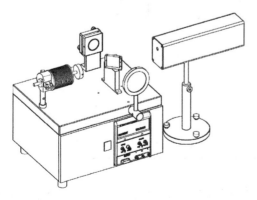

图 4.13 – 1 实验仪主机

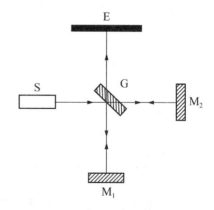

图 4.13 – 2 实验仪工作原理

4.13.3　实验原理

4.13.3.1　测量原理

本实验的实验原理与实验 4.2 迈克尔逊干涉仪的原理相似。如图 4.13 - 2 所示，从光源 S 发出的一束光射向分光板 G，分光板 G 一面镀半透膜，光束在半透膜面上反射和透射，分成互相垂直的两束光。这两束光分别射向互相垂直的固定反射镜 M_1 和移动反射镜 M_2。经 M_1、M_2 反射后，又汇于分光板 G，最后光束朝着 E 方向射出，在 E 处就能观察到清晰的干涉条纹。移动反射镜 M_2 与圆柱形试棒紧密相连，改变螺线管电流，磁场强度发生变化，试棒长度出现微量改变（伸长或缩短或不变），这一微量变化导致干涉条纹变化，再利用干涉条纹的变化量来确定试棒的伸缩量。

4.13.3.2　磁致伸缩系数

磁性材料被磁化时，其各个方向的长度将会发生微小的变化（伸长或缩短 Δl），这种现象称为磁致伸缩。不同的磁性物质磁致伸缩的长度形变是不同的，通常用磁致伸缩系数 $\lambda = \dfrac{\Delta l}{l}$（即相对伸长量，$l$ 为原长）表征形变的大小，$\lambda > 0$ 表示伸长，$\lambda < 0$ 表示缩短。磁致伸缩系数大致在 $10^{-6} \sim 10^{-3}$ 范围内，对于多数铁磁质来说，它们的磁致伸缩系数一般为 $10^{-6} \sim 10^{-5}$ 的数量级，近几年来发现了某些材料的磁致伸缩系数 λ 在低温下可以达到 10^{-1} 数量级。研究表明，磁致伸缩系数与磁体的磁化过程有关，当磁体磁化至饱和时，λ 也趋近一饱和值 λ_m。在温度不变的条件下，磁致伸缩系数为磁场强度 H 的单值函数，即

$$\lambda = f(H) \qquad\qquad (4.13 - 1)$$

实验中，磁场由通电螺线管产生，所以磁场强度可以表示为

$$H = kI \qquad\qquad (4.13 - 2)$$

k 为与螺线管结构、几何尺寸等有关的量，单位为 m^{-1}。

4.13.4　实验内容与步骤

4.13.4.1　粗调

①将仪器各组件按图 4.13 - 2 放置在坚实平整的实验平台上以保持实验全过程稳定、可靠。

②测试棒拆装。松开螺线管架锁紧螺钉，将整个螺线管旋转 90°，松开测试棒锁紧螺钉取出测试棒。旋下反光镜，将反光镜装到待测测试棒上。将待测测试棒插进螺线管并锁紧测试棒锁紧螺钉。将螺线管转回原位，拧紧螺线管架锁紧螺钉。

③目视检查所有调节螺钉是否处在中间位置，如果不是，将它们调整到中间位

置以便此后的调整和固定。

④检查并调整 M_1 到 G 分光面之间的距离大致与 M_2 到 G 分光面之间的距离相等。如果不等，可松开测试棒锁紧螺钉前后移动测试棒。

4.13.4.2 几何调整

几何调整是通过调整光路中各光学元器件相对几何位置以获得可观察的干涉条纹。

开启激光器，将扩束镜移开，激光从激光器前小孔射出，调整激光器方位使激光束经 G 中心反射到 M_1 中心，调整 M_1 镜架后调节螺丝使光束原路返回并与激光器前端小孔重合。再调整从 G 射向 M_2 中心光束使反射光到达 G 时恰好与 M_1 的反射光相遇。此时，从光屏 E 处观察可以看到两个系统的光点。细调 M_1 镜架后两调节螺丝，并选取最大最亮的两个光点严格重合。此时 M_1 和 M_2 镜面基本垂直。将扩束镜移入光路中，调整上下左右位置，使其共轴。这时在屏上可观察到干涉条纹。

4.13.4.3 测量

①开启直流电源，将电压旋钮调至最大，将电流旋钮调至最小，将电源接入螺线管。将镍测试棒装入螺线管，根据上面几何调整调出干涉条纹。逐步加大电流记录下圈数与电流值于表格 4.13－1。

②将铁测试棒装入螺线管，重复以上操作，并将数据记录于表格 4.13－2。

4.13.5 实验数据记录与处理

根据迈克尔逊干涉仪波长计算公式 $\lambda = \dfrac{2\Delta l}{m}$，$\lambda$ 为已知 He-Ne 激光器波长 632.8nm，m 为干涉条纹"吞进"或"吐出"变化数，可求出测试棒的磁致伸缩量 Δl；磁致伸缩系数为 $\Delta l/l$ 填入下表。

表 4.13－1 镍测试棒磁致伸缩实验数据

电流/A	干涉环圈数	测试棒伸缩量 $\Delta l/$ m	磁致伸缩系数 $\Delta l/l$

表 4.13 −2　铁测试棒磁致伸缩实验数据

电流/A	干涉环圈数	测试棒伸缩量 $\Delta l/m$	磁致伸缩系数 $\Delta l/l$

　根据表 4.13 −1 和表 4.13 −2 的数据，以电流为横坐标，样品伸缩量为纵坐标作曲线。

实验4.14 磁性材料居里点与磁滞回线测量

4.14.1 实验目的

1. 用示波器观测铁磁材料的磁化和退磁过程；
2. 测绘样品的基本磁化曲线，绘 $B-H$ 曲线、$\mu-H$ 曲线；
3. 测绘样品的磁滞回线，测定样品的 H_c、B_r、B_m 等参数；
4. 测定铁磁材料样品的居里点温度；
5. 根据样品的磁滞回线，估算其磁滞损耗。

4.14.2 实验仪器

HLD-CZJ-Ⅱ型磁性材料居里点与磁滞回线测量实验仪。

4.14.3 实验原理

4.14.3.1 铁磁材料的磁化

铁磁材料是一种性能特异、用途广泛的材料。铁、钴、镍及其众多合金以及含铁的氧化物(铁氧体)均属铁磁材料。其特征是在外磁场作用下能被强烈磁化，故磁导率 μ 很高；另一特征是磁滞特性，即磁化场作用停止后，铁磁质仍保留一定磁化状态。

如果在由电流产生的磁场中放入铁磁材料，则磁场将明显增强，此时铁磁材料中的磁感应强度比单纯由电流产生的磁感应强度增大百倍甚至千倍。铁磁材料内部的磁场强度 H 与磁感应强度 B 有如下关系：

$$B = \mu H \qquad (4.14-1)$$

对于铁磁材料而言，磁导率 μ 并非常数，而是随 H 的变化而改变的物理量，即 $\mu = f(H)$ 为非线性函数。所以如图 4.14-1 所示，μ 与 H、B 与 H 都是非线性关系。

铁磁材料的磁化过程为：其未被磁化时的状态称为去磁状态，这时若在铁磁材料上加一个由小到大的磁化场，则铁磁材料内部的磁场强度 H 与磁感应强度 B 也随之变大，其 $B-H$ 变化曲线如图 4.14-1 所示。但当 H 增加到一定值(H_s)后，B 几

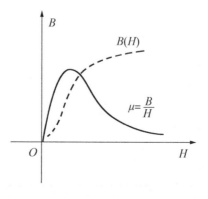

图4.14-1 $B-H$ 曲线和 $\mu-H$ 曲线

乎不再随 H 的增加而增加，说明磁化已达饱和。从未磁化到饱和磁化的这段磁化曲线称为材料的起始磁化曲线，如图 4.14 – 2 中的 OS 曲线所示。

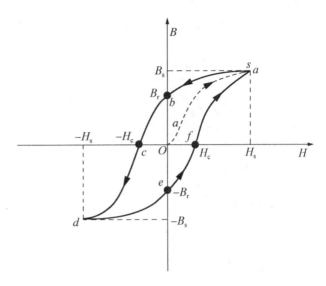

图 4.14 – 2　起始磁化曲线与磁滞回线

4.14.3.2　磁滞回线

当铁磁材料的磁化达到饱和之后，如果将磁化场减小，则铁磁材料内部的 B 和 H 也随之减小，但其减小的过程并不沿着磁化时的 OS 段退回。从图 4.14 – 2 可知当磁化场撤消，$H=0$ 时（图中 b 点），磁感应强度仍然保持一定数值 $B=B_r$，称为剩磁（剩余磁感应强度）。

若要使被磁化的铁磁材料的磁感应强度 B 减小到 0，必须加上一个反向磁场并逐步增大，当铁磁材料内部反向磁场强度增加到 $H=-H_c$ 时（图 4.14 – 2 中的 c 点），磁感应强度 B 才是 0，达到退磁。图 4.14 – 2 中的 bc 段曲线称为退磁曲线，H_c 称为矫顽力。如图 4.14 – 2 所示，当 H 按 $O \to H_s \to O \to -H_c \to -H_s \to O \to H_c \to H_s$ 的顺序变化时，B 相应沿 $O \to B_s \to B_r \to O \to -B_s \to -B_r \to O \to B_s$ 顺序变化。图中的 Oa 段曲线称起始磁化曲线，上述变化过程所形成的封闭曲线 $abcdefa$ 称为磁滞回线。由上可得以下结论：

（1）当 $H=0$ 时，$B \neq 0$，这说明铁磁材料还残留一定值的磁感应强度 B_r，通常称之为剩磁。

（2）若要使铁磁材料完全退磁，即 $B=0$，必须加一个反方向磁场 $-H_c$。这个磁场强度 H_c，称为该铁磁材料的矫顽力。

（3）B 的变化始终落后于 H 的变化，即 H 减为 0 时 B 不为 0，H 反向到一定值时 B 才为 0。这称为磁滞现象。

（4）由磁滞回线的图像可知，对应 H 的某一数值，铁磁材料内的 B 值可能不同，B 值与铁磁材料过去的磁化经历有关。

（5）当从初始状态 $H=0$、$B=0$ 开始周期性地改变磁场强度的值时，在磁场由弱到强地单调增加过程中，可以得到面积由小到大的一族磁滞回线，如图 4.14 – 3 所示。其中最大面积的磁滞回线称为饱和磁滞回线。

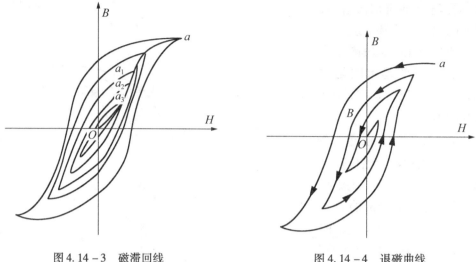

图 4.14 - 3   磁滞回线   图 4.14 - 4   退磁曲线

（6）由于铁磁材料磁化过程的不可逆性及具有剩磁的特点，在测定磁化曲线和磁滞回线时，首先必须将铁磁材料预先退磁，以保证外加磁场 $H = 0$ 时 $B = 0$；其次，磁化电流在实验过程中只允许单调增加（直到双向饱和）或减少，不能时增时减。在理论上，要消除剩磁 B_r，只需通一反向磁化电流使外加磁场正好等于铁磁材料的矫顽力即可。实际上，矫顽力的大小通常并不知道，因而无法确定退磁电流的大小。我们从磁滞回线得到启示，如果先使铁磁材料磁化达到磁饱和，然后不断改变磁化电流的方向，与此同时逐渐减少磁化电流的幅值，直到为 0（即磁化电流为减幅交流电流）。则该材料的磁化过程中就是一连串逐渐缩小而最终趋于原点的环状曲线，如图 4.14 - 4 所示。当 H 减小到 0 时，B 亦同时降为 0，达到完全退磁。

实验表明，经过多次反复磁化后，$B - H$ 的量值关系形成一个稳定的闭合的"磁滞回线"。通常以这条曲线来表示该材料的磁化性质。这种反复磁化的过程称为"磁锻炼"。本实验使用交变电流，所以每个状态都经过了充分的"磁锻炼"，随时可以获得磁滞回线。

我们把图 4.14 - 3 中原点 O 和各个磁滞回线的顶点 a_1，a_2，…，a 所连成的曲线称为铁磁材料的基本磁化曲线。不同的铁磁材料其基本磁化曲线是不相同的。为了使样品的磁特性可以重复出现，也就是指所测得的基本磁化曲线都是由原始状态（$H = 0$，$B = 0$）开始，在测量前必须进行退磁，以消除样品中的剩余磁性。

在测量基本磁化曲线时，每个磁化状态都要经过充分的"磁锻炼"，否则得到的 B—H 曲线为起始磁化曲线，两者不可混淆。

4.14.3.3   示波器显示 $B - H$ 曲线的原理

实验线路如图 4.14 - 5 所示。本实验研究的铁磁材料（待测样品）为 EI 型硅钢片，N 为初级励磁绕组，n 为用来测量磁感应强度 B 而设置的次级测量绕组。R_1 为励磁电流取样电阻，把电流转换为电压。设通过 N 的交流励磁电流为 i_1。根据安培环路定律，样品的磁化场强为

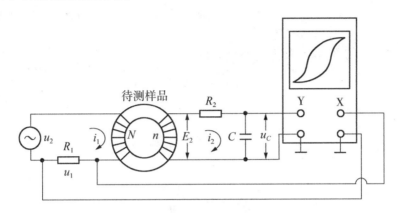

图 4.14 – 5　实验线路

$$H = \frac{Ni_1}{L} \tag{4.14 – 2}$$

式中，L 为样品的平均嗞路长度。因为 $i_1 = \dfrac{u_1}{R_1}$，所以

$$H = \frac{Ni_1}{L} = \frac{N}{LR_1}u_1 \tag{4.14 – 3}$$

(4.14 – 2)式中的 N、L、R_1 均为已知常数，所以由 u_1 可确定 H。

在交变磁场下，样品的磁感应强度瞬时值 B 是测量绕组 n 和 R_2、C_2 电路给定的，根据法拉第电磁感应定律，由于样品中的磁通 φ 的变化，在测量线圈中产生的感生电动势的大小为

$$\varepsilon_2 = n\frac{\mathrm{d}\varphi}{\mathrm{d}t}$$

$$\varphi = \frac{1}{n}\int \varepsilon_2 \mathrm{d}t$$

$$B = \frac{\varphi}{S} = \frac{1}{nS}\int \varepsilon_2 \mathrm{d}t \tag{4.14 – 4}$$

S 为样品的截面积。

如果忽略自感电动势和电路损耗，则回路方程为

$$\varepsilon_2 = i_2 R_2 + u_c$$

式中，i_2 为感生电流，u_c 为积分电容 C 两端电压。设在 Δt 时间内，i_2 向电容 C 的充电电量为 Q，则

$$u_C = \frac{Q}{C} \tag{4.14-5}$$

所以，

$$\varepsilon_2 = i_2 R_2 + \frac{Q}{C} \tag{4.14-6}$$

如果选取足够大的 R_2 和 C 使 $i_2 R_2 \gg \dfrac{Q}{C}$，则

$$\varepsilon_2 = i_2 R_2 \tag{4.14-7}$$

因为

$$i_2 = \frac{\mathrm{d}Q}{\mathrm{d}t} = C \frac{\mathrm{d}u_C}{\mathrm{d}t} \tag{4.14-8}$$

所以

$$\varepsilon_2 = C R_2 \frac{\mathrm{d}u_C}{\mathrm{d}t} \tag{4.14-9}$$

由 (4.14-4)、(4.14-9) 两式可得：

$$B = \frac{CR_2}{nS} u_C \tag{4.14-10}$$

上式中 C、R_2、n 和 S 均为已知常数，所以由 u_C 可确定 B。

综上所述，$u_1(u_H)$ 和 $u_C(u_B)$ 分别加到示波器的"X 输入"和"Y 输入"便可观察样品的动态磁滞回线；接上数字电压表则可以直接测出 $u_1(u_H)$ 和 $u_C(u_B)$ 的值，即可绘制出 $B-H$ 曲线，通过计算可测定样品的饱和磁感应强度 B_s、剩磁 B_r、矫顽力 H_c、磁滞损耗 (B_H) 以及磁导率 μ 等参数。

在满足上述条件下，u_C 振幅很小，不能直接绘出大小适合需要的磁滞回线。为此，需将 u_C 经过示波器 Y 轴放大器增幅后输至 Y 轴偏转板上。这就要求在实验磁场的频率范围内，放大器的放大系数必须稳定，不会带来较大的相位畸变。事实上示波器难以完全达到这个要求，因此在实验时经常会出现如图 4.14-6 这样的畸变。观测时将 X 轴输入选择"AC"挡，Y 轴输入选择"DC"挡，并选择合适的 R_1 和 R_2 的阻值及信号源幅度则可避免这种畸变，得到最佳磁滞回线图形。

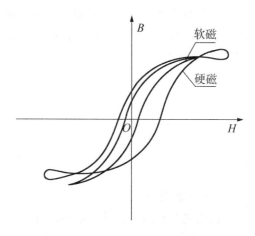

图 4.14-6 由电路引起的图形畸变

这样，在磁化电流变化的一个周期内，在示波器屏上将描出一条完整的磁滞回线。适当调节示波器 X 轴和 Y 轴增益，再由小到大调节信号发生器的输出电压即可在屏上观察到由小到大扩展的磁滞回线图形。逐次记录其正顶点的坐标，并在坐标纸上把它连成光滑的曲线，就得到样品的基本磁化曲线。

4.14.3.4　居里点及其测量

铁磁材料显示出铁磁性的微观机理，主要与两个因素相关。其一，铁磁材料的磁性主要来源于电子自旋磁矩；其二，在常温下的铁磁性物质中，存在大量自发磁化的微观区域，称为磁畴。那么，磁畴是怎么形成的？又是如何受外磁场作用的呢？现代物理理论认为，相邻的电子之间存在着非常强的交换耦合作用，这个相互作用促使电子的自旋磁矩平行排列起来，形成一个个自发磁化达到饱和状态的微小区域，这些区域的体积约为 $10^{-12} \sim 10^{-8} \mathrm{m}^3$，这就是磁畴。在外磁场为 $0(H=0)$ 且材料没有被磁化时（即退磁状态），不同磁畴的取向各不相同且各个方向的概率相等，因此铁磁材料内部任一宏观区域的平均磁矩等于零，铁磁材料不显磁性$(B=0)$；当有外磁场的作用时，不同磁畴的方向趋于转向外磁场的方向，任一宏观区域的平均磁矩不再为零$(B \neq 0)$，且随着外磁场的增大而增大（铁磁材料被磁化了），当外磁场增大到某一数值时，所有磁畴沿外磁场方向排列，任何宏观区域的平均磁矩达到最大值，即磁化达到了饱和。由上述过程可看出，铁磁材料磁化是所有电子自旋磁矩的叠加，这使铁磁材料的磁化显现出很强的磁性，铁磁材料的磁导率 μ 远远大于顺磁材料的磁导率。

在外磁场减弱乃至消失的过程中，热运动效应会使各磁畴方向恢复杂乱，材料磁性减弱乃至消失（退磁）。但由于材料中杂质和内应力等因素影响，磁畴方向并不会完全恢复，从而造成了铁磁材料的剩磁和磁滞特性。

铁磁材料被磁化后具有很强的磁性，但这种磁性与温度是有关的。随着铁磁物质温度的升高，金属点阵热运动的加剧会影响磁畴磁矩的排列，此时物质仍具有磁性，只是平均磁矩随温度的升高而减小。而当与 kT 成正比的热运动大到足以破坏磁畴的结构时，磁畴被瓦解，材料的铁磁性消失变为顺磁质，相关的一系列铁磁质特性（如高磁导率、磁滞回线、磁致伸缩等）全部消失，相应的磁导率转化为顺磁质的磁导率，从远远大于 1 变为约等于 1。与铁磁性消失时所对应的温度叫作居里点温度，简称居里点，用符号 T_C 表示。

测量铁磁材料居里点的方法通常有两种：一是观察磁滞回线随温度升高发生的变化，当接近居里点时，磁滞回线面积变小、曲线变直，当回线刚好消失时对应的温度就是居里点；二是测绘磁导率随温度变化的曲线，从曲线图中找出居里点。由于磁导率不容易直接测量，可以通过测量感应电动势随温度变化的曲线得到居里点，具体方法及分析如下：

在磁环上分别绕线圈 N、n，并在 N 线圈上通激励电流，则 n 线圈上感应电动势的有效值为

$$\varepsilon_{eff} = 4.44fn\phi_m \qquad (4.14-11)$$

式中，f 为频率；n 为线圈匝数；4.44 为仪器常数；ϕ_m 为最大磁通。

$$\phi_m = B_m \cdot S \qquad (4.14-12)$$

S 为磁环的截面积；B_m 为最大磁感应强度，即磁感应强度正弦变化的幅值。

又因为

$$H = \frac{B}{\mu} \qquad (4.14-13)$$

μ 是磁导率，在 SI 制中单位为 H/m。把 (4.14-12)、(4.14-13) 式代入 (4.14-11) 式，得

$$\varepsilon_{eff} = 4.44fnS\mu H_m \qquad (4.14-14)$$

H_m 是磁场强度的幅值，当激励电流稳定成正弦变化，则 H_m 恒定。即得

$$\varepsilon_{eff} \propto \mu \qquad (4.14-15)$$

铁磁材料的 μ 通常高达 10^3 数量级，而顺磁材料 $\mu \approx 1$，所以温度升高到居里点 T_C 附近时，感应电动势会急剧下降。

显然，我们完全可用测出的 $\varepsilon_{eff}-T$ 曲线来确定温度 T_C。具体地说，在 $\varepsilon_{eff}-T$ 曲线斜率最大处作切线，其与横坐标轴相交的一点即为 T_C，如图 4.14-7 所示。这是因为在居里点时，铁磁材料的磁性发生突变，所以要在斜率最大处作切线。又因为接近居里点时，铁磁性已基本转化为顺磁性，故 $\varepsilon_{eff}-T$ 曲线不可能与横坐标轴相交。

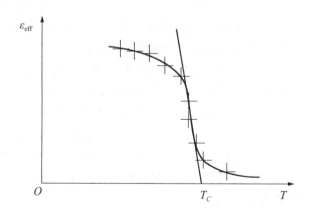

图 4.14-7　测量感应电动势随温度变化曲线确定居里点

4.14.3.5　磁滞损耗及其测量

在铁磁材料反复磁化（磁化-退磁-反向磁化-退磁-磁化）的过程中，$B-H$ 的变化形成磁滞回线。材料内部的磁畴发生微观的物理运动，可以理解为分子的刚

性转动。在不停的反复运动中会有以下外在表现：

（1）磁化方向的改变会引起材料晶格间距的变化，从而使材料的尺寸发生改变，这称为磁致伸缩效应。典型的磁致伸缩导致的长度变化为 10^{-5} 数量级。

（2）反复磁化过程中励磁电源需不停做功，传递的能量最终以热的形式耗散掉。这部分因磁滞特性耗散的能量叫作磁滞损耗。

在反复磁化一个周期内，每个单位体积磁芯的磁滞损耗等于磁滞回线所包围的面积。软磁材料的磁滞回线狭窄，其 B_r 和 H_C 很小，磁滞损耗相对较小，适合做电机、变压器、电感器中的铁芯材料；硬磁材料的 B_r 和 H_C 很大，适合制作永磁体，其磁滞回线宽大，磁滞损耗相对较高，不适合用于交流电路中。总之，频率越高，磁通密度越大，磁滞回线所包围的面积越大，磁滞损耗就越大。

理论上在一个磁化周期内单位体积磁芯的磁滞损耗 W 等于磁滞回线所包围的面积，即

$$W = \oint_{\text{磁滞曲线}} B \mathrm{d}H \qquad (4.14-16)$$

单位是 $\mathrm{T \cdot A/m = J/m^3}$。

实验中难以获得 $B-H$ 函数的准确形式来进行上述计算。可以将示波器上观察到的磁滞回线尽量准确地描绘在坐标纸上，通过相应电压 u_y、u_x 的值计算坐标轴上 B 和 H 的值，然后通过数小方格数量的方法估算磁滞回线的面积，从而估算出材料的磁滞损耗。

4.14.4　实验内容

（1）观察 EI 型硅钢片（变压器铁芯）样品在 50 Hz 交流信号下的磁滞回线图形。

①先选择样品 2 进行实验。参照图 4.14-5 的线路按图 4.14-8 所示进行连接，取样电阻 R_1 的选择开关置于 0 ~ 10Ω 挡，多挡开关挡位置于 6Ω 左右，R_2 的选择开关置于 10 kΩ，积分电容 C 选择 10 μF。

②调示波器显示工作方式为 $X-Y$ 方式，即图示仪方式。

③示波器 X 输入为 AC 方式，测量采样电阻 R_1 的电压。

④示波器 Y 输入为 DC 方式，测量积分电容 C 的电压。

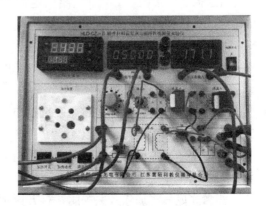

图 4.14-8　实验仪器面板接线图

⑤接通示波器和实验平台的电源，信号源输出频率调到50Hz，幅度先调为0V。此时示波器上应显示居中的亮点。调节信号源幅度旋钮逐渐增加磁化电流使示波器显示出磁滞回线直至Y轴上B值缓慢增加达到饱和。改变示波器上X、Y灵敏度使示波器显示出典型美观的磁滞回线图形。如不在中间，可调节示波器的X、Y位移旋钮使图形清晰、匀称、居中。

⑥调节信号源幅度旋钮逐渐减少磁化电流，观察磁滞回线由大变小直至缩成一点，此为退磁过程。

（2）测绘铁磁材料的基本磁化曲线和饱和磁滞回线。

①在直角坐标纸上以$X(H)$为横坐标，以$Y(B)$为纵坐标建立坐标系，原点位于纸的中央，坐标纸刻度与示波器屏幕上的刻度形成对应关系（为了图线清楚可适当放大比例）。

②从0开始逐渐增加磁化电流使磁滞回线由小到大直至饱和，选择10个适当的点停下来，读取它们的X、Y坐标值记入表4.14-1，并把磁滞回线的正端点位置描记在坐标纸上，平滑地连接这些点即得到基本磁化曲线。

③在同一坐标系里先描点再连线，描绘出完整的饱和磁滞回线。注意几个关键值B_s、B_r、H_c的坐标要尽量准确。记录示波器X、Y轴灵敏度的值（V/DIV），示波器的灵敏度在上述实验过程中必须保持不变。

（3）选择样品3重复上述实验步骤，信号频率和R_1、R_2、C的值同上，同样得到其基本磁化曲线和饱和磁滞回线。

（4）通过观察磁滞回线消失时的温度测定居里点。

①电路连接：将居里点探测样品的探头端插入加热井，插头端插入面板上样品1的航空插座，按图4.14-5所给的电路图连接线路，并选择$R_1=51\Omega$，$R_2=1k\Omega$，$C=0.33\mu F$，信号源频率为30kHz，幅度$16V_{p-p}$。U_H和U_B分别接示波器的"X输入"和"Y输入"，地为公共端。

②打开实验仪和示波器电源开关。此时面板上加热开关为关闭状态，适当调节示波器，在屏幕上显示磁滞回线。

③将加热开关打开，加热速度选择快。通过表头预设温度80℃，对样品进行预热，稳定后在表头进行设置以5°为一个步进值对样品进行加热，在此过程中注意观察示波器上的磁滞回线，记下磁滞回线消失时（变为一条单线）显示的温度值，此即测量到的居里点温度。

测量完成后将加热开关关闭，打开降温风扇使加热井降温。如时间允许，可以在温度降至低于刚刚测得的居里点温度10°时（此时又出现磁滞回线）再次加热，再测量一次，取两次的平均值作为测量结果。

（5）通过测量感应电动势随温度变化的关系曲线测定居里点。

①测量线路连接和参数设定同上，可以不接示波器，将 U_B 接至电压表输入。

②室温时，设置温度为低于上面测得的居里点温度 15℃，打开加热开关使之升温，等待其稳定，重复 5°一个步进对样品加热。

③在加热井升温过程中观察电压表数值变化，并将不同温度时的感应电动势的值记入表格。

注：(4)、(5) 两个内容可以同时进行，在一次升温过程中完成两种方法的居里点测定。样品 1 配有 3 个居里点不同的探头，可酌情选用(实验推荐使用 95℃、135℃ 的样品以节约实验时间，也可避免高温烫手)。

注意事项：

(1)实验加热时不要直接触碰加热装置及探头前端，小心烫手。

(2)实验完成后应打开风扇给仪器降温，等加热装置冷却后再关闭电源。

4.14.5 实验数据记录与处理

(1)铁氧体基本磁化曲线的测绘：

在示波器荧光屏上调出美观的磁滞回线，在测量铁氧体的基本磁化曲线时，先将样品退磁，然后从零开始不断增大电流，记录各磁滞回线顶点的 X 和 Y 值，直至达到饱和。

表 4.14 -1　铁氧体基本磁化曲线的测量

示波器 X 轴灵敏度 S_X ＿＿＿＿＿V/DIV ，示波器 Y 轴灵敏度 S_Y ＿＿＿＿＿V/DIV 。

$U_H = S_X \times X$ (在示波器上显示的格数) ， $U_B = S_Y \times Y$ (在示波器上显示的格数) 。

序号	X/格	U_H/V	H/ A/m	Y/格	U_B/V	B/mT	μ/ H/m
1							
2							
3							
4							
5							
6							
7							
8							
9							
10							

通过 U_H 和 U_B 的计算，代入公式计算 H 与 B 的值，再算出 $\mu = B/H$。根据计算数据可以描画出样品的基本磁化曲线($B-H$ 曲线)和 $\mu-H$ 曲线。

（2）动态磁滞回线的描绘：

在示波器上调出美观的磁滞回线，测出磁滞回线不同点所对应的格数，然后将数据填入表 4.14 −2。每个 X 方向上的坐标读数对应上下 2 个 Y 坐标读数（饱和后并为 1 个），参考表中数据记录，在曲线斜率较大处数据点应当密一些。

表 4.14 −2

X（格）	…	−2.6	−2.4	−2.2	−2.0	−1.8	−1.6	−1.2	−0.8	−0.4	0
Y_1（格）											
Y_2 格）											
X（格）	0.4	0.8	1.2	1.6	1.8	2.0	2.2	2.4	2.6	…	
Y_1（格）											
Y_2（格）											

在坐标纸上绘出动态磁滞回线。

①记录得到矫顽力 H_C 在示波器上显示 _____ 格；

②剩磁 B_r 在示波器上显示 _____ 格；

③饱和磁感应强度 B_m 在示波器上显示 _____ 格。

（3）参数计算：

根据上面记录数据得到：

示波器 X 轴灵敏度 S_X _____ V/DIV，示波器 Y 轴灵敏度 S_Y _____ V/DIV。

矫顽力 $H_C = \dfrac{N}{L}I = \dfrac{NS}{LR_1} \times \mathrm{DIV}_{H_C}$。

剩磁 $B_r = \dfrac{R_2 C S_Y}{nS} \times \mathrm{DIV}_{B_r}$。饱和磁感应强度 $B_m = \dfrac{R_2 C S_Y}{nS} \mathrm{DIV}_{B_m}$。

EI 型磁芯样品（样品 2、3）参数如下：平均磁路长度 $L = 60\mathrm{mm}$，横截面积 $S = 80\mathrm{mm}^2$，励磁绕组匝数 $N = 50$，磁感应强度 B 的测量绕组匝数 $n = 150$。

（4）测定样品 1 的居里点：

表 4.14 −3　通过示波器直接观测磁滞回线消失时所对应的温度值

次数	1	2	3	平均值
$T_C/℃$				

表 4.14 – 4　样品在不同温度下的感应电动势

$T/℃$								
U_B/mV								
$T/℃$								
U_B/mV								

用计算机处理数据：样品温度与感应电动势分别填入 EXCEL 表格，将填入的数据插入平滑的散点图，画出散点图曲线斜率最大处的切线，切线与横坐标的交点的横坐标值即为样品的居里点。

人工作图方法同上。

将通过两种不同方法得出的居里点温度进行比较。

附录　仪器使用说明

实验仪为箱式一体化模块结构，只需外配双踪示波器、少量附件如样品探头、信号连接线就可以完成本实验。实验者还可以利用仪器上的模块进行设计性或创新性实验探索。仪器面板见图 4.14 – 8。

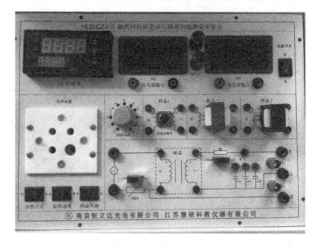

本仪器标配 5 个实验样品，其中样品 1a、1b、1c 为探头式，方便放入加热井中测定居里点。磁芯材料为铁氧体，居里点分别大致为 95℃、135℃、155℃。样品 2、3 为

图 4.14 – 8　仪器面板图

变压器式，固定在面板上，实验时直接连线即可，磁芯材料为 EI 型硅钢片。

仪器操作说明如下：

(1)样品连线和电容器选择连线为细插线，有红黑两种颜色；信号源、电压表连线为粗插线，黑色插孔为接地孔。连接示波器请用双头 Q5 电缆线。

(2)R_1 的选择开关打在左边为 $0 \sim 10\Omega$ 档，由其上方的 10 挡位旋转开关决定阻值；R_1 的选择开关打在右边为 51Ω 档。R_2 的选择开关打在左边为 $10k\Omega$ 档，打在右边为 $1k\Omega$ 档。

(3)信号源调节方法。转动幅度调节旋钮，左旋减小右旋增大信号幅度，调节的同时显示屏上自动显示幅度值(峰峰值)，停止调节后延时显示几秒后切换到频率显示。转动频率调节旋钮，左旋减小右旋增大当前位的频率值，自动加减进位。切换当前位的方法是：按动该旋钮，切换次序为"百分位—十分位—个位—十位—百位—百分位"如此循环，转动旋钮即可判断当前位(本实验只需要用到个位、十位和百位)。

(4)PID 控温仪的使用。控温仪有上、下两行温度显示和上、下、左、设置(SET)4 个键。上行显示加热井内当前实时温度，下行显示设定温度。调节设定温度的方法：按设置键进入设置状态，按左键选择当前位，按上、下键加减当前位数值。

实验 4.15　核磁共振原理及其应用探索

核磁共振谱（Nuclear Magnetic Resonance，简称 NMR）又称核磁共振成像（Magnetic Resonance Image，简称 MRI），是原子核吸收电磁波后，从一个自旋能级跃迁到另一个自旋能级而产生的波谱。这一吸收辐射频谱的范围落在射频区，即无线电辐射频率的范围。

4.15.1　实验目的

1. 掌握核磁共振的基本原理和稳态核磁共振技术；
2. 学习利用核磁共振校准磁场；
3. 学习测量 ^1H 核的基本核参数。

4.15.2　实验仪器

核磁共振实验仪。

核磁共振实验仪如图 4.15－1 所示。它由永久磁铁、扫场线圈、试样管（包括电路盒和样品盒）、射频震荡器、射频接收器及记录仪组成。

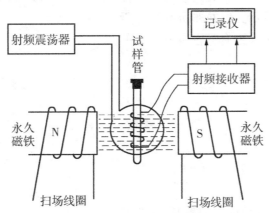

图 4.15－1　连续波核磁共振实验仪

永久磁铁：对永久磁铁的要求是具有较强的磁场、足够大的均匀区和均匀性好。

射频震荡器：用于产生射频辐射。

扫场线圈：用来产生一个幅度在 $10^{-5} \sim 10^{-3}$ T 的可调交变磁场用于观察共振信号。

试样管：本实验提供的样品为水（掺有三氯化铁）。

试样管由电路盒和样品盒组成。在样品盒中液态样品装在玻璃管中，固体样品做成棍状。在玻璃管或棍状样品上绕有线圈，这个线圈就是一个电感 L。将这个线圈插入磁场中，线圈的取向与磁场 B 垂直。这个线圈可以兼做探测共振信号的线圈，共振信号经由接收器和放大器输出到示波器及记录仪。

4.15.3 实验原理

核磁共振是重要的物理现象，核磁共振技术在物理、化学、生物、临床诊断、计量科学等众多领域得到重要应用。1945 年以美国科学家洛赫和珀塞尔为首的两个研究小组分别观察到水、石蜡中质子的核磁共振信号，为此在 1952 年获得诺贝尔物理学奖。在改进核磁共振技术方面做出重要贡献的瑞士科学家恩斯特在 1991 年获得诺贝尔化学奖。此后，在 2002 年，维特里希因发现利用核磁共振谱测定溶液中生物大分子的三维结构而获得诺尔贝化学奖。在 2003 年，劳特伯与曼斯菲尔德因在磁共振成像方面的贡献而获得诺贝尔医学或生理学奖。核磁共振谱图能够直接提供样品中某一特定原子的各类化学状态或物理状态，并得出它们各自的定量数据。

4.15.3.1 原子核的磁矩

核磁共振研究的对象是具有磁矩（μ）的原子核。原子核是由带正电荷的质子和不带电的中子组成的粒子，其自旋运动将产生磁矩，如图 4.15 – 2 所示。但并非所有同位素的原子核都具有磁矩，只有存在自旋运动的原子核才具有磁矩。

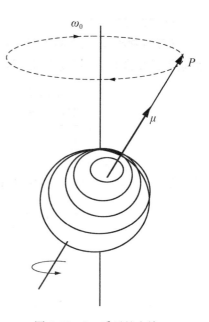

原子核的自旋运动与自旋量子数 I 有关。量子力学和实验均证明，I 与原子的质量数 A、核电荷数 Z 有关。I 为零、半整数、整数。

A 为偶数，Z 为偶数时，$I = 0$，如 $^{12}C_6$，$^{16}O_8$，$^{32}S_{16}$ 等。

A 为奇数，Z 为奇数或者偶数时，I 为半整数。如 $^{1}H_1$，$^{13}C_6$，$^{17}N_7$，$^{19}F_9$ 等，$I = 1/2$。

A 为偶数，Z 为奇数时，I 为整数。如 $^{2}H_1$，$^{14}N_7$ 等，$I = 1$。

图 4.15 – 2　质子的自旋

$I \neq 0$ 的原子核，都具有自旋现象，其自旋角动量 P

$$P = \frac{h \sqrt{I^2 + 1}}{2\pi} \qquad (4.15 – 1)$$

式中，h 为普朗克常数。

具有自旋角动量的原子核有磁矩 μ，μ 与 P 的关系如下：

$$\mu = \gamma \cdot P \qquad (4.15-2)$$

γ 为磁旋比。

同一种核，γ 为一常数。如 ^{1}H：$\gamma = 26.752\,(10^7\ \text{rad}\cdot\text{T}^{-1}\cdot\text{s}^{-1})$；^{13}C：$\gamma = 6.728$ $(10^7\ \text{rad}\cdot\text{T}^{-1}\cdot\text{s}^{-1})$。

除了用由实验测定的物理量 γ 表征核的磁性质外，通常还用原子核的 g 因子表征，即

$$\gamma = \frac{ge}{2m_{\text{p}}} \qquad (4.15-3)$$

e 为质子的电荷，m_{p} 为质子的质量。

$I = 1/2$ 的原子核是电荷在核表面均匀分布的旋转球体。这类核的核磁共振谱线较窄，最适于核磁共振检测，是 NMR 研究的主要对象，如 ^{1}H$_1$，^{13}C$_6$，^{19}F$_9$ 等。

4.15.3.2 核磁共振

根据量子力学理论，当存在外磁场 B 时，核磁矩和外磁场的相互作用产生能级分裂现象。磁性核的自旋取向不是任意的，而是量子化的，共有 $2I+1$ 种取向，可由磁量子数 m 表示。为了方便起见，通常把 B 的方向规定为 z 方向。核的自旋角动量 P 在 z 轴的投影 P_z 也只能取不连续的数值。

$$P_z = \frac{h}{2\pi}\cdot m \qquad (4.15-4)$$

与 P_z 相应的核磁矩在 z 轴上的投影为 μ_z，则

$$\mu_z = \gamma\cdot\frac{h}{2\pi}\cdot m \qquad (4.15-5)$$

磁矩与磁场相互作用能为 E，

$$E = -\mu_z\cdot B \qquad (4.15-6)$$

对于 $I = \dfrac{1}{2}$ 的自旋核，在外加磁场中只有 $m = +\dfrac{1}{2}$ 和 $-\dfrac{1}{2}$ 两种取向。前者相当于核与外磁场顺向排列，为能量较低的状态；后者相当于核与外磁场逆向排列，为能量较高的状态。当 $m = +\dfrac{1}{2}$ 时，

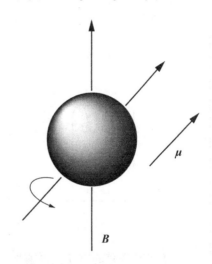

图 4.15-3 质子在磁场 B 中的自旋

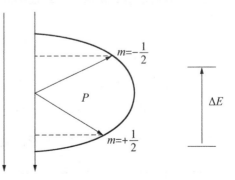

图 4.15-4 质子在磁场 B 中的两个能级

$$E_{1/2} = -\gamma \cdot \frac{h}{2\pi} \cdot \left(+\frac{1}{2} \right) \cdot B \qquad (4.15-7)$$

当 $m = -\frac{1}{2}$ 时，

$$E_{-1/2} = -\gamma \cdot \frac{h}{2\pi} \cdot \left(-\frac{1}{2} \right) \cdot B \qquad (4.15-8)$$

由量子力学的选律可知，只有 $\Delta m = \pm 1$ 的跃迁才是允许跃迁的。所以相邻的能量差为

$$\Delta E = \gamma \cdot \frac{h}{2\pi} \cdot B \qquad (4.15-9)$$

在外加磁场 B 中，自旋核绕其自旋轴（与磁矩方向一致）旋转，而自旋轴又与 B 场保持一夹角 θ 即绕 B 进动，称拉莫尔进动，类似于陀螺在重力场中的进动。核的进动频率 ω 则为 $\omega = 2\pi \nu_0 = \gamma B$。

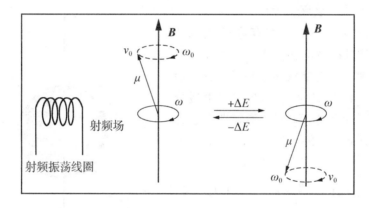

图 4.15 – 5　外加磁场中电磁辐射与进动核的相互作用

若在与 B 垂直的方向上再施加一个射频场，其频率 ν_1。当 $\nu_1 = \nu_0$ 时，自旋核会吸收射频的能量，由低能态跃迁到高能态。这种现象称为核磁共振吸收。

由 $\Delta E = h\nu$ 得

$$\nu = \frac{\gamma}{2\pi} \cdot B \qquad (4.15-10)$$

同一种核，γ 为一常数，B 场强增大，其共振频率 ν 也增大。

对于裸露的 ^1H 而言，经过大量测量得到 $\frac{\gamma}{2\pi} = 42.577469$ MHz/T。但是对于原子或者分子中处于不同基团的质子，由于不同质子所处的化学环境不同，受到周围电子屏蔽的情况不同，$\frac{\gamma}{2\pi}$ 的数值将略有差别，共振吸收频率亦不同。某一个质子的吸收峰位置与参比物质（如四甲基硅烷）的吸收峰位置之间的差别就是该质子的化学位

移。对于温度 25℃ 的水样品的质子，$\frac{\gamma}{2\pi} = 42.576375$ MHz/T，本实验可以采用这个数值作为最好的近似值。通过测量质子在磁场中的共振频率 ν，可以实现对磁场的校准，即

$$B = \frac{2\pi}{\gamma} \cdot \nu \qquad\qquad (4.15 - 11)$$

反之，若 B 已经校准，通过测量未知原子的共振频率 ν 便可求出待测原子核的 γ 值或者 g 因子。

4.15.3.3　弛豫过程

当电磁波的能量($h\nu$)等于样品的某种能级差 ΔE 时，自旋核可以吸收能量由低能态跃迁到高能态。高能态的粒子可以通过自发辐射放出能量回到低能态，其几率与两能级差 ΔE 成正比。一般吸收光谱的能量差较大，自发辐射相当有效，能维持玻尔兹曼分布。但在核磁共振中，ΔE 非常小，自发辐射的几率几乎为零。要想保持 NMR 信号的检测，必须要有某种过程，这种过程就是弛豫过程。即高能态的核以非辐射的形式放出能量回到低能态，重建玻尔兹曼分布的过程。

根据玻尔兹曼分布，对于 E_1、$E_2(E_1 < E_2)$ 两个能级，它们的粒子数 N_1、N_2 之间的关系为

$$\frac{N_1}{N_2} = \mathrm{e}^{\frac{\Delta E}{kT}} \approx 1 + \frac{\Delta E}{kT} \qquad\qquad (4.15 - 12)$$

式中，T 为绝对温度，k 为玻尔兹曼常数。

对于 ^{1}H 核，当 $T = 300$K 时，$\frac{N_1}{N_2} \approx 1.000009$。对于其他核，$\gamma$ 值较小，比值会更小。因此，在 NMR 中，若无有效的弛豫过程，饱和现象容易发生。在核体系中，弛豫过程包括自旋 - 晶格弛豫和自旋 - 自旋弛豫。自旋 - 晶格弛豫又叫纵向弛豫，它反映了体系和环境的能量交换，晶格泛指环境，即周围的分子(固体的晶格，液体中同类分子或溶剂分子)。体系通过自旋 - 晶格弛豫过程而达到自旋核在 B 场中自旋取向的玻尔兹曼分布所需要的特征时间(半衰期)用 T_1 表示，称为自旋 - 晶格弛豫时间。自旋 - 自旋弛豫又叫横向弛豫，它是自旋核之间的能量交换过程，使得高能态的核及时地交换出能量而进入低能态。自旋 - 自旋弛豫时间用 T_2 表示。在合适的弛豫时间 T_1 和 T_2 下，在实验中能连续观察到共振吸收信号。

通过上述讨论，要发生共振必须满足 $\nu = \frac{\gamma}{2\pi} \cdot B$。为了观察到共振现象，通常有两种方法：一种是固定磁场 B，连续改变射频的频率，这种方法称为扫频法；另一种方法，也就是本实验采用的方法，即固定射频场的频率，由 Helmholtz 线圈连续改变磁场强度，由低场向高场扫描，这种方法称为扫场法。如果磁场的变化不是太快，

而是缓慢通过与射频 ν 对应的磁场时，即通过共振区的时间远比 T_1 和 T_2 长得多时，才能得到如图 4.15 - 6 所示的具有稳态共振吸收信号。如果扫场的时间太快，即通过共振点的时间比弛豫时间 T_1 和 T_2 小得多，不能保证通过每个瞬间磁场时都能达到稳定平衡。如出现动态的核磁共振，得到的将是带有尾波的衰减震荡曲线。

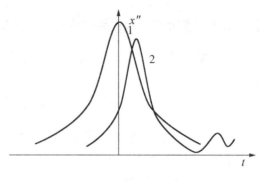

图 4.15 - 6　不同扫场速度的 NMR 吸收信号
1—扫场速度趋于零（准静态）；2—扫场速度一定

4.15.4　实验内容与步骤

校准永久磁铁中心的磁场：

①把样品为水（掺有三氯化铁）的探头下端样品盒插入磁场的中心，并使电路盒水平放置在磁铁上方的木座上，左右移动电路盒使它位于木座的中间位置。连接线路，把示波器的扫描速度旋钮置于 5 ms/格 的位置，纵向放大旋钮置于 0.1 V/格或 0.2 V/格 的位置。打开电路盒开关，调节幅度旋钮使频率计有频率读数，这时在示波器上应能观察到噪音信号。

②初步观察共振现象：当前磁场是永久磁场的磁场 B 和一个 50 Hz 的交变磁场叠加的结果，总磁场为 $B_{\text{Total}} = B + B'\cos\omega' t$，其中 B' 是交变磁场的幅度，ω' 是角频率。

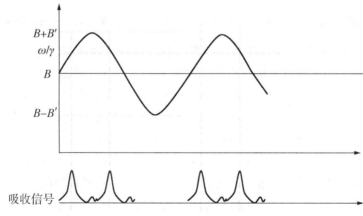

图 4.15 - 7　捕捉共振信号原理

总磁场在 $(B - B') \sim (B + B')$ 范围内按照正弦曲线随时间变化，只有 ω/γ 落在这个范围内才能发生共振。为了容易找到共振信号，要加大 B' 使可能发生共振的磁场变化范围增大。另一方面，要调节射频场的频率使 ω/γ 落在这个范围。如前所述，水的共振信号如图 4.15 – 7 所示，而且磁场越均匀尾波中的震荡次数越多，因此一旦观察到共振信号后，应进一步仔细调节电路盒的位置使尾波中振荡的次数最多，此时探头处于磁铁磁场中最均匀的位置。

作为定量测量，我们除了需要求出测量的数值外，还关心如何减小测量误差并力图对误差的大小作出定量估计从而确定测量结果的有效数字。从图 4.15 – 7 可以看出，为了减小估计误差，一旦观察到共振信号后，应逐渐减小扫描的 B'，并相应调节射频场的频率，在能观察和分辨出共振信号的前提下，力图把 B' 减小到最小程度。记下此时的共振频率 ν，求出磁场中待测区域的磁场 B 值。

为了定量估计 B 的测量误差 ΔB，首先必须测出 B' 的大小。可采用以下的步骤：保持这时的扫场幅度不变，调节射频场的频率使共振先后发生在 $B - B'$ 和 $B + B'$ 处，这时图 4.15 – 7 中与 ω/γ 对应的水平虚线将与正弦波的峰顶和谷底相切，即共振发生在峰顶和谷底附近。这时从示波器看到的共振信号均匀排列，记下此时的共振频率 ν' 和 ν''，利用公式 $B' = \dfrac{(\nu' - \nu'')/2}{\gamma/2\pi}$，可求出扫场的幅度。可取 10% 作为磁场 B' 的估算误差。即

$$\Delta B = \frac{B'}{10} = \frac{(\nu' - \nu'')/20}{\gamma/2\pi} \qquad (4.15 - 13)$$

本实验 ΔB 只要求保留一位有效数字，进而可以确定 B 的有效数字，并要求给出测量误差的完整表达式，即

$$B = 测量值 \pm 估计误差$$

现象观察：适当增加 B' 使出现尽可能多的尾波振荡，然后向左（或向右）逐渐移动电路盒在木座上的左右位置使下端的样品盒从磁铁中心逐渐移到边缘，同时观察移动过程中共振信号波形的变化并加以解释。

思 考 题

1. 是否任何原子核系统都可以产生核磁共振现象？为什么水的核磁共振信号只代表氢，不代表氧？是否有氢的同位素氕、氘、氚的信号？

2. 假设永久磁铁磁场强度分别为 0.2T 和 0.4T，试估算氢核相应的共振频率。

3. 在化学领域广泛使用的超导核磁共振设备中，是否采用扫场法或者扫频法？为什么？

实验 4.16　　液晶电光效应综合实验

液晶是介于液体与晶体之间的一种物质状态。一般的液体内部分子排列是无序的，而液晶既具有液体的流动性，其分子又按一定规律有序排列，使它呈现晶体的各向异性。当通过液晶时，光会产生偏振面旋转、双折射等效应。液晶分子是含有极性基团的极性分子，在电场作用下，偶极子会按电场方向取向，导致分子原有的排列方式发生变化，从而导致液晶的光学性质也随之发生改变。这种因外电场引起的液晶光学性质的改变称为液晶的电光效应。

1888 年，奥地利植物学家 Reinitzer 在做有机物溶解实验时，在一定的温度范围内观察到液晶。1961 年美国 RCA 公司的 Heimeier 发现了液晶的一系列电光效应，并制成了显示器件。从 20 世纪 70 年代开始，日本公司将液晶与集成电路技术结合，制成了一系列的液晶显示器件。液晶显示器件由于具有驱动电压低（一般为几伏）、功耗极小、体积小、寿命长、环保无辐射等优点，在当今各种显示器件的竞争中独领风骚。

4.16.1　　实验目的

1. 在掌握液晶光开关的基本工作原理的基础上测量液晶光开关的电光特性曲线，并由电光特性曲线得到液晶的阈值电压和关断电压；

2. 测量驱动电压周期变化时液晶光开关的时间响应曲线，并由时间响应曲线得到液晶的上升时间和下降时间；

3. 测量由液晶光开关矩阵所构成的液晶显示器的视角特性以及在不同视角下的对比度，了解液晶光开关的工作条件；

4. 了解液晶光开关构成图像矩阵的方法，学习和掌握这种矩阵所组成的液晶显示器构成文字和图形的显示模式，从而了解一般液晶显示器件的工作原理。

4.16.2　　实验仪器与装置

液晶光开关电光特性综合实验仪。

4.16.3　　实验原理

4.16.3.1　　液晶光开关的工作原理

液晶的种类很多，仅以常用的 TN（扭曲向列）型液晶为例说明其工作原理。

TN 型光开关的结构如图 4.16 - 1 所示。在两块玻璃板之间夹有正性向列相液晶，液晶分子的形状如同火柴一样，为棍状。棍的长度在十几埃（$1\text{Å} = 10^{-10}\text{m}$），直径为 4 ~ 6Å,液晶层厚度一般为 5 ~ 8μm。玻璃板的内表面涂有透明电极,电极的表面预先作了定向处理(可用软绒布朝一个方向摩擦,也可在电极表面涂取向剂)。这样,液晶分子在透明电极表面就会躺倒在摩擦所形成的微沟槽里,电极表面的液晶分子按一定方向排列,且上下电极上的定向方向相互垂直。上下电极之间的那些液晶分子因范德华力的作用趋向于平行排列。然而由于上下电极上的液晶的定向方向相互垂直,所以从俯视方向看,液晶分子的排列从上电极的沿 −45° 方向排列逐步地、均匀地扭曲到下电极的沿 +45° 方向排列,整个扭曲了 90°,如图 4.16 − 1a 所示。

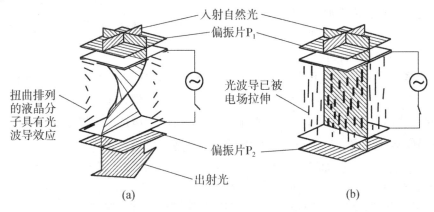

图 4.16 − 1　液晶光开关的工作原理

理论和实验都证明,上述均匀扭曲排列起来的结构具有光波导的性质,即偏振光从上电极表面透过扭曲排列起来的液晶传播到下电极表面时,偏振方向会旋转 90°。取两张偏振片贴在玻璃的两面,P_1 的透光轴与上电极的定向方向相同,P_2 的透光轴与下电极的定向方向相同,于是 P_1 和 P_2 的透光轴相互正交。在未加驱动电压的情况下,来自光源的自然光经过偏振片 P_1 后只剩下平行于透光轴的线偏振光,该线偏振光到达输出面时,其偏振面旋转了 90°。这时光的偏振面与 P_2 的透光轴平行,因而有光通过。在施加足够电压情况下(一般为 1 ~ 2V),在静电场的作用下,除了基片附近的液晶分子被基片"锚定"以外,其他液晶分子趋于平行于电场方向排列。于是原来的扭曲结构被破坏成了均匀结构,如图 4.16 − 1b 所示。从 P_1 透射出来的偏振光的偏振方向在液晶中传播时不再旋转,保持原来的偏振方向到达下电极。这时光的偏振方向与 P_2 正交,因而光被关断。

由于上述光开关在没有电场的情况下让光透过,加上电场的时候光被关断,因此叫作常通型光开关,又叫作常白模式。若 P_1 和 P_2 的透光轴相互平行,则构成常黑模式。

4.16.3.2　液晶光开关的电光特性

图 4.16 − 2 为光线垂直液晶面入射时本实验所用液晶相对透射率(以不加电场时

的透射率为 100%）与外加电压的
关系。由图 4.16-2 可见，对于常
白模式的液晶，其透射率随外加电
压的升高而逐渐降低，在一定电压
下达到最低点，此后略有变化。可
以根据此电光特性曲线得出液晶的
阈值电压和关断电压。阈值电压：
透过率为 90% 时的驱动电压。关断
电压：透过率为 10% 时的驱动电
压。液晶的电光特性曲线越陡，即
阈值电压与关断电压的差值越小，

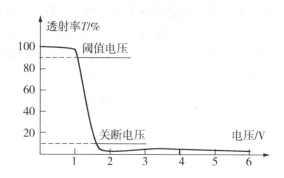

图 4.16-2　液晶光开关的电光特性曲线

由液晶开关单元构成的显示器件允许的驱动路数就越多。TN 型液晶最多允许 16 路
驱动，故常用于数码显示。在电脑、电视等需要高分辨率的显示器件中，常采用
STN（超扭曲向列）型液晶以改善电光特性曲线的陡度，增加驱动路数。

4.16.3.3　液晶光开关的时间响应特性

　　加上（或去掉）驱动电压
能使液晶的开关状态发生改
变，是因为液晶的分子排序发
生了改变。这种重新排序需要
一定时间，反映在时间响应曲
线上，用上升时间 τ_r 和下降时
间 τ_d 描述。给液晶开关加上
一个如图 4.16-3 所示的周期
性变化的电压就可以得到液晶
的时间响应曲线、上升时间和
下降时间，如图 4.16-3 所
示。上升时间：透过率由 10%
升到 90% 所需时间 τ_r；下降时

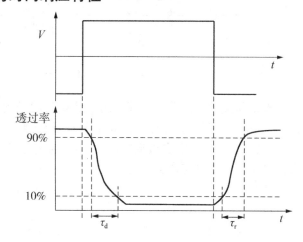

图 4.16-3　液晶驱动电压和电时间响应曲线

间：透过率由 90% 降到 10% 所需时间 τ_d。液晶的响应时间越短，显示动态图像的效
果越好。这是液晶显示器的重要指标。早期的液晶显示器在这方面逊色于其他显示
器，现在通过结构方面的技术改进已达到很好的效果。

　　液晶可分为热致液晶与溶致液晶。热致液晶在一定的温度范围内呈现液晶的光
学各向异性。溶致液晶是溶质溶于溶剂中形成的液晶。目前用于显示器件的都是热
致液晶，它的特性随温度的改变而有一定变化。

4.16.3.4　液晶光开关的视角特性

液晶光开关的视角特性表示对比度与视角的关系。对比度定义为光开关打开和关断时透射光强度之比，对比度大于 5 时，可以获得满意的图像；对比度小于 2，图像就模糊不清了。

图 4.16 – 4 表示了某种液晶视角特性的理论计算结果。图 4.16 – 4 中，用与原点的距离表示垂直视角(入射光线方向与液晶屏法线方向的夹角)的大小。

图中 3 个同心圆分别表示垂直视角为 30°、60°和 90°。90°同心圆外面标注的数字表示水平视角(入射光线在液晶屏上的投影与 0°方向之间的夹角)的大小。图 4.16 – 4 中的闭合曲线为不同对比度时的等对比度曲线。由图 4.16 – 4 可以看出，液晶的对比度与垂直与水平视角都有关，而且具有非对称性。若把具有图 4.16 – 4

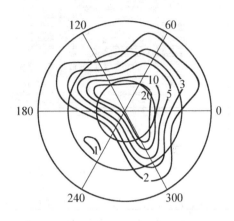

图 4.16 – 4　液晶的视角特性

所示视角特性的液晶开关逆时针旋转，以 220°方向向下，并由多个显示开关组成液晶显示屏，则该液晶显示屏的左右视角特性对称，在左右和俯视 3 个方向垂直视角接近 60°时对比度为 5，观看效果较好；在仰视方向对比度随着垂直视角的加大迅速降低，观看效果差。

4.16.3.5　液晶光开关构成图像显示矩阵的方法

除了液晶显示器以外，其他显示器靠自身发光来实现信息显示功能。这些显示器主要有：阴极射线管显示器(CRT)、等离子体显示器(PDP)、电致发光显示器(ELD)、发光二极管显示器(LED)、有机发光二极管显示器(OLED)、真空荧光管显示器(VFD)、场发射显示器(FED)。这些显示器因为要发光，所以要消耗大量的能量。

液晶显示器通过对外界光线的开关控制来完成信息显示任务，为非主动发光型显示，其最大的优点在于能耗极低。正因如此，液晶显示器在便携式装置的显示方面，例如电子表、万用表、手机、传呼机等具有不可代替的地位。下面介绍如何利用液晶光开关来实现图形和图像的显示。矩阵显示方式是把图 4.16 – 5a 所示的横条形状的透明电极做在一块玻璃片上，叫做行驱动电极，简称行电极(常用 X_i 表示)，而把竖条形状的电极制在另一块玻璃片上，叫做列驱动电极，简称列电极(常用 S_i

表示）。把这两块玻璃片面对面组合起来，把液晶灌注在这两片玻璃之间构成液晶盒。为了画面简洁，通常将横条形状和竖条形状的 ITO 电极抽象为横线和竖线，分别代表扫描电极和信号电极，如图 4.16－5b 所示。

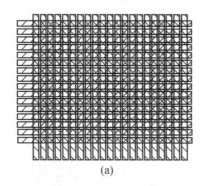
(a)
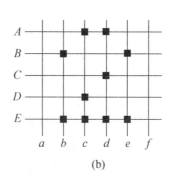
(b)

图 4.16－5　液晶光开关组成的矩阵式图形显示器

矩阵型显示器的工作方式为扫描方式，显示原理可依以下的简化说明作一介绍。

显示图 4.16－5b 的那些有方块的像素，首先在第 A 行加上高电平，其余行加上低电平，同时在列电极的对应电极 c、d 上加上低电平，于是 A 行的那些带有方块的像素就被显示出来了。然后第 B 行加上高电平，其余行加上低电平，同时在列电极的对应电极 b、e 上加上低电平，因而 B 行的那些带有方块的像素就显示出来了。再然后是第 C 行、第 D 行……依此类推，最后显示出一整场的图像。这种工作方式称为扫描方式。这种分时间扫描每一行的方式是平板显示器的共同寻址方式。依这种方式可以让每一个液晶光开关按照其上的电压的幅值让外界光关断或通过，从而显示出任意文字、图形和图像。

4.16.4　实验内容与步骤

（1）液晶光开关电光特性测量。将模式转换开关置于静态模式，将透过率显示校准为 100%，按表 4.16－1 的数据改变电压，使电压值从 0V 到 6V 变化，记录相应电压下的透射率数值。重复 3 次并计算相应电压下透射率的平均值。依据实验数据绘制电光特性曲线，可以得出阈值电压和关断电压。

（2）液晶的时间响应的测量。将模式转换开关置于静态模式，透过率显示调到 100%，然后将液晶供电电压调到 2.20V，在液晶静态闪烁状态下，用存储示波器观察此光开关时间响应特性曲线，可以根据此曲线得到液晶的上升时间 τ_r 和下降时间 τ_d。

（3）液晶光开关视角特性的测量：

①水平方向视角特性的测量。将模式转换开关置于静态模式。首先将透过率显示调到 100%，然后再进行实验。确定当前液晶板为金手指 1 插入的插槽（图 4.16 – 7）。在供电电压为 0V 时，按照表 4.16 – 2 所列举的角度调节液晶屏与入射激光的角度，在每一角度下测量光强透过率最大值 T_{max}，然后将供电电压设置为 2.20V，再次调节液晶屏角度，测量光强透过率最小值 T_{min}，并计算其对比度。以角度为横坐标，对比度为纵坐标绘制水平方向对比度随入射光入射角变化而变化的曲线。

②垂直方向视角特性的测量。关断总电源后，取下液晶显示屏，将液晶板旋转 90°，将金手指 2（垂直方向）插入转盘插槽（如图 4.16 – 7 所示）。重新通电，将模式转换开关置于静态模式。按照与①相同的方法和步骤可测量垂直方向的视角特性，并记录入表 4.16 – 2 中。

（4）液晶显示器显示原理。将模式转换开关置于动态（图像显示）模式，液晶供电电压调到 5V 左右。此时矩阵开关板上的每个按键位置对应一个液晶光开关像素。初始时各像素都处于开通状态，按 1 次矩阵开光板上的某一按键，可改变相应液晶像素的通断状态，所以可以利用点阵输入关断（或点亮）对应的像素，使暗像素（或点亮像素）组合成一个字符或文字，体会液晶显示器件组成图像和文字的工作原理。矩阵开关板右上角的按键为清屏键，用以清除已输入显示屏上的图形。

实验完成后，关闭电源开关，取下液晶板妥善保存。

注意事项：

1. 禁止用光束照射他人眼睛或直视光束，以防伤害眼睛！

2. 在进行液晶视角特性实验更换液晶板方向时，务必断开总电源后再进行插取，否则将会损坏液晶板；

3. 液晶板凸起面必须朝向光源发射方向，否则实验记录的数据为错误数据；在调节透过率 100% 时，如果透过率显示不稳定，则可能是光源预热时间不够，或光路没有对准，要仔细检查，调节好光路；

4. 在校准透过率 100% 前，必须将液晶供电电压显示调到 0.00V 或显示大于"250"，否则无法校准透过率为 100%。在实验中，电压为 0.00V 时，不要长时间按住"透过率校准"按钮，否则透过率显示将进入非工作状态，对应测试的数据为错误数据，需要重新进行本组实验数据记录。

4.16.5　实验数据记录与处理

表 4.16 - 1　液晶光开关电光特性测量数据表

电压/V		0	0.5	0.8	1.0	1.2	1.4	1.6	1.8	2.0	2.2	2.4	3.0	4.0	5.0	6.0
透射率（%）	1															
	2															
	3															
	平均															

表 4.16 - 2　液晶光开关视角特性测量数据表

角度/°		-75	-70	⋯	-10	-5	0	5	10	⋯	70	75
水平方向视角特性	T_{max}/%											
	T_{min}/%											
	T_{max}/T_{min}											
垂直方向视角特性	T_{max}/%											
	T_{min}/%											
	T_{max}/T_{min}											

　　1. 由表 4.16 - 1 和所作电光特性曲线可以观察透过率变化情况和响应曲线情况，还可以得到液晶的阈值电压和关断电压。

　　2. 由表 4.16 - 2 的对比可以观察到液晶的视角特性。

实验 4.17　超声波特性综合实验

超声波是频率在 $2 \times 10^4 \sim 10^{12}$ Hz 的声波。超声广泛存在于自然界和日常生活中，如老鼠、海豚的叫声中含有超声波成分，蝙蝠利用超声导航和觅食，金属片撞击和小孔漏气也能发出超声。

人们研究超声始于 1830 年。F. Savart 曾用一个多齿轮第一次人工产生了频率为 2.4×10^4 Hz 的超声波；1912 年 Titanic 客轮事件后，科学家提出利用超声预测冰山；1916 年第一次世界大战期间 P. Langevin 领导的研究小组开展了水下潜艇超声侦察的研究，为声纳技术奠定了基础；1927 年，R. W. Wood 和 A. E. Loomis 发表了超声能量作用实验报告，奠定功率超声基础；1929 年俄国学者 Sokolov 提出利用超声波良好穿透性来检测不透明体内部缺陷，此后美国科学家 Firestone 使超声波无损检测成为一种实用技术。

超声波测试是把超声波作为一种信息载体的测量技术。它已在海洋探查与开发、无损检测与评价、医学诊断等领域发挥着不可替代的独特作用。例如，在海洋应用中，超声波可以用来探测鱼群或冰山、潜艇导航或传送信息、地形地貌测绘和地质勘探等。在检测中，利用超声波检验固体材料内部的缺陷、材料尺寸测量、物理参数测量等。在医学中，可以利用超声波进行人体内部器官的组织结构扫描(B 超诊断)和血流速度的测量(彩超诊断)等。

本实验简单介绍超声波的产生方法、传播规律和测试原理，通过对固体弹性常数的测量了解超声波在测试方面应用的特点；通过对试块尺寸的测量和人工反射体定位了解超声波在检验和探测方面的应用。

实验 4.17 – 1　超声波的产生与传播

能够产生超声波的方法很多，常用的有压电效应法、磁致伸缩效应法、静电效应法和电磁效应法等。我们把能够实现超声能量与其他形式能量相互转换的器件称为超声波换能器。一般情况下，超声波换能器既能用于发射也能用于接收。

4.17 – 1.1　实验目的

1. 了解超声波产生和接收方法；
2. 认识脉冲超声波及其特点；
3. 理解超声波的反射、折射和波型转换。

4.17 – 1.2 实验仪器

COC-CSTS-A 型超声波探伤及特性综合实验仪、GOS-620 型示波器（20MHz）、CSK – IB 型铝试块、钢板尺、耦合剂（水）等。

4.17 – 1.3 实验原理

4.17 – 1.3.1 压电效应

某些固体物质，在压力（或拉力）的作用下产生变形，从而使物质本身极化，在物体相对的表面出现正、负束缚电荷，这一效应称为压电效应。

物质的压电效应与其内部的结构有关。如石英晶体的化学成分是 SiO_2，它可以看成由 +4 价的硅离子和 –2 价氧离子组成。晶体内，两种离子形成有规律的六角形排列，如图 4.17 – 1 所示。其中三个正原子组成一个向右的正三角形，正电中心在三角形的重心处。类似，三个负原子对（六个负原子）组成一个向左的三角形，其负电中心也在这个三角形的重心处。晶体不受力时，两个三角形重心重合，六角形单元是电中性的。整个晶体由许多这样的六角形构成，也是电中性的。

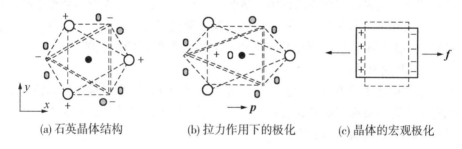

(a) 石英晶体结构　　　　(b) 拉力作用下的极化　　　　(c) 晶体的宏观极化

图 4.17 – 1　石英晶体的压电效应

当晶体沿 x 方向受一拉力，或沿 y 方向受一压力，上述六角形沿 x 方向拉长，使得正、负电中心不重合。尽管这时六角形单元仍然是电中性的，但是正负电中心不重合，产生电偶极矩 p。整个晶体中有许多这样的电偶极矩排列，使得晶体极化，左右表面出现束缚电荷。当外力去掉，晶体恢复原来的形状，极化也消失。

由于同样的原因，当晶体沿 y 方向受拉力，或沿 x 方向受压力，正原子三角形和负原子三角形都被压扁，也造成正、负电中心不重合。但是这时电偶极矩的方向与 x 方向受拉力时相反，晶体的极化方向也相反。这就是压电效应产生的原因。

当外力沿 z 轴方向（垂直于图 4.17 – 1 中的纸面方向），由于不造成正负电中心的相对位移，所以不产生压电效应。由此可见，石英晶体的压电效应是有方向性的。

当一个不受外力的石英晶体受电场作用，其正负离子向相反的方向移动，于是产生了晶体的变形。这一效应是逆压电效应。

还有一类晶体，如钛酸钡（$BaTiO_3$），在室温下即使不受外力作用，正负电中心也不重合，具有自发极化现象。这类晶体也具有压电效应和逆压电效应。它们多是由人工制成的陶瓷材料，又叫压电陶瓷。本实验中超声波换能器采用的压电材料为压电陶瓷。

4. 17 − 1. 3. 2 脉冲超声波的产生及其特点

用作超声波换能器的压电陶瓷被加工成平面状，并在正反两面分别镀上银层作为电极，这被称为压电晶片。当给压电晶片两极施加一个电压短脉冲时，由于逆压效应，晶片将发生弹性形变而产生弹性振荡，振荡频率与晶片脉冲波的产生的声速和厚度有关，适当选择晶片的厚度可以得到超声频率范围的弹性波，即超声波。在晶片的振动过程中，由于能量的减少，其振幅也逐渐减小，因此它发射出的是一个超声波波包，通常称为脉冲波，如图 4. 17 −2b 所示。超声波在材料内部传播时，与被检对象相互作用发生散射，散射波被同一压电换能器接收，由于正压效应，振荡的晶片在两极产生振荡的电压，电压被放大后可以用示波器显示。

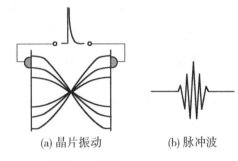

(a) 晶片振动   (b) 脉冲波

图 4. 17 −2   超声换能器工作原理

图 4. 17 −3a 为超声波在试块中传播的示意图。图 4. 17 −3b 为示波器接收得到的超声波信号。图中，t_0 为电脉冲施加在压电晶片的时刻，t_1 是超声波传播到试块底面，又反射回来，被同一个探头接收的时刻。因此超声波在试块中的传播到底面的时间为

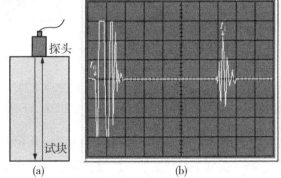

(a)   (b)

图 4. 17 −3   脉冲超声波的传播及示波器的接收信号

$$t = \frac{t_1 - t_0}{2} \tag{4.17 − 1}$$

如果试块材质均匀，超声波声速 C 一定，则超声波在试块中的传播距离为

$$s = Ct \tag{4.17 − 2}$$

4. 17 − 1. 3. 3 超声波波型及换能器种类

如果晶片内部质点的振动方向垂直于晶片平面，那么晶片向外发射的就是超声

纵波。超声波在介质中传播可以有不同的波形，它取决于介质可以承受何种作用力以及如何对介质激发超声波。通常波形有如下三种：

（1）纵波波形。当介质中质点振动方向与超声波的传播方向一致时，此超声波为纵波波形。任何固体介质当其体积发生交替变化时均能产生纵波。

（2）横波波形。当介质中质点的振动方向与超声波的传播方向垂直时，此种超声波为横波波形。由于固体介质除了能承受体积变形外，还能承受切变变形，因此当其有剪切力交替作用于固体介质时均能产生横波。横波只能在固体介质中传播。

（3）表面波波形。是沿着固体表面传播的具有纵波和横波双重性质的波。表面波可以看成是由平行于表面的纵波和垂直于表面的横波合成，振动质点的轨迹为一椭圆，在距表面1/4波长深处振幅最强，随着深度的增加很快衰减，实际上离表面一个波长以上的地方，质点振动的振幅已经很微弱了。

在实际应用中，我们经常把超声波换能器称为超声波探头。实验常用的超声波探头有直探头和斜探头两种，其结构如图4.17－4所示。

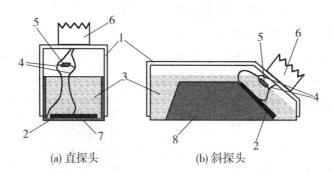

(a) 直探头　　　　　　　　(b) 斜探头

图4.17－4　直探头和斜探头的基本结构

1—外壳；2—晶片；3—吸收背衬；4—电极接线；5—匹配电感；6—接插头；7—保护膜；8—斜楔

一般情况下，采用直探头产生纵波，采用斜探头产生横波或表面波。对于斜探头，晶片受到激发产生超声波后，声波首先在探头内部传播一段时间后，才到达试块的表面。这段时间我们称之为探头的延迟。对于直探头，一般延迟较小，在测量精度要求不高的情况下，可以忽略不计。

4.17－1.3.4　超声波的反射、折射与波形转换

在斜探头中，从晶片产生的超声波为纵波，它通过斜楔使超声波折射到试块内部，同时可以使纵波转换为横波。实际上，超声波在两种固体界面上发生折射和反射时，纵波可以折射和反射为横波，横波也可以折射和发射为纵波。超声波的这种现象称为波形转换，其图解如图4.17－5所示。超声波在界面上的反射、折射和波

形转换满足如下斯特令折射定律：

反射：

$$\frac{\sin\alpha}{c} = \frac{\sin\alpha_L}{c_{1L}} = \frac{\sin\alpha_S}{c_{1S}} \quad (4.17-3a)$$

折射：

$$\frac{\sin\beta}{c} = \frac{\sin\beta_L}{c_{1L}} = \frac{\sin\beta_S}{c_{1S}} \quad (4.17-3b)$$

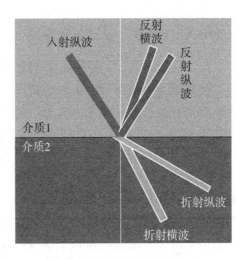

图 4.17-5 波形转换示意图

其中，α_L 和 α_S 分别是纵波反射角和横波反射角；β_L 和 β_S 分别是纵波折射角和横波折射角；c_{1L} 和 c_{1S} 分别是第 1 种介质的纵波声速和横波声速；c_{2L} 和 c_{2S} 分别是第 2 种介质的纵波声速和横波声速。

4.17-1.3.5 超声波的反射、折射和波形转换

在本专题实验中，还使用了一种可变角探头，如图 4.17-6 所示。其中探头芯可以旋转，通过改变探头的入射角 θ 得到不同折射角的斜探头。当 $\theta=0$ 时为直探头，可以利用该探头观察波形转换过程。

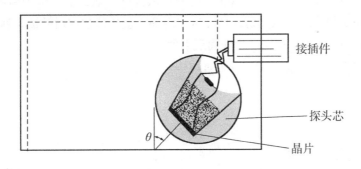

图 4.17-6 可变角探头

在斜探头或可变角探头中，有机玻璃斜块或有机玻璃探头芯的声速 c 小于铝中横波声速 c_S，而横波声速 c_S 又小于纵波声速 c_L。所以，当 $\alpha_1 > \sin^{-1}(c/c_L)$ 时，铝介质中只有折射横波；而当 $\alpha_2 = \sin^{-1}(c/c_S)$ 时，铝介质中既无纵波折射，又无横波折射。通常情况下，我们把 α_1 称为有机玻璃入射到有机玻璃-铝界面上的第一临界角；α_2 称为第二临界角。

4.17 –1.4　实验内容

4.17 –1.4.1　直探头延迟和试块纵波声速的测量

按要求连接 COC-CSTS-A 型超声波
探伤及特性综合实验仪和示波器。超声
波实验仪接上直探头，并把探头放在
CSK-IB 试块的正面，仪器的射频输出与
直探头延迟的测量示波器第 1 通道相连，
触发与示波器外触发相连，示波器采用
外触发方式，适当设置超声波实验仪衰
减器的数值和示波器的电压范围与时间
范围，使示波器上看到的波形如图
4.17 –7 所示。

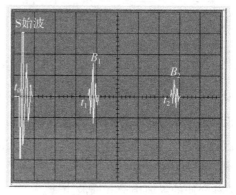

图 4.17 –7

在图 4.17 –7 中，S 称为始波，t_0 对应于发射超声波的初始时刻；B_1 称为试块
的 1 次底面回波，t_1 对应于超声波传播到试块底面并被发射回来后被超声波探头接
收到的时刻，因此 t_1 对应于超声波在试块内往复传播的时间；B_2 称为试块的 2 次底
面回波，它对应于超声波在试块内往复传播到试块的上表面后，部分超声波被上表
面反射，并被试块底面再次反射，即在试块内部往复传播两次后被接收到的超声波。
依次类推，还有 3 次、4 次和多次底面反射回波。

从示波器上读出传播 t_1 和 t_2，则直探头的延迟为

$$t = 2t_1 - t_2 \qquad (4.17 - 4)$$

试块纵波声速为

$$c_L = \frac{2L}{t_2 - t_1} \qquad (4.17 - 5)$$

4.17 –1.4.2　斜探头延迟和试块横波声速的测量

超声波实验仪接上斜探头，把探头放在 CSK-IB 试块的上方靠近试块前面，对准
圆弧面使探头的斜射声束能够同时入射在 R_1 和 R_2 圆弧面上，斜探头放置位置如图
4.17 –8 所示。适当设置超声波实验仪衰减器的数值和示波器的电压范围与时间范
围，在示波器上可同时观测到两个弧面的回波 B_1 和 B_2，测量它们对应的时间 t_1 和
t_2。回波波形和图 4.17 –7 类似，其中 B_1 对应于圆弧 R_1 的一次回波，B_2 对应于圆
弧 R_2 的一次回波。由于 $R_2 = 2R_1$，因此斜探头的延迟为

$$t = 2t_1 - t_2 \qquad (4.17 - 6)$$

试块横波声速为

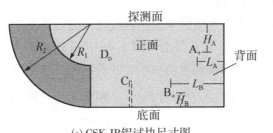 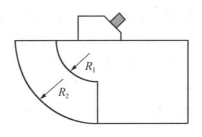

（a）CSK-IB铝试块尺寸图　　　　　　　（b）斜探头延迟的测量

图 4.17 – 8

$R_1 = 30\text{mm}$，$R_2 = 60\text{mm}$，$L_A = 20\text{mm}$，$H_A = 20\text{mm}$，$L_B = 50\text{mm}$，$H_B = 10\text{mm}$。

$c_L = 6.27\text{mm}/\mu\text{s}$，$c_S = 3.20\text{mm}/\mu\text{s}$，$c = 2.90\text{mm}/\mu\text{s}$，$\rho_{铝} = 2.7\text{g}/\text{cm}^3$。

$$c_S = \frac{2(R_2 - R_1)}{t_2 - t_1} \qquad (4.17 - 7)$$

4.17 –1.4.3　声速的直接测量和相对测量

当利用单个反射体(界面或人工反射体)测量声速时，只需要测量出该反射体的回波时间就可以计算得到声速。对于单个的反射体，得到的反射波如图 4.17 – 9 所示。直接测量的时间包含了超声波在探头内部的传播时间 t_0，即探头的延迟。对于任何一种探头，其延迟只与探头本身有关，而与被测的材料无关。因此，首先需要测量探头的延迟，然后才能利用该探头直接测量反射体回波时间。以上是声速的直接测量法。纵波和横波计算方法参见(4.17 –5)式和(4.17 – 7)式。如果被测试块有两个确定的反射体，那么通过测量两个反射体回波对应的时间差再计算出试块的声速。这种方法称为声速的相对测量法。对于直探头，可以利用均匀厚度底面的多次反射回波中的任意两个回波进行测量。对于斜探头，则利用 CSK-IB 试块的两个圆弧面的回波进行测量。

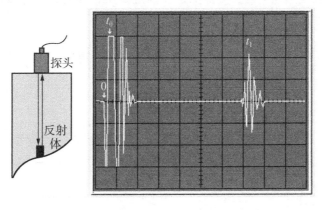

图 4.17 – 9　单反射体纵波声速的测量

4.17-1.4.4 脉冲波频率和波长的测量

对直探头和斜探头，分别调节示波器时间位置使试块的一次底面回波出现在示波屏的中央，幅度为满屏的 80% 左右，此时按下示波器上"×10 MAG"按钮，测量两个振动波峰之间的时间间隔，得到一个脉冲周期的振动时间。实验时为了读数准确，要求测量四个周期的时间间隔 t，此时脉冲波的频率为 $f = \dfrac{4}{t}$。用实验得到的纵横波声速，计算脉冲波在铝试块中的波长 $\lambda = \dfrac{c}{f}$。

4.17-1.5 实验步骤及要求

（1）利用底面回波测量直探头的延迟和试块纵波声速。利用 CSK-IB 试块 45mm 的厚度进行测量。测量 3 次，求平均值。

（2）利用 R_1 和 R_2 圆弧面测量斜探头的延迟和试块横波声速。利用 CSK-IB 试块 R_1 和 R_2 圆弧面进行测量。测量 3 次，求平均值。

（3）测量脉冲超声波纵波和横波的频率和波长。

直探头利用 CSK-IB 试块 45mm 厚度的一次回波进行测量，测量脉冲波 4 个振动周期的时间 t，求其频率和波长；斜探头利用 CSK-IB 试块 R_1 或 R_2 圆弧面进行测量，测量脉冲波 4 个振动周期的时间 t，求其频率和波长。测量 3 次，求平均值。

（4）自绘数据记录表格并处理实验数据。

思 考 题

1. 激发脉冲超声波的电脉冲一般是一个上升沿小于 20ns 的很尖很窄的脉冲。而从超声脉冲波的波形看，其幅度是由小变大，然后又由大变小，而不是直接从大变小。并且振动可以持续 $1 \sim 10\mu s$。为什么？

2. 通过计算说明，当可变角探头逐步靠近试块正面时，为什么横波在 R_1 圆弧面的反射回波能够与 B_1 重合？

实验 4.17 – 2　固体弹性常数的测量

　　超声波是一种弹性波，它能在弹性材料中传播。其传播的特性与材料的弹性有关，如果弹性材料发生变化，超声的传播就会受到扰动，根据这个扰动就可了解材料的弹性或弹性变化的特征。超声波测试就是利用超声波的传播特性与弹性材料物理特性之间的关系，通过测量超声波的传播特性参量达到测量弹性材料物理参数的目的。在实际应用中，由于测试的对象和目的不同，具体的技术和措施是不同的，因而产生了一系列的超声测试项目，例如超声测厚、超声测硬度、超声测应力、超声测金属材料的晶粒度、超声测量弹性常数等。

　　本实验通过研究固体中超声波的传播特性，从而进一步确定固体介质中几个常用的弹性常数。

4.17 – 2.1　实验目的

　　1. 理解超声波声速与固体弹性常数的关系；
　　2. 掌握超声波声速测量的方法；
　　3. 了解声速测量在超声波应用中的重要性。

4.17 – 2.2　实验仪器

　　COC-CSTS-A 型超声波探伤及特性综合实验仪、GOS-620 型示波器(20MHz)、CSK-IB 型铝试块、钢板尺、耦合剂(水)等。

4.17 – 2.3　实验原理

　　在各向同性的固体材料中，根据应力和应变满足的虎克定律，可以求得超声波传播的特征方程：

$$\nabla^2 \Phi = \frac{1}{c^2} \frac{\partial^2 \Phi}{\partial^2 t^2} \tag{4.17 – 8}$$

式中，Φ 为势函数，c 为超声波传播速度。

　　当介质中质点振动方向与超声波的传播方向一致时，这种波称为纵波；当介质中质点的振动方向与超声波的传播方向垂直时，这种波称为横波。在气体介质中，声波只是纵波。在固体介质内部，超声波可以按纵波或横波两种波形传播。无论是材料中的纵波还是横波，其速度可表示为

$$c = \frac{d}{t} \tag{4.17 – 9}$$

式中，d 为声波传播的距离，t 为声波传播的时间。

　　对于同一种材料,其纵波波速和横波波速的大小一般不一样,但是它们都由弹性介质的密度、杨氏模量和泊松比等弹性参数决定,即影响这些物理常数的因素对声速都有影响。相反,利用测量超声波速度的方法可以测量材料有关的弹性常数。

　　固体在外力作用下,其长度沿力的方向会产生变形。变形时的应力与应变之比就定义为杨氏模量,一般用 E 表示。

　　固体在应力作用下,沿纵向有一正应变(伸长),沿横向就将有一个负应变(缩短),横向应变与纵向应变之比被定义为泊松比,记做 σ。它也是表示材料弹性性质的一个物理量。

　　在各向同性固体介质中,各种波形的超声波的纵波声速为

$$c_{\mathrm{L}} = \sqrt{\frac{E(1-\sigma)}{\rho(1+\sigma)(1-2\sigma)}} \qquad (4.17-10)$$

横波声速为

$$c_{\mathrm{S}} = \sqrt{\frac{E}{2\rho(1+\sigma)}} \qquad (4.17-11)$$

式中,E 为杨氏模量,σ 为泊松系数,ρ 为材料密度。

　　相应地,通过测量介质的纵波声速和横波声速,利用以上公式可以计算介质的弹性常数。计算公式如下:

　　杨氏模量:

$$E = \frac{\rho c_{\mathrm{S}}^2 (3T^2 - 4)}{T^2 - 1} \qquad (4.17-12)$$

　　泊松系数:

$$\sigma = \frac{T^2 - 2}{2(T^2 - 1)} \qquad (4.17-13)$$

式中,$T = \dfrac{c_{\mathrm{L}}}{c_{\mathrm{S}}}$,$c_{\mathrm{L}}$ 为介质中纵波声速,c_{S} 为介质中横波声速,ρ 为介质的密度。

4.17－2.4　实验内容

　　(1)斜探头入射点测量。在确定斜探头声波的传播距离时,通常要知道斜探头的入射点,即声束与被测试块表面的相交点,用探头前沿到该点的距离表示,又称前沿距离。

　　参照图 4.17-10 把斜探头放在试块上,并使探头靠近试块背面使探头的斜射声束入射在 R_2 圆弧面上,左右移动探头使回波幅度最大(声束通过弧面的圆心)。这时,用钢板尺测量探头前沿到试块左端的距离 L,则前沿距离为

$$L_0 = R_2 - L$$

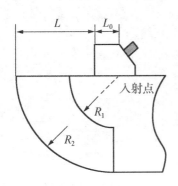
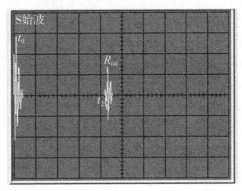

图 4.17 – 10　斜探头延迟和入射点测量

（2）斜探头折射角的测量。利用
CSK-IB 试块上的横通孔 A 和 B 可以
测量斜探头的折射角。参照图 4.17 –
11，首先把斜探头的横波声束正对
（回波幅度最大时为正对位置）CSK-IB
试块上的横孔 A，用钢板尺测量正对
时探头的前沿到试块右边沿的距离
x_A。然后向左移动探头，再让横波声
束正对横孔 B，并测量距离 x_B。测量

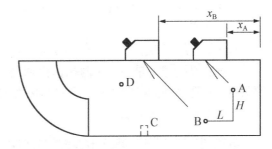

图 4.17 – 11　折射角的测量

A 和 B 的水平距离 L 和垂直距离 H，则探头的折射角为：

$$\beta_S = \arctan \frac{x_B - x_A - L}{H} \qquad (4.17 - 14)$$

（3）波形转换的观察与测量。把
超声波实验仪接上可变角探头，参照
图 4.17 – 12 把探头放在试块上，并
使探头靠近试块正面使探头的斜射声
束只打在 R_2 圆弧面上。适当设置超
声波实验仪衰减器的数值和示波器的
电压范围与时间范围，改变探头的入
射角，并在改变的过程中适当移动探

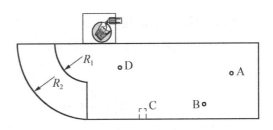

图 4.17 – 12　观察波形转换现象

头的位置使每一个入射角对应的 R_2 圆弧面的反射回波最大，则在探头入射角由小变
大的过程中，我们可以先后观察到纵波反射回波、横波反射回波和表面波反射回波。

再让探头靠近试块背面，通过调节入射角使屏幕上能够同时观测到回波 B_1 和

B_2(图 4.17 - 13)，且它们的幅度基本相等。再让探头逐步靠近试块正面，则又会在 B_1 前面观测到一个回波 b_1，参照附录 B 给出铝试块的纵波声速与横波声速，通过简单测量和计算，可以确定 b_1、B_1 和 B_2 对应的波形和反射面。

(4)计算铝试块的杨氏模量和泊松系数。通过测量介质的纵波声速和横波声速，利用公式可以计算介质的弹性常数。

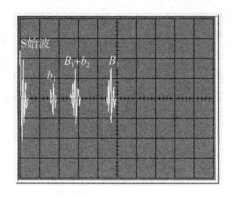

图 4.17 - 13 横波和纵波的测量

4.17 - 2.5 实验步骤与要求

(1)测量斜探头的前沿距离。利用 CSK-IB 对试块 R_2 圆弧面进行测量。测量 3 次，求平均值。

(2)测量斜探头相对于铝试块的折射横波。

①把探头分别对准 A、B 两孔，找到最大反射回波，测 x_A，x_B，测量三次；并测量 A、B 孔之间的横向距离 L 和纵向距离 H。

②求斜探头折射角 β_S。

③通过 $\dfrac{\sin\alpha}{c} = \dfrac{\sin\beta}{c_S}$，求入射纵波的入射角 α。

④由 $\alpha_1 = \arcsin\left(\dfrac{c}{c_L}\right)$，$\alpha_2 = \arcsin\left(\dfrac{c}{c_S}\right)$，求 α_1、α_2，并比较 α 与 α_1、α_2。

(3)观察波形转换，判定试块内折射波的类型以及回波对应的反射面。改变可变角探头的入射角，分别观察入射角度 $\beta = 0$，$0 < \beta < \alpha_1$，$\alpha_1 < \beta < \alpha_2$，$\alpha_2 < \beta$ 的情况，并绘出示意图。

(4)计算铝试块的杨氏模量和泊松系数。

(5)自绘数据记录表格并处理数据。

思 考 题

1. 通过计算说明，当可变角探头逐步靠近试块正面时，为什么横波在 R_1 圆弧面的反射回波能够与 B_1 重合？

2. 利用 CSK-IB 试块怎样测量表面波探头的延迟？能否用测量斜探头入射点的方法测量表面波探头的入射点？为什么？

3. 利用 CSK-IB 试块的横孔 A 和横孔 B 试块怎样测量斜探头的延迟和入射点？

4. 利用铝试块测量得到斜探头的延迟和入射点，以及在钢试块测量同一探头的延迟和入射点。结果是否一样？为什么？

实验 4. 17 – 3   超声波探测

超声波是一种弹性波，能够在弹性介质中传播，而所有物质都可视为弹性介质，因此超声波对所有介质都是"透明"的。一般情况下，超声在液体和固体中传播的距离比在气体中的传播距离要远得多，例如在海洋探测中，可以用超声波探测数千米的目标。这也是超声被广泛应用于探测的主要原因之一。

利用超声波进行探测的另一个原因是，超声探头发射的能量具有较强的指向性。指向性是指超声波探头发射声束扩散角的大小。扩散角越小，则指向性越好，对目标定位的准确性越高。在固体材料的尺寸测量、无损检测、超声诊断、潜艇导航等超声应用中都利用了超声波的这一特点。

本实验在了解超声波探头指向性的基础上，学习超声波探测的基本方法。

4. 17 – 3.1   实验目的

1. 理解超声波探头的指向性；
2. 掌握超声波探测原理和定位方法。

4. 17 – 3.2   实验仪器

COC-CSTS-A 型超声波探伤及特性综合实验仪、GOS-620 型示波器（20MHz）、CSK-IB 型铝试块、钢板尺、耦合剂（水）等。

4. 17 – 3.3   实验原理

超声探头发射能量的指向性与探头的几何尺寸和波长有直接的关系。一般来讲，波长越小，频率越高，指向性越好；尺寸越大，指向性越好。可以用公式表示如下：

$$\theta = 2\arcsin\left(1.22\,\frac{\lambda}{D}\right)$$

图 4. 17 – 14 是超声波探头的指向性与其尺寸和波长关系的示意图。对具有一定指向性要求的超声波探头，采用较高的频率可以使探头的尺寸变小。在实际应用中，通常我们用偏离中心轴线后振幅减小一半的位置表示声束的边界。如图 4. 17 – 15 所示，在同一深度位置，中心轴线上的能量最大，当偏离中心轴线到位置 A、A' 时，能量减小到最大值的一半。其中 θ 角定义为探头的扩散角。θ 越小，探头方向性越好，定位精度越高。

在进行缺陷定位时，必须找到缺陷反射回波最大的位置，使被测缺陷处于探头的中心轴线上，然后测量缺陷反射回波对应的时间，根据工件的声速可以计算出缺陷到探头入射点的垂直深度或水平距离。

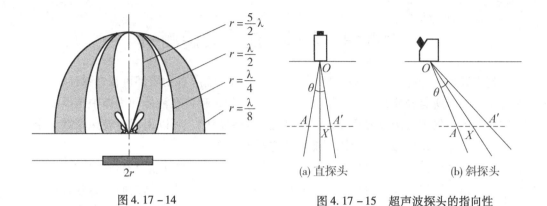

图 4.17 – 14

图 4.17 – 15 超声波探头的指向性

4.17 –3.4 实验内容

4.17 –3.4.1 声束扩散角的测量

利用直探头分别找到 B 通孔对应的回波,移动探头使回波幅度最大,并记录该点的位置 x_0 及对应回波的幅度,然后向左边移动探头使回波幅度减小到最大振幅的一半,并记录该点的位置 x_1,再用同样的方法记录下探头右移时回波幅度下降到最大振幅一半对应点的位置 x_2。则直探头扩散角为

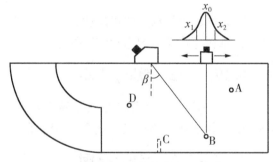

图 4.17 – 16 探头扩散角的测量

$$\theta = 2\arctan \frac{|x_2 - x_1|}{2L}$$

对于斜探头,首先必须测量出探头的折射角 β,然后利用测量直探头同样的方法,按下式近似计算斜探头的扩散角

$$\theta = 2\arctan\left(\frac{|x_2 - x_1|}{2L}\cos^2\beta \right)$$

4.17 –3.4.2 直探头探测缺陷深度

在超声波探测中,可以利用直探头来探测较厚工件内部缺陷的位置和当量大小。把探头按图 4.17 –17a 位置放置,观察其波形。其中底波是工件底面的反射回波。

对底面回波和缺陷波对应时间(深度)的测量,可以采用绝对测量法,也可以采用相对测量法。利用绝对测量法时,必须首先测量(或已知)探头的延迟和被测材料

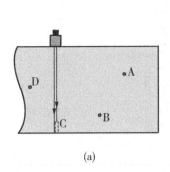
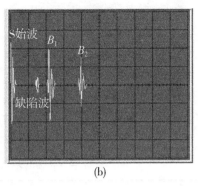

图 4.17 - 17　直探头探测缺陷深度

的声速，具体方法请参考直探头延迟和声速的绝对测量法。利用相对测量法时，必须有与被测材料同材质试块，并已知该试块的厚度，具体方法请参考直探头延迟和声速的相对测量法。

4.17 - 3.4.3　斜探头测量缺陷的深度和水平距离

利用斜探头进行探测时，如果测量得到超声波在材料中传播的距离为 S，则其深度 H 和水平距离 L 为：

$$H = S \cdot \tan\beta$$
$$L = S \cdot c\tan\beta$$

其中 β 是斜探头在被测材料中的折射角。

要实现对缺陷进行定位，除了必须测量（或已知）探头的延迟、入射点外，还必须测量（或已知）探头在该材质中的折射角和声速。通常我们利用与被测材料同材质的试块中两个不同深度的横孔对斜探头的延迟、入射点、折射角和声速进行测量。

图 4.17 - 18 中 A、B 为试块中的两个横孔，距试块边沿分别为 L_A、L_B。为了直观显示，将 B 孔水平位置平移至 A 孔正下方，故公式（4.17 - 19）实际计算时须计及 AB 孔间水平距离 L_{AB}。让斜探头先后对正 A 和 B，找到最大回波，测量得到它们的回波时间 t_A、t_B，探头前沿到试块边沿的水平距

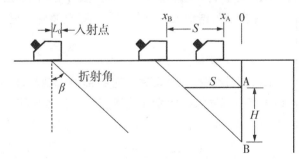

图 4.17 - 18

离分别为 x_A、x_B，已知它们的深度为 H_A、H_B，则有

$$S = x_B - x_A - L_{AB}$$

$$H = H_B - H_A$$

折射角：
$$\beta = \arctan \frac{S}{H}$$

声速：
$$c = \frac{2H}{(t_B - t_A)\cos\beta}$$

延迟：
$$t_0 = t_B - \frac{2H_B}{c \cdot \cos\beta}$$

前沿距离：
$$L_0 = H_B \cdot \tan\beta - (x_B - L_B)$$

接着把探头对准 D 孔，找到最大反射回波，测量 x_D、t_D，则 D 孔深度

$$H_D = \frac{c(t_D - t_0)\cos\beta}{2}$$

D 孔离试块边沿的水平距离

$$L_D = x_D + L_0 - H_D\tan\beta$$

4.17 – 3.5　实验步骤与要求

(1)测量直探头的扩散角。利用直探头对 CSK-IB 试块横孔 A 和 B 分别进行测量。测量三次，计算扩散角。

(2)测量斜探头的扩散角。利用斜探头对 CSK-IB 试块横孔 A 和 B 分别进行测量。测量三次，计算扩散角。

(3)探测 CSK-IB 试块中缺陷 C 的深度。利用直探头，采用绝对测量方法测量。测量三次，求平均值。

(4)探测 CSK-IB 试块中缺陷 D 的深度和距试块右边沿的距离。测量斜探头的延迟、入射点、折射角和声速，再探测缺陷 D 的深度和离试块边沿的水平距离。

(5)自绘数据记录表格并记录和处理测量数据。

思 考 题

1. 在利用斜探头探测时，如果能够得到与被测材料同材质的试块，并且已知该试块中两个不同深度的横孔的深度，那么我们不必测量斜探头的延迟、入射点、折射角和声速就可以确定缺陷的深度。试说明此时的具体探测过程。

2. 试利用表面波测量 CSK-IB 试块中 R_2 圆弧的长度。

实验 4.17 – 4   超声波成像基本原理

4.17 – 4.1   实验目的

1. 理解超声波探头的指向性；
2. 掌握超声波探测原理和定位方法。

4.17 – 4.2   实验仪器

COC-CSTS-A 型超声波探伤及特性综合实验仪、GOS-620 型示波器（20MHz）、CSK-IB 型铝试块、钢板尺、耦合剂（水）等。

4.17 – 4.3   实验原理

在采用脉冲反射法进行超声波探测时，探头在一个点上可以得到探头中心轴线上各反射体的深度位置（一维坐标），并可以采用波形方式进行显示（A 型显示）；若探头沿着一条直线扫描，则可以得到沿该直线的端面上各反射体的深度和水平位置（二维坐标），并可以在端面对应的位置上用灰度显示各反射波的强度（B 型显示）；若探头在水平 XY 平面上逐点扫描，则可以得到被扫查体内部各反射体的深度（三维坐标），通常对扫查结果进行分层显示（C 型显示）或旋转立体显示（3D 显示）。

B 型显示、C 型显示和 3D 显示都被称为超声波成像。医学中的 B 超即为典型的 B 型显示。本实验通过探头在试块顶部的 $X – Y$ 扫描记录得到来自试块内部缺陷的平面分布以及埋藏深度 Z 方向的信息，利用测量得到的三维数据进行计算机图像重建得到试块内部缺陷的立体图像。

4.17 – 4.4   实验内容

（1）调整仪器灵敏度。放置试块，字在下，标尺在上，表面洒水，如图 4.17 – 19 所示。手持探头均匀用力使探头与试块有较好的耦合，将探头放在试块无缺陷处调整灵敏度，调节超声波实验仪衰减器在 50dB 处左右；调整示波器使第一、二次底面回波 B_1、B_2 出现在 5 格、10 格处，分别代表 20mm、40mm 深度，调 Y 放大使 B_1 垂直高度为 2 格。

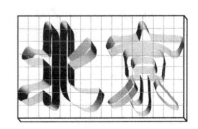

图 4.17 – 19   试块放置图

（2）数据采集。探头移动方式如图 4.17 – 20 所示。探头①位置的 XY 坐标是 0.5，0.5；探头②位置的 XY 坐标是 3.0，0.5；探头③位置的 XY 坐标是 0.5，3.0；探头④位置的 XY 坐标是 3.0，3.0。

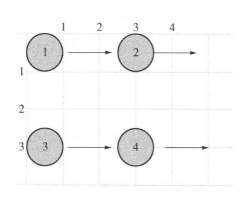

图 4.17 – 20　探头移动方式

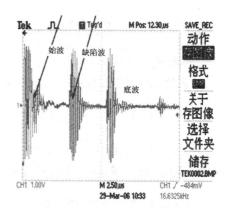

图 4.17 – 21　记录回波

记录回波在示波器的水平坐标，记录缺陷深度，以 mm 为单位。有时会同时出现不止一个回波，例如图 4.17 – 21。前面的回波高于调整灵敏度时底波的高度（2 格）时记录前面回波的水平坐标，否则记录后面的。

（3）数据处理。使用 Excel 电子表格处理数据。

①改变 Excel 设置，使列标以数字标注。点击菜单"工具"→选"选项"→进入"常规"对话框，选中 R_1C_1，最后单击"确定"。

②按行按列输入数据，共 19 行 39 列数据，不要输入行、列坐标，否则影响成像效果；选中全表，点击菜单中"插入"→选择"图表"→进入"图表类型"对话框，选中曲面图，选择彩色的任意一个即可，点击"完成"。

4.17 – 4.5　实验步骤及要求

（1）测量直探头的扩散角。利用直探头对 CSK-IB 试块横孔 A 和 B 分别进行测量。测量三次，计算扩散角。

（2）测量斜探头的扩散角。利用斜探头对 CSK-IB 试块横孔 A 和 B 分别进行测量。测量三次，计算扩散角。

（3）探测 CSK-IB 试块中缺陷 C 的深度。利用直探头，采用绝对测量方法测量。测量三次，求平均值。

（4）探测 CSK-IB 试块中缺陷 D 的深度和距试块右边沿的距离。测量斜探头的延迟、入射点、折射角和声速，再探测缺陷 D 深度和离试块边沿的水平距离。

（5）自绘数据记录表格记录测量数据，并处理实验数据。

思 考 题

1. 在利用斜探头探测时，如果能够得到与被测材料同材质的试块，并且已知该试块中两个不同深度的横孔的深度，那么我们不必测量斜探头的延迟、入射点、折射角和声速就可以确定缺陷的深度。试说明该方法具体的探测过程。

2. 试利用表面波测量 CSK-IB 试块中 R_2 圆弧的长度。

实验 4.17 – 5　超声波扫描成像实验

4.17 –5.1　实验目的

1. 了解脉冲回波超声测量的原理，掌握实验仪器的使用方法；
2. 采用回波幅度 B 型图像显示方法研究物体剖面超声波图像；
3. 以有机玻璃试块为样品，利用物体表面及内部的反射波成像，模拟海洋地貌测绘、地壳测量和地藏勘探等实用技术。

4.17 –5.2　实验仪器与装置

超声波扫描成像实验装置的结构图如图 4.17 – 22 所示。超声波扫描成像实验装置由以下几个部分组成：超声波扫描成像实验仪、超声波换能器、水槽、扫描架、直流电机、试块、信号线、计算机、电脑数据处理软件。

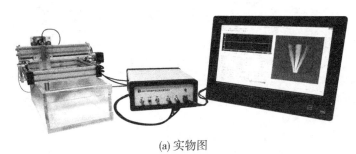

(a) 实物图

(b) 接线图

图 4.17 – 22　超声波成像及应用实验装置及接线

4.17 – 5.3　实验原理

4.17 – 5.3.1　超声扫描成像原理

超声扫描成像是利用超声波呈现物体表面或不透明物体内部结构的技术。软件控制产生电振荡并加于换能器（探头）上。激励探头发射超声波，超声波经过声透镜聚焦在试样上。从试样透出的超声波携带了被扫描部位的信息（如对声波的反射、吸收和散射的能力），经声透镜汇聚在压电接收器上。接收器将检测到的超声信号转化为电信号，并将所得电信号输入放大器进行放大，通过一定方式显示出来。超声波在两种不同声阻抗的介质交界面上将会发生反射，利用反射回波声程测量界面的位置分布，从而得到物体表面的轮廓图。由于反射回波能量的大小与交界面两边介质声阻抗的差异和交界面的取向、大小有关，可以通过分析反射回波波形得到不透明物体的内部结构（位置及大小）。

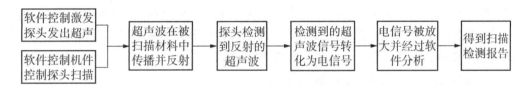

图 4.17 – 23　超声扫描成像原理

脉冲反射式扫描成像原理：通过测量超声波在不同组织层界面反射回来的时间或反射回波的幅度来绘制不同界面层的图像。工作方法为：发射电路发出脉冲很窄的周期性电脉冲，通过电缆加到探头上，激励探头压电晶片产生超声波。该超声波在不同介质表面多次反射，反射回波信号经接收电路送到灵敏度调节电路对回波信号进行放大或衰减。处理过的回波信号检波后送到模数转换（数据采集）模块。在同步信号的配合下检波后的回波信号在模数转换电路中数字化，通过 PCI 插槽把数字信号传送到电脑中，由软件处理后以 A、B、C 显示方式输出到显示器屏幕。

4.17 – 5.3.2　超声耦合方式

按耦合方式分类超声波扫描成像可分为接触法与水浸法两种。接触法——将探头与试件表面直接接触进行检测，通常在探头与检测面之间涂一层很薄的耦合剂用以改善探头与检测面之间的声波传输。接触法适用于手工检测，当用于自动检测时，一般只适用于有规则外形的扫查面，且对扫查表面的光洁度要求高，同时由于探头反复接触和离开扫查面，接触法机械稳定性和检测重复性较差。水浸法——超声探头与工件检测面之间有一定厚度的水层，水层厚度视工件厚度、材料声速以及检测要求而异，但是水层必须清洁、无气泡和杂质，对工件有润湿能力，其温度应与被检工件相同，否则会对超声检测造成较大干扰。水浸法通常用于自动检测，适用于不规则外形的扫查面，且耦合好，不磨损探头，对被检测工件表面状态要求不高，减少了近场盲区的影响。

4.17–5.3.3　超声扫描方式

超声波的三种扫描方式包括：A 型扫描、B 型扫描和 C 型扫描。对 C 型进行坐标变换，可以得到 3D 图像。

A 型扫描显示。超声探头发射超声脉冲波后转为接收模式，接收超声脉冲并将反射波脉冲的到达时间和脉冲幅度显示在示波器上。其中脉冲之间的距离表示了反射界面的深度，脉冲的幅度表示反射的强度。示波器显示界面的横坐标代表声波的传播时间(或距离)，纵坐标代表反射波的幅度。根据波形的形状可以看出被测物体里面是否有异常和缺陷，以及异常和缺陷在哪里、有多大等。

B 型扫描显示。以 A 型扫描为基础的一种灰度调制性显示方法。B 型扫描与 A 型扫描模式相似，只是反射脉冲显示的方法不同，它用灰度不同的点来代表反射脉冲强度。B 模式可以直线扫描，即使超声波发射探头和传感器同步平移得到物体内部的剖面图。这种扫描方式扫描线相互平行，显示界面横坐标靠机械扫描来代表探头的扫查轨迹，纵坐标靠电子扫描来代表声波的传播时间(或距离)，因而可直观地显示出被探工件任一纵截面上的缺陷分布及深度。

C 型扫描显示。将被测物体沿着超声波传播方向投影到平面上，显示界面的横坐标和纵坐标都靠机械扫描来代表探头在工件表面的位置。探头接收信号幅度或者深度以光点辉度表示，因此当探头在工件表面移动时，荧光屏上便显示出工件内部缺陷的平面图像或表面形貌。采用计算机屏幕显示，可以用彩色色标代替灰度得到彩色扫描图像。

3D 图像显示。采用 C 型扫描方法可以得到物体内部超声波反射点的深度坐标，通过扫描器可以得到的 XY 坐标，利用坐标旋转变换得到物体内部结构的三维图像。因为受到扫描声束尺寸影响，以及回波的影响，该三维图像不能反映物体内部的全部结构，因此是一种准三维图像。

4.17–5.4　实验内容与步骤

①将试块放入水槽，将超声波换能器安装在扫描架上，调整超声换能器使其正对被扫描物体，且距被扫描物体的高度为 2～3cm。

②连接超声换能器及 X 轴直流电机与超声波扫描成像实验仪前面板上的"X 轴"，连接 Y 轴直流电机与超声波扫描成像实验仪前面板上的"Y 轴"，并将仪器前面板上的串口"LAN"及 USB 连接至电脑，仪器前面板的选择开关选择收发合一，开启电源。

③打开电脑软件，探头自动回到原点，启动手动控制检查电机运行是否正常。

④打开系统设定选项，分别设置超声成像仪设置参数、探头/试块参数及电机运行参数。

⑤在 A 波显示界面观察回波并进行波形、闸门调节和波形分析。

⑥选择扫描成像模式，点击新建图像，设置扫描参数，进行图像扫描。

⑦图像扫描完毕，保存图像。

(1)B 型扫描成像：

①从"系统设置"菜单中打开"超声成像设置"对话框，设置 B 型扫描方式。

②在"波形显示"界面下，设定 B 型扫描闸门范围(深度范围)。

③点击"B – 扫描"图标进入实时扫描状态。

④点击"保存数据"，停止 B 型扫描并保存 B 扫数据。

⑤点击"打开数据"，可浏览已经保存的 B 扫数据。

(2)水下地貌测绘：

①在"系统设定"下拉菜单中设定探头参数和试块参数，并把基线定义为深度方式。

②根据扫描深度范围调整探头的上下位置，并把第 1 个闸门调整到约小于深度起点的位置，把第 2 个闸门调整到约大于最大深度的位置。最好让探测的深度范围在聚焦探头的聚焦范围以内。

③在探测深度范围内放置一反射平面，从示波器上观测到该平面的反射回波。微调探头的指向，使回波达到最大值。

④利用步骤②中的平面反射回波调整增益使该回波振幅大于90%。该增益即为扫描的灵敏度。

⑤进入"水下地貌测绘"界面，先点击"新建图像"进入"扫描参数"设定，确认后点击"扫描图像"进行成像。扫描结束时，点击"保存图像"。

(3)水下地壳扫描：

①在"系统设定"下拉菜单中设定探头参数和试块参数，并把基线定义为深度方式。

②根据扫描深度范围调整探头的上下位置使被探测的深度范围在聚焦探头的聚焦范围以内。把第 1 个闸门调整到约小于试块表面反射回波的位置，把第 2 个闸门调整到约大于最大深度的位置。

注意：由于水槽不可能与探头扫描移动的平面完全平行，因此试块表面不同位置的反射回波在示波器上的位置可能不同，第 1 个闸门应调整到约小于试块最小表面反射回波的位置。

③利用试块表面的反射回波微调探头的指向使回波达到最大值。

④调整增益使"地壳"反射回波振幅大于20%。该增益即为扫描的灵敏度。

⑤进入"水下地壳扫描"界面，先点击"新建图像"进入"扫描参数"设定，确认后点击"扫描图像"进行成像。扫描结束时，点击"保存图像"。

（4）水下地藏勘探：

①在"系统设定"下拉菜单中设定探头参数和试块参数，并把基线定义为深度方式。

②根据扫描深度范围调整探头的上下位置使被探测的深度范围在聚焦探头的聚焦范围以内，把第1个闸门调整到约小于试块表面反射回波的位置，把第2个闸门调整到约大于被测最大厚度对应的反射回波的位置。

注意：由于水槽不可能与探头扫描移动的平面完全平行，因此试块表面不同位置的反射回波在示波器上的位置可能不同，第1个闸门应调整到约小于试块最小表面反射回波的位置。

③利用试块表面的反射回波微调探头的指向使回波达到最大值。

④调整增益使被测最大厚度对应的反射回波振幅大于20%。该增益即为扫描的灵敏度。

⑤进入"水下地藏勘测"界面，先点击"新建图像"进入"扫描参数"设定，确认后点击"扫描图像"进行成像。扫描结束时，点击"保存图像"。

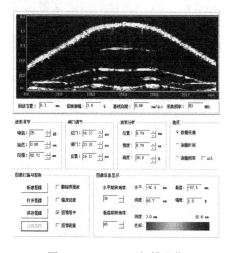

图 4.17 – 24　B 型扫描成像

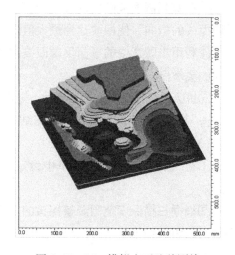

图 4.17 – 25　模拟水下地貌测绘

图 4.17 - 26　模拟水下地壳扫描

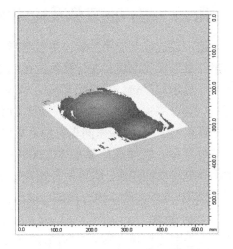

图 4.17 - 27　模拟水下地藏勘测

附录　超声波成像及应用实验仪操作说明

　　超声波成像及应用实验仪为教学科研通用型超声波分析检测设备，采用脉冲式超声波发射接收原理，在计算机的控制下实现超声信号的发射、接收、采集、分析、处理、显示和存储。系统配置包括 SUSC8100 超声波成像界面卡一套、扫描器一套、试块一套、探头一个、信号线一组、软件一套、计算机一台。实验仪系统硬件包含脉冲发射/接收器、高速同步数据采集模块、自动控制多轴运动平台、试块和探头的夹持装置等。软件设计基于 VC2008 平台，包含数据采集、图像显示、运动控制、数据存储等功能模块。既可用于超声波成像检测等科学研究，又可以用于模拟海洋超声探测（地貌测绘、地壳扫描、地藏勘探）等实验教学。软件界面：

一、菜单

　　超声波扫描成像窗口界面上包含五个主菜单："系统设定""示波器""扫描成像""保存画面"和"帮助"，如图 4.17 - 28 所示。

图 4.17 - 28

（一）系统设定

　　"系统设定"菜单如图 4.17 - 29 所示，包括"连接成像仪""超声成像仪设置""探头/试块""运动控制选项"。

图 4.14 - 29

　　（1）连接成像仪。通过网线连接成像仪与计算机，将 DSP 处理的信号传递到计算机，由计算机软件显示测量回波波形及成像图像。打开软件控制界面首先就选择"连接成像仪"选项。

　　（2）超声成像仪设置。"超声成像仪设置"菜单下各部分的功能如下：

　　①发射接收设置：

　　脉冲宽度：超声卡发射高压负脉冲的宽度。该参数与探头频率有关，频率越大宽度越小。5MHz 探头应设定为 75 ～ 125ns。

基线偏移量：示波器扫描基线电平偏移量。

②滤波器设置：保留特定频率段的信号，对该频率段以外的噪声进行有效滤除。

③放大器校准：

切换点。由于硬件由四路放大电路组成，在这四路放大电路之间就存在三个连接点，即衰减时的切换点，调整相应点的校准值可调整波形在此三个切换点的连续性，对应下面的校准值一栏、各板组分别调整。

增益值。切换点处有可能波形幅值衰减不连续，此时需通过调节该增益值使得波幅与衰减值一致。

增益基准值。衰减器的基准点。当该值为负时，整体灵敏度提高；反之则降低。同时，噪声也随之变化。

④B 型扫描设置：

B - 扫描计数。采用手动匀速扫描时，可根据扫描速度设定数据采集周期（单位ms）。当该数值设定为 0 时，采用扫描器水平轴或垂直轴扫描定位。

水平 B 扫：采用扫描器水平轴扫描定位。

垂直 B 扫：采用扫描器垂直轴扫描定位。

（3）探头/试块参数设定：

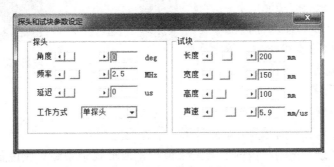

图 4.17 - 30　探头试块参数设定

①探头参数设置：

角度：超声波进入被测介质的角度。该角度为声束与探测面法线的夹角。对于直探头，该角度为 0。

频率：超声探头发射超声波频率。

延迟：超声波从发射到进入介质的传播时间。对于直探头，延迟近似为 0。

工作方式：探头既用于发射超声波，又用于接收超声波的工作方式为单探头工作方式；一个探头用于发射超声波，另一个探头用于接收超声波的工作方式为双探头工作方式。

②试块参数设置：

长度：被测工件的长度（Y 轴）。

宽度：被测工件的宽度（X 轴）。

高度：被测工件的高度。

声速：超声波在被测工件中的传播速度。

（4）运动控制选项：

①速度

X 轴：设置 X 轴直流步进电机的扫描速度。

Y 轴：设置 Y 轴直流步进电机的扫描速度。

②精度

X 轴：设置 X 轴直流步进电机的手动控制最小精度。

Y 轴：设置 Y 轴直流步进电机的手动控制最小精度。

（二）示波器

"示波器"下拉菜单如图 4.17 – 31 所示，包括"打开波形""保存波形""波形显示""包络记录""定义基线"和"定义线色"选项。其各选项的功能如下：

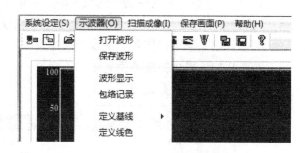

图 4.14 – 31　"示波器"菜单

（1）打开波形。调入存储的波形的数据。执行该操作后，示波器窗口波形冻结，按波形显示图标恢复实时采集。

（2）保存波形：存储示波器上当前波形的数据。

（3）波形显示：实时采集并显示波形。缺省设置。

（4）包络记录：把闸门内的回波最大值按检波形式记录到对应位置上。不同时刻在同一位置采集的数据只记录最大振幅，数据显示窗口显示闸门内所有被记录下的波形中最大振幅对应的位置和振幅。

（5）定义基线：示波器扫描基线刻度可以用声时、声程和深度来表示。声时和声程分别表示超声波从发射到被接收传播的时间（μs）和距离（mm），包括超声波往复双程。深度表示超声波在被测介质中传播时被反射，该反射点距探测面的垂直距离（mm），且只包括单程。

注意：声程和深度是按水的声速来计算的。

（6）定义线色：定义显示波形线的颜色。

（三）扫描成像

扫描成像的下拉菜单包括"B 型扫描成像""C 模式表面扫描（地貌）""C 模式内

部回波扫描(地壳)"和"C 模式内部第二回波扫描(地藏)""C 模式声场扫描"五个选项，如图 4.17 - 32 所示。各选项的功能如下：

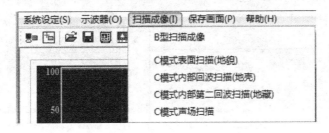

图 4.17 - 32　扫描成像

(1)B 型扫描成像：超声波在水下传播时，被水下地面反射，用灰度不同的点来代表反射脉冲强度或声波的传播时间。采用直线扫描方式得到物体内部的剖面图。勾选"B 型扫描成像"选项，出现如图 4.17 - 33 所示对话窗口，对话窗口各选项的功能分别为：

图 4.17 - 33

①原点扫描：探头回到原点以原点为起始点进行水平 B 扫或垂直 B 扫。

②原地扫描：探头从当前所在位置开始进行水平 B 扫或垂直 B 扫。

③图像分析：用于查看已经保存的 B 扫图像，分析图像。

(2)C 模式表面扫描(地貌)：超声波在水下传播时，被水下地面反射，通过该反射波可以计算探头到地面的距离，利用该距离进行成像。

(3)C 模式内部回波扫描(地壳)：超声波传播透过水层进入地下，被地下地质分层反射，通过该反射波和地面反射波可以计算地质分层到地面的距离，利用该距离进行成像。

(4)C 模式内部第二回波扫描(地藏)：超声波传播透过水层进入地下，如果地下有石油储藏，则石油的上下层将反射超声波，通过这两层的反射波可以计算出石油的厚度，利用该厚度进行成像。

(5)C 模式声场扫描：可采用水听器法或小球反射法扫描成像判断声压分布。超声波换能器位置固定，发射超声波沿 Y 轴在水中传播，利用水听器沿 XY 平面逐点扫描接收超声波，或利用小球在 XY 平面逐点反射再由超声波换能器接收反射回波，利用幅度进行成像。

二、操作界面

(一)示波器显示区(图 4.17 - 34)

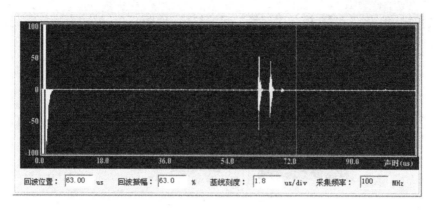

图 4.17 – 34

(1)回波信息：

①回波位置：闸门内最大回波位置。

②回波振幅：闸门内最大回波振幅。

③基线刻度：回波位置分辨率。

④采集频率：当前超声信号模数转换频率。

(二)A 波显示的参数设置区(图 4.17 – 35)

图 4.17 – 35

(1)波形调节：

①增益：调节回波幅度。

②延迟：示波器显示回波起始位置。

③范围：示波器显示窗口显示的位置范围大小。

(2)闸门调节：

①红门：红色闸门的位置。

②绿门：绿色闸门的位置。

③位置：两个闸门中前一闸门的位置。调节时两个闸门平行移动。

(3)波形分析

①位置：测量闸门的起始位置。

②宽度：测量闸门的宽度。选择频率测量方式时，得到频率测量结果。

③高度：测量闸门的高度。

（5）选项

①数据采集：实时波形显示状态。缺省状态。

②测量时间：该状态下可以利用闸门测量时间。

③测量频率：该状态下可以利用闸门测量频率。

④×10：使每个参数值改变的最小步进×10。

注意：以上参数值手动输入无效，必须通过参数后面的上下键改变参数值。

（三）扫描图像显示区

选择 B 型扫描成像，示波器的显示区会自动更改为 B 型扫描成像显示区，如图 4.17－36 所示。横坐标代表探头的扫查轨迹，纵坐标代表反射脉冲强度或声波的传播时间。

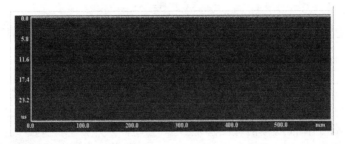

图 4.17－36

选择 C 型扫描成像，其扫描成像图像显示在操作界面右侧的成像显示区，如图 4.17－37 所示。显示区的横坐标和纵坐标都是靠机械扫描来代表探头在工件表面的位置。探头接收信号幅度或声波的传播时间以光点辉度表示。

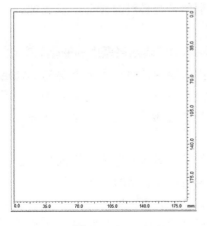

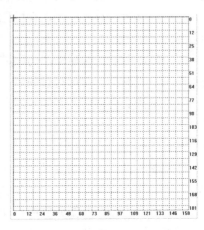

图 4.17－37

图 4.17－38

　　启动手动控制选项，操作界面右侧的成像显示区更改为控制超声波探头位置显示区，如图4.17-38所示。显示区的横坐标和纵坐标均表示探头距离原点的坐标位置。进入应用程序界面，超声波探头自动恢复至原点。手动控制移动超声波探头位置有三种方式：鼠标移动到超声波探头要到达位置单击左键；点击鼠标右键选择定位置，输入超声波探头要到达位置坐标；利用键盘的上下左右键以直流步进电机移动最小精度为单位移动超声波探头。

　　（四）图像扫描、控制与信息显示区（图4.17-39）

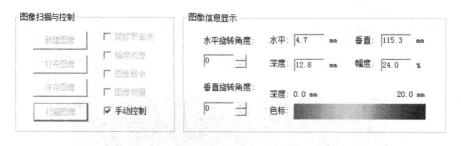

图4.17-39

　　（1）图像扫描与控制：
　　①新建图像：扫描成像前设定扫描参数。
　　②打开图像：调入已存储的图像文件。四种扫描方式只能调入与之相应扩展名文件。
　　③保存图像：把新建文件（图像）存储在磁盘中。
　　④扫描图像：按此键扫描器初始化，同时进入扫描成像状态。该按钮只有在新建文件后有效。扫描开始后，此按钮变为停止扫描。
　　⑤重新显示：打开已经保存的图像文件后，需要进行各种显示时，按此键。该功能与"扫描图像"共用一个键位。
　　⑥跟踪界面波：即启动闸门跟踪的功能。让探伤闸门随水层厚度的变化而变化，防止误报。机械部分在运行过程中，由于钢管的弯曲等因素存在不可避免的不稳定性，导致从探头到钢管表面的水层厚度在检测过程中会发生变化，为了解决这个问题设置了此功能。在测厚闸门内以闸门宽度的前10%点做为跟踪点，离此点最近的波形最高点一直处于跟踪点位置。
　　⑦幅度成像：选择幅度成像方式，C型扫描图像以不同颜色表示不同的回波幅度，否则为深度成像，即C型扫描图像以不同颜色表示反射点的不同深度。
　　⑧图像居中：在图像回放中，让图像居于显示窗口中间位置。
　　⑨图像测量：按此键后，进入测量状态。在测量过程中，用鼠标点击，则可以测得该点的位置、深度（或厚度）和振幅。

⑩手动控制：勾选手动控制选项，操作界面右侧的成像显示区更改为控制超声波探头位置显示区，手动控制移动超声波探头位置。

（2）图像信息显示：

①水平旋转角度：把图像相对垂直屏幕轴线旋转的角度。

②垂直旋转角度：把图像相对水平轴线旋转的角度。

③水平：扫描点或测量点的水平位置。

④垂直：扫描点或测量点的垂直位置。

⑤深度：扫描点或测量点的深度。

⑥振幅：扫描点或测量点的振幅。

⑦深度/振幅：颜色表示的深度或振幅范围。选择幅度成像颜色表示振幅范围，否则颜色表示深度范围。

⑧色标：颜色被分成 100 种，不同颜色表示不同的深度/振幅。

注意事项

实验前确保扫描架在水槽上居中放置；

务必保护超声探头不被碰撞，保持探头表面清洁。

实验 4.18 LED 综合特性实验

1962 年，通用电气公司的尼克·何伦亚克开发出第一只发光二极管 LED。LED 早期主要作为指示灯使用。20 世纪 80 年代，LED 的亮度有了很大提高，开始广泛应用于各种大屏幕显示。1994 年，日本科学家中村秀二在氮化镓 GaN 基片上研制出第一只蓝光 LED，1997 年诞生了蓝光芯片加荧光粉的白光 LED，使 LED 的发展和应用进入了全彩应用及普通照明阶段。

LED 是一种固态的半导体器件，它可以直接把电转化为光，具有体积小、耗电量低、易于控制、坚固耐用、寿命长、环保等优点。其主要应用领域包括：

(1)照明。在全球能源日趋紧张和环保压力日益加大的情况下，使用 LED 照明是节能环保的重要途径。在国务院发布的《国家中长期科学和技术发展规划纲要》中，"高效节能，长寿命的半导体照明产品"被列入国家中长期规划第一重点领域（能源）的第一优先主题（工业节能）。2006 年 10 月，国家 863 计划"半导体照明工程"正式启动。

普通照明用的白炽灯虽价格便宜，但光效低（12 ~ 24lm/W），寿命短（平均1500h），已被欧盟禁止使用。荧光灯的光效高（50 ~ 120lm/W），寿命较长（平均6000h）。但靠汞蒸汽放电发光，而汞对人体有严重的毒害作用，污染环境。白光LED 的光效已达到 50lm/W，实验室水平已超过 200lm/W，寿命平均 50000h，从综合性能看已是最好的照明光源。虽然目前价格较高阻碍了 LED 在普通照明领域大规模推广，但依据芯片产业的发展规律，随着技术进步与规模扩大，成本将会迅速降低，不久 LED 照明将会取代普通照明方式。

(2)大屏幕显示。LED 显示屏显示画面色彩鲜艳，立体感强，静如油画，动如电影，同时具有耗电低、易于控制、寿命长等优点，广泛应用于车站、码头、机场、商场、医院、宾馆、银行、证券市场、建筑市场、拍卖行、工业企业管理和其他公共场所。LED 显示屏分为图文显示屏和视频显示屏，均由 LED 矩阵块组成。图文显示屏可与计算机同步显示汉字、英文文本和图形；视频显示屏采用微型计算机进行控制，图文并茂，以实时、同步、清晰的信息传播方式播放各种信息，还可显示二维、三维动画、录像、电视、VCD 节目以及现场实况。

(3)液晶显示的背光源。液晶显示器目前在中小屏幕显示方面占据大部分市场，液晶矩阵元只对光线起开关控制作用，必须有背光源照明才能显示图像、色彩。由于 LED 体积小、耗电低、寿命长的优点，手机、数码相机、笔记本电脑、MP3/4 等便携设备的液晶屏都采用 LED 做背光源。由于价格因素，早期大屏幕液晶屏采用荧光灯管做背光源，随着 LED 的价格下降，且采用 LED 做背光源可使显示屏色彩表现力更丰富，亮度和白平衡易于控制，目前大屏幕液晶屏已竞相采用 LED 做背光源。

(4)装饰工程。城市的夜空，各种装饰性、广告性的灯具闪烁发光，曾经的霓虹灯已退出历史舞台，取代它的是组合、控制方便，表现力丰富的 LED 灯具。景观照明中的一个亮点是 LED 与太阳能的结合，白天利用造型灯具中的太阳能电池发电，晚上利用太阳能发电的能量点燃灯具，实现了装饰照明与节能环保的和谐统一。

(5)其他。如交通信号灯、公共场所的各种指示灯、光纤通信的光源、汽车上的各种内部照明灯、仪表指示灯、仪器上的数码显示管，都大量采用 LED。

随着人们对 LED 的应用(尤其是大面积照明)提出越来越高的要求，LED 在迅猛发展的同时，也暴露出了一些问题。

与白炽灯、荧光灯等传统照明光源的发光机理不同，LED 属于电致发光(EL)器件，其热量不能通过辐射散热，从而导致器件温度过高，严重影响了 LED 的光通量、寿命以及可靠性，并会导致 LED 发光红移。尤其目前白光实现的方式是荧光粉加蓝光芯片的方案，其中荧光粉对温度特别敏感，最终会引起波长的漂移，造成颜色不纯等一系列问题。据有关资料统计，大约 70% 的故障来自 LED 温度过高。因此，研究温度对 LED 的影响有着重要的现实意义。

研究温度对 LED 的影响，主要是研究 LED 的 PN 结的温度(即结温)对 LED 的影响。通常使用的是经过封装了的 LED，温度传感器的热探头只能够探测 LED 的表面温度而无法探测到 LED 的 PN 结的温度。那么，怎样才能够比较准确、快速地测量 LED 的结温呢？

实验 4.18 – 1　　LED 电学特性的研究

4.18 –1.1　实验目的

1. 了解 LED 的发光原理，了解混色原理及相关定律，了解实现白光 LED 的方法，了解结温对 LED 发光性能的影响；

2. 测量 LED 的伏安特性、电光转换特性、输出光空间分布特性。

4.18 –1.2　实验仪器与装置

激励电源、测试仪、LED 组件盒、LED 光发射器、直线轨道和照度检测探头（实验前应打开激励电源和测试仪预热 10min）。

4.18 –1.3　实验原理

4.18 –1.3.1　LED 发光原理

发光二极管是由 P 型和 N 型半导体组成的二极管（图 4.18 – 1）。P 型半导体中有相当数量的空穴，几乎没有自由电子；N 型半导体中有相当数量的自由电子，几乎没有空穴。当两种半导体结合在一起形成 PN 结时，N 区的电子（带负电）

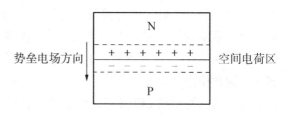

图 4.18 – 1　半导体 PN 结示意图

向 P 区扩散，P 区的空穴（带正电）向 N 区扩散，在 PN 结附近形成空间电荷区与势垒电场。势垒电场会使载流子向扩散的反方向做漂移运动，最终扩散与漂移达到平衡，使流过 PN 结的净电流为零。在空间电荷区内，P 区的空穴被来自 N 区的电子复合，N 区的电子被来自 P 区的空穴复合，使该区内几乎没有能导电的载流子，所以又称为结区或耗尽层。当加上与势垒电场方向相反的正向偏压时，结区变窄，在外电场作用下，P 区的空穴和 N 区的电子就向对方扩散运动，从而在 PN 结附近产生电子与空穴的复合，并以热能或光能的形式释放能量。采用适当的材料，使复合能量以发射光子的形式释放，就构成发光二极管。发光二极管发射光谱的中心波长由组成 PN 结的半导体材料的禁带宽度决定，采用不同的材料及材料组分可以获得发射不同颜色的发光二极管。

LED 的光谱线宽度一般为几十纳米，而可见光的光谱范围是 380 ～ 780nm。白光 LED 一般采用三种方法形成：第一种是在蓝光 LED 管芯上涂敷荧光粉，蓝光与荧光粉产生的宽带光谱合成白光；第二种是采用几种发不同色光的管芯封装在一个组件外壳内，通过色光的混合构成白光 LED；第三种是紫外 LED 加 3 基色荧光粉，3 基色荧光粉的光谱合成白光。

4.18 – 1.3.2　LED 的伏安特性

LED 的伏安特性测量原理如图 4.18 – 2 所示。

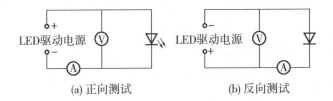

　　　(a) 正向测试　　　　　　　(b) 反向测试

图 4.18 – 2　LED 伏安特性测试原理图　　　　图 4.18 – 3　LED 的伏安特性曲线

伏安特性反映了在 LED 两端加电压时，电流与电压的关系，如图 4.18 – 3 所示。在 LED 两端加正向电压，当电压较小不足以克服势垒电场时，通过 LED 的电流很小；当正向电压超过死区电压 U_{th}（图 4.18 – 3 中的正向拐点）后，电流随电压迅速增长。正向工作电流指 LED 正常发光时的正向电流值。根据不同 LED 的结构和输出功率的大小，其值在几十 mA 到 1A 之间。正向工作电压指 LED 正常发光时加在二极管两端的电压。允许功耗指加于 LED 的正向电压与电流乘积的最大值，超过此值，LED 会因过热而损坏。

LED 的伏安特性与一般二极管相似。在 LED 两端加反向电压，只有 μA 级反向电流。反向电压超过击穿电压 U_B 后 LED 被击穿损坏。为安全起见，激励电源提供的最大反向电压应低于击穿电压。

4.18 – 1.3.3　LED 的电光转换特性

LED 的电光转换特性测量原理如图 4.18 – 4 所示。图 4.18 – 5 反映了发光二极管发出的光在某截面处的照度与驱动电流的关系。其照度值与驱动电流近似呈线性关系，这是因为驱动电流与注入 PN 结的电荷数成正比，在复合发光的量子效率一定的情况下，输出光通量与注入电荷数成正比，其照度正比于光通量。

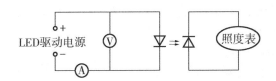
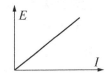

图 4.18 – 4　LED 电光转换特性测试原理图　　　图 4.18 – 5　LED 电光转换特性曲线

4.18 – 1.4　　实验内容与步骤

(1)打开激励电源和测试仪预热 10min。

(2)测量伏安特性与电光转换特性。将 LED 样品紧固在 LED 发射器上,发射器方向指示线对齐 0°。将照度检测探头移至距 LED 灯 10cm 处,调节探头的高度和角度使其正对 LED 发射器。

测量 LED 样品的反向特性:

①点击测试仪上的方向按钮点亮"反向"指示灯。

②激励电源输出模式选为"稳压",电源输出选择 0 ～ 36V 挡,"稳压,36V 挡"状态指示灯亮。点击测试仪上的"测试"按钮点亮测试状态指示灯。

③将激励电源上"输出调节"旋钮顺时针旋转,记录 – 1 ～ – 4V(间隔 1V 左右)各电压下的反向电流值于表 4.18 – 1 或表 4.18 – 2(电压值以距设定值最近的实际电压值为准)。

④数据记录完毕后,点击"复位"按钮电流归零,反向特性实验结束。

测量 LED 样品的正向特性:

①点击测试仪上的方向按钮点亮"正向"指示灯。

②激励电源输出模式选为"稳压",电源输出选择 0 ~ 4V 挡,"稳压,4V 挡"状态指示灯亮。

③顺时针旋转"输出调节"旋钮调节电压至正向前三组设定值附近(表 4.18 – 1 或表 4.18 – 2,包括 0V),记录对应的电流和照度值。(注:由于材料特性,同类型的红色 LED 与其他颜色 LED 的电学参数差异较大,绿、蓝、白色 LED 的电学参数相近,故表格中红色 LED 的正向电压设定值与其他颜色 LED 不同。)

④点击"复位"按钮,电流归零。若样品为高亮型 LED,将激励电源输出模式切换为"稳流,40mA 挡",若为功率型 LED,选择"稳流,350mA 挡"。顺时针旋转"输出调节"旋钮,按表 4.18 – 1 或表 4.18 – 2 设计的电流值改变电流(接近即可),记录电压、照度值于表 4.18 – 1 或表 4.18 – 2 中。

⑤数据记录完毕后,点击"复位"按钮电流归零。点击"测试"按钮,测试状态指示灯灭,否则更换样品时可能出现短暂报警。

⑥更换样品,重复以上正反向特性测试步骤。

表 4.18 − 1　高亮型 LED 伏安特性与电光转换特性的测量

红色高亮	电压/V	−4	−3	−2	−1	0	0.5	1.0								
	电流/mA						0.1	0.2	0.5	1	2	4	8	12	16	20
	照度/lx															
绿色高亮	电压/V	−4	−3	−2	−1	0	1.0	2.0								
	电流/mA						0.1	0.2	0.5	1	2	4	8	12	16	20
	照度/lx															
蓝色高亮	电压/V	−4	−3	−2	−1	0	1.0	2.0								
	电流/mA						0.1	0.2	0.5	1	2	4	8	12	16	20
	照度/lx															
白色高亮	电压/V	−4	−3	−2	−1	0	1.0	2.0								
	电流/mA						0.1	0.2	0.5	1	2	4	8	12	16	20
	照度/lx															

表 4.18 − 2　功率型 LED 伏安特性与电光转换特性的测量

红色功率	电压/V	−4	−3	−2	−1	0	0.5	1.0								
	电流/mA						1	2	5	10	20	40	80	120	160	200
	照度/lx															
绿色功率	电压/V	−4	−3	−2	−1	0	1.0	2.0								
	电流/mA						1	2	5	10	20	40	80	120	160	200
	照度/lx															
蓝色功率	电压/V	−4	−3	−2	−1	0	1.0	2.0								
	电流/mA						1	2	5	10	20	40	80	120	160	200
	照度/lx															
白色功率	电压/V	−4	−3	−2	−1	0	1.0	2.0								
	电流/mA						1	2	5	10	20	40	80	120	160	200
	照度/lx															

注：表 4.18 − 1、表 4.18 − 2 中电流单位为 mA，在记录反向电流值时注意单位换算。表 4.18 − 2 中功率型 LED 在电流较大时，由于热效应，随着通电时间增加，其电压会逐渐降低。电流越大，热效应越明显。实验时，为减小热效应对伏安特性测量的影响，应尽量缩短做大电流驱动实验的时间。

根据表 4.18 − 1、表 4.18 − 2 画出 4 只高亮型 LED、4 只功率型 LED 的伏安特性及电光转换特性曲线，并与图 4.18 − 3、图 4.18 − 5 比较，分析异同原因。普通硅二极管的死区电压 $U_{th} \approx 0.7V$，锗二极管的死区电压 $U_{th} \approx 0.2V$，试比较 LED 样品与普通二极管的异同。

实验 4.18 – 2　LED 热学特性的研究

4.18 – 2.1　实验目的

1. 了解电学参数法测量 LED 结温的理论基础，了解结温对 LED 正向伏安特性曲线的影响，了解电流大小对 LED 结温测量的影响；

2. 测量 LED 的稳态热阻。

4.18 – 2.2　实验仪器

激励电源、测试仪、温控仪、温控测试台等（实验前请打开激励电源和测试仪预热 10min）。

4.18 – 2.3　实验原理

4.18 – 2.3.1　LED 结温及结温测量方法

研究 LED 热特性的主要内容是测量 LED 的结温和热阻。而测量热阻的前提是准确测量结温，所以准确测量 LED 的结温是研究 LED 热特性的基础。LED 的基本结构是一个半导体的 PN 结，PN 结的温度就是 LED 的结温。由于元件芯片均具有很小的尺寸，因此我们也可把 LED 芯片的温度视为结温。

目前测量 LED 结温的方法包括电学参数法、管脚法、蓝白比法、红外热成像法、光谱法等，其中电学参数法被认为是目前结温测量最准确的方法而被广泛采用。电学参数法又包括小电流 K 系数法和脉冲法。两者都是利用 LED 电压与结温的关系，通过测量电压来求结温。关于这两种方法的具体实现将在后面的内容中进行详细介绍。

4.18 – 2.3.2　LED 正向电压与结温关系

根据二极管的肖克利（Shockley）模型，LED 的伏安特性为

$$I = I_S\left[e^{\frac{eU}{kT}} - 1 \right] \approx I_S e^{\frac{eU}{kT}} \qquad (4.18 - 1)$$

式中，I、U 分别为流过 LED PN 结的电流和端电压；I_S 为反向饱和电流；$e = 1.6 \times 10^{-19}$C（库仑），为电子电量；$k = 1.38 \times 10^{-23}$J/K，为玻尔兹曼常数；T 为绝对温度。I_S 是温度的函数，在半导体材料杂质全部电离、本征激发可以忽略的条件下有

$$I_S = Ae\left(\sqrt{\frac{D_n}{\tau_n}} \frac{n_i^2}{N_A} + \sqrt{\frac{D_p}{\tau_p}} \frac{n_i^2}{N_D} \right) \qquad (4.18 - 2)$$

式中，A 是结面积；D_n、D_p 是电子和空穴的扩散系数；τ_n、τ_p 是少数电子寿命和少数空穴寿命；N_A、N_D 分别是掺入的受主浓度和施主浓度；n_i 为本征半导体浓度，且

$$n_i^2 = N_C N_V e^{-\frac{eU_{g0}}{kT}} \tag{4.18-3}$$

$$N_C = 2\left(\frac{m_n^* kT}{2\pi H^2}\right)^{\frac{3}{2}}, N_V = 2\left(\frac{m_p^* kT}{2\pi H^2}\right)^{\frac{3}{2}} \tag{4.18-4}$$

其中，N_C、N_V 分别为导带和价带的有效态密度；m_n^*、m_p^* 分别为电子和空穴的有效质量；U_{g0} 是绝对零度时 PN 结材料的导带底和价带顶的电势差。因为式中两项的情况相似，所以只需考虑第一项即可。因 D_n 与温度 T 有关，设 D_n/τ_n 与 T^γ 成正比，γ 为一常数，则有

$$I_S = Ae\left(\sqrt{\frac{D_n}{\tau_n}}\frac{n_i^2}{N_A} + \sqrt{\frac{D_p}{\tau_p}}\frac{n_i^2}{N_D}\right) \propto T^{3+\frac{\gamma}{2}}e^{-\frac{eU_{g0}}{kT}} \tag{4.18-5}$$

所以有

$$I_S = CT^\beta e^{-\frac{eU_{g0}}{kT}} \tag{4.18-6}$$

C、β 为常数。

由 (4.18-6) 式可得：

$$U = U_{g0} - \frac{k}{e}\ln\left(\frac{C}{I}\right) \cdot T - \frac{k\beta T}{e}\ln T \tag{4.18-7}$$

上式表示一般 PN 结的电压与电流和温度的函数关系。从中可以看出，当电流 I 一定时，U 仅随 T 的变化而变化，且结温越大，电压越低，于是可以通过测量电压得到结温，这就是电学参数法的理论基础。定义电压温度系数 K 为：

$$K = \frac{dU}{dT} = -\frac{k}{e}\ln\left(\frac{C}{I}\right) - \frac{\beta k}{e} - \frac{\beta k}{e}\ln T \tag{4.18-8}$$

从上式可知，影响 K 的因素有电流 I 和温度 T，但当 I 很小时 K 的值取决于上式右边第一项。而在一定温度范围内，末项中 T 的影响较小。所以当电流为很小的恒定电流时，电压温度系数 K 近似为常数。于是上式就可以表示为

$$T = \frac{U - U_0}{K} + T_0 \tag{4.18-9}$$

U_0、T_0 为初始时的电压和结温，这便是小电流 K 系数法的理论基础。

应当指出，由于实际 LED 样品不可能是一个理想的 PN 结，因此 (4.18-8) 式所描写的并不是严格的定量关系。利用小电流 K 系数法测量 LED 结温要分两步进行：

①标定 K。即给 LED 通一小的测量电流 I_M，在不同的环境温度下测量对应的电

压 U_M，求得系数 K。

②测结温。在规定的环境温度条件下给被测 LED 施加小的测量电流 I_M，得到正向电压 U_M，用加热电流 I_H 替代 I_M，待达到热稳定并建立热平衡后，快速用测量电流 I_M 替代 I_H 测得正向电压 U_{Mi}，根据标定的 K，求得此时的结温 T_{Ji}。

K 系数的确定要考虑的因素有很多。其中，最关键的是选择测量电流 I_M 必须足够大以便获得一个不被表面漏电流影响的可靠的正向电压读数，但也要足够的小以便不会引起器件产生明显的自热行为。这就给测量电流 I_M 的选择带来难度。一般测量电流 I_M 的大小取决于被测 LED 的额定电流或功率大小，通常取 $0.1 \sim 5.0mA$。另外，将电流 I_H 切换至 I_M 的时间应尽量短，避免 LED 出现较大的降温，建议在 $50\mu s$ 以下。加热电流 I_H 的大小一般为被测 LED 的额定电流。小电流 K 系数法的局限性在于：测试时必须首先将该 LED 从原来的线路中断开，然后用专门的结温测试电源——脉冲恒流源供电。

4.18 −2.3.3　脉冲法测量 LED 结温

脉冲法是一种测量结温的新方法，2008 年由美国 NIST 实验室的 Zong Yuqin 先生提出，它与目前最常用的小电流 K 系数法一样同属于电学参数法。

(1)利用脉冲法测量 LED 结温也分两步进行：研究电压与结温的关系。通过给 LED 注入恒定的窄脉冲电流(使得通电时间内产生的热量对结温温升的影响有限)，脉冲电流幅值与额定工作电流相等，同时通过减小占空比使脉冲电流断开后热量有足够的时间散出去。确定脉冲源后，分别测量 LED 在不同温度下的正向电压(在热平衡条件下结温等于环境温度)，获得额定电流下正向电压与结温的关系曲线。在 LED 正常工作时，通过测量 LED 两端电压，根据已经求出的电压与结温的函数关系得到 LED 的结温。

与小电流 K 系数法相比，脉冲法最大的好处就是无需改变原来系统的连接关系，可直接测量。由于可以选取 LED 的工作电流为测试电流，因此一旦结温与电压的关系确定，只需要想办法读取待测 LED 两端的电压数据即可，而不需要专门的测试电源对 LED 供电，也就不用改变原来系统的连接关系，因而使得测试过程大大简化。脉冲法测量 LED 结温的关键在于脉冲源必须保证工作电流下 LED 没有严重的自热行为，这就包括脉冲的宽度和占空比的选择。

注：占空比是指在一串理想的脉冲周期序列中(如方波)，正脉冲的持续时间与脉冲总周期的比值。例如：脉冲宽度 $1\mu s$，信号周期 $4\mu s$ 的脉冲序列占空比为 0.25。LED 在宽脉宽、大占空比的脉冲电流下结温随时间的变化关系可近似如图 4.18 −6 所示。

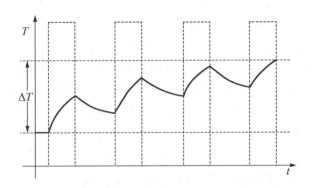

图 4.18 -6 LED 在宽脉宽、大占空比的脉冲电流下结温随时间的变化关系

从图 4.18 -6 可以看出，当脉冲电流脉宽较大、占空比较大时，结温的增量 ΔT 将随着时间累积增加。如果选择合适的窄脉宽和小占空比的脉冲电流，那么结温随时间的变化情况近似如图 4.18 -7 所示。

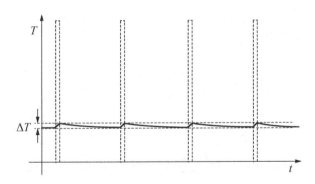

图 4.18 -7 LED 在窄脉宽、小占空比的脉冲电流下结温随时间的变化关系

由图 4.18 -7 可见，脉宽越小时，一个脉宽作用下引起的温升 ΔT 也越小，若第二个同样的窄脉冲到来之前，LED 有足够长的散热时间（即占空比足够小），那么前一个脉冲引起的温升将得到抵消。当第二个、第三个…脉冲来临时，将重复第一个脉冲周期内的结温变化情况。由以上分析可见，脉冲宽度越小，占空比越小，通电电流引起的温升就越小，结温测量越准确。那么该如何确定脉宽和占空比呢？

设芯片面积为 $1.2 \times 1.2 \text{mm}^2$，厚度为 0.2mm，InGaN 衬底。由于外延层很薄，忽略外延层材料与衬底之间的差异，不考虑电极的影响，那么芯片的体积为 $2.88 \times 10^{-4} \text{cm}^3$。InGaN 的密度约为 6.15g/cm^3，故芯片质量 m 约为 $1.77 \times 10^{-3} \text{g}$，其比热容 c 约为 0.5J/(g·K)。工作电流为 0.35A，室温时工作电压约为 3.24V，其中约 85% 的电功率转变为热。那么在不考虑芯片向周围环境散热的情况下，LED 接通电流后，短时间内，LED 芯片的温升 ΔT 与时间 t 的关系可由下式表示：

$$\Delta T = \frac{\eta UI}{c \cdot m} \cdot t = \frac{0.85 \times 3.24 \times 0.35}{0.5 \times 1.77 \times 10^{-3}} \cdot t = 1.09 \times 10^3 \cdot t(\text{℃}) \qquad (4.18-10)$$

由上式可知，若在一个脉冲宽度为 $10\mu s$ 的窄脉冲作用下，LED 芯片的温升 ΔT 约为 $0.01℃$，和室温相比可忽略不计。以上分析结果为估计值。确定脉宽后，再来考虑占空比，或者说散热时间的确定。若散热时间不够，降温小于升温，则温升会随着时间进行积累。若对每一个脉宽内某固定点进行电压采样，根据电压和结温的对应关系，若结温随时间累积变化则采样的电压也会随时间变化；若电压不随时间变化，说明降温抵消了之前的升温，即此时选择的占空比能使 LED 有足够的散热时间。

4.18 -2.3.4　结温对 LED 发光性能的影响

LED 的光通量或照度受结温的影响较大，随着结温的升高，LED 光通量减小，同一截面上照度也随之减小；结温下降时，LED 的光通量或照度增加。一般情况下（正常工作时），这种情况是可逆的和可恢复的，当结温回到原来的值，光通量或照度也会回到原来的状态。LED 光通量或照度随结温（室温～$120℃$）的变化关系大致如图 4.18 -8 所示。

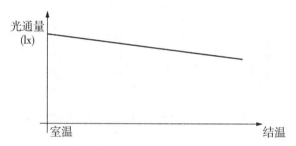

图 4.18 -8　LED 光通量（或照度）与结温的关系曲线

4.18 -2.3.5　LED 热阻

热阻是导热介质两端的温度差与通过热流功率的比值（单位：$℃/W$ 或 K/W）。LED 的热阻定义为

$$R_{\theta(J-X)} = \frac{T_J - TX}{P_H} \qquad (4.18-11)$$

式中，$R_{\theta(J-X)}$ 为 LED 的 PN 结到指定参考点之间的热阻；T_J 为测试条件稳定时 LED 的结温（即上文中的 T，此处为区别于 T_X，特意添加了下标 J，以示结温）；T_X 为指定参考点的温度；P_H 为 LED 的热耗散功率，目前，一般输入的电能中约 85% 因无效复合而产生热量。故（4.18 -11）式又可近似写成

$$R_{\theta(J-X)} = \frac{T_J - T_X}{0.85P} = \frac{T_J - T_X}{0.85UI} \qquad (4.18-12)$$

其中，U 和 I 分别为 LED 两端的电压与流过 LED 的正向电流。

从热阻的定义公式可知，当输入功率一定时，热阻越小，则结温与参考点的温度差越小，即此段散热通道上的散热能力越强。所以通过减小 LED 散热通道热阻的方法能够降低 LED 的结温，从而有效延长 LED 的寿命、改善发光效率等。

4.18 – 2.4　实验内容与步骤

①将待测 LED 置于加热腔内，保证温度探头和 LED 金属热沉表面良好接触。盖好加热腔的盖子，在盖子上方安放好照度检测探头。

②正确连接线路。打开激励电源、测试仪的电源开关进行预热，确认温控仪的"工作/停止"切换按钮处于"停止"状态，然后打开温控仪的电源开关。

③待 LED 表面温度稳定（注：室温下，此时温控仪未控温），将激励电源调为"稳流、350mA"状态。

④测试仪上"方向选择"为"正向"。长按测试仪上"直流/脉冲"切换按钮，将脉冲电流源调为占空比 1 : 1000 状态。按下"测试"按钮，旁边的指示灯亮，此时测试仪处于测试状态。

⑤迅速顺时针旋转激励电源上的"输出调节"旋钮调节电流使测试仪上电流表显示为额定电流 300.0mA（或附近），此时立即按下秒表开始计时，并每隔 0.5min 记录一次电压值和 LED 表面温度于表 4.18 – 5 中相应位置。共记录 5min。

⑥记录 5min 后（记得最后将秒表清零，下同），逆时针旋转"输出调节"旋钮，测量脉冲电流幅值为 300 ～ 5mA（实际值与设定值接近即可）时各电流下的电压值，将室温（即 LED 表面温度）和测得的电压值记录于表 4.18 – 4 中第一列。

⑦迅速顺时针旋转激励电源上的"输出调节"旋钮调节电流使测试仪上电流表显示为 300.0mA（或附近）。

⑧短按一次"直流/脉冲"切换按钮将占空比改为 1 : 100，此时立即按下秒表开始计时，并每隔 0.5min 记录一次电压值和 LED 表面温度于表 4.18 – 3 中相应位置。共记录 5min。此时测得的表面温度略有上升。然后点击"复位"按钮，电流归零，使 LED 自然降温。将占空比调为 1 : 1000 状态。

⑨待 LED 表面温度稳定，重复步骤⑦。快速短按两次"直流/脉冲"切换按钮将占空比改为 1 : 50，此时立即按下秒表开始计时，并每隔 0.5min 记录一次电压值和 LED 表面温度于表 4.18 – 3 中相应位置。共记录 5min。然后点击"复位"按钮，电流归零，使 LED 自然降温。将占空比调为 1 : 1000 状态。

⑩仍然在室温下（不控温），重复步骤⑦。长按测试仪上"直流/脉冲"切换按钮将电流源调为直流模式（即占空比 1 : 1 状态），在电流模式变为直流的同时按下秒表，在 0 ～ 1min 内，每隔 10s 迅速记录一次电压和照度值（电压和照度变化很快，需快速记录），之后的间隔时间见表 4.18 – 5（表中结温待最后对数据进行分析得出

结温与电压的关系后再通过电压进行换算得到），共记录 10min（一般来讲 LED 在 10min 后已基本稳定）。

⑪记录最后稳定时（即电压不再变化）的电压和表面温度（即参考点温度）于表 4.18 – 6 中，用于求 LED 的稳态热阻（表中结温由电压换算得到）。实验完后长按 "直流/脉冲" 切换按钮将脉冲电流源调为占空比 1∶1000 状态。

⑫调节温控箱中的温度，以室温为最小值，以 10℃ 左右的温度间隔递增（若时间较为紧凑可间隔 20℃，不过这样得到的电压结温关系的准确性稍差）。待温度恒定，在每个恒定温度下测量脉冲电流幅值为 5 ～ 300mA 范围 LED 的正向伏安特性，将温度（即结温）和测得的电压记录于表 4.18 – 4 中相应位置。

⑬实验完后，点击 "复位" 按钮电流归零，取下照度检测探头，关闭各仪器开关电源，整理好连接导线。

4.18 – 2.5   实验数据记录与处理

（1）筛选合适的脉冲电流源：

表 4.18 – 3   不同占空比下，LED 电压 U、表面温度 T_B 与时间 t 的关系

室温：_____℃   电流幅值：_____mA   脉宽：10μs

占空比	1∶1000		1∶100		1∶50	
时间 t/min	电压 U/mV	表面温度 T_B/℃	电压 U/mV	表面温度 T_B/℃	电压 U/mV	表面温度 T_B/℃
0						
0.5						
1.0						
1.5						
2.0						
2.5						
3.0						
3.5						
4.0						
4.5						
5.0						
5min 内各参数改变量						

对比 5min 内各占空比下电压的改变量，根据电压与结温的对应关系，总结当脉宽固定时占空比是如何影响 LED 结温的。表面温度的改变能否从侧面对其进行印证？

（2）测量各结温下 LED 的正向伏安特性曲线：

表 4.18 - 4　各结温下 LED 的伏安特性

电流/mA	各结温下 LED 两端的电压/mV										
	℃	℃	℃	℃	℃	℃	℃	℃	℃	℃	℃
5											
10											
30											
60											
100											
150											
200											
250											
300											

注：实验采用脉冲法测量 LED 的正向伏安特性，脉冲源采用上面内容中筛选出来的、通电引起的温升很小的脉冲源，由于通电引起的温升很小甚至可忽略，其得到的伏安特性曲线是严格的一定温度下的伏安特性曲线，故可以研究不同结温对 LED 电学性能的影响。

根据表 4.18 - 4 以电压为横轴、电流为纵轴、结温为参变量绘出不同结温下 LED 的正向伏安特性曲线簇。观察 LED 正向伏安特性曲线随结温变化的规律，总结结温对 LED 正向伏安特性的影响。

（3）研究各电流下 LED 的电压与结温关系曲线：

根据表 4.18 - 4 的数据，以电压为纵轴、结温为横轴、电流为参变量，绘出不同电流下 LED 的电压与结温的关系曲线簇，观察各电流下 LED 的电压与结温是否呈线性关系。小电流（5mA）与大电流（300mA）时，电压与结温的线性度有何差异？若有差异，理论上如何解释（提示：见原理部分）？

（4）额定电流时结温与电压的关系：

对上面内容中额定电流下的电压与结温数据进行线性拟合。根据线性拟合函数计算出最大结温测量偏差。若该偏差较大（如大于 5℃），说明在额定电流下若要更加准确地测量结温与电压的关系应该采用非线性拟合方式。为简便起见，可采用更高一次的二次多项式拟合。

注：为简化计算过程，我们建议用户可以使用 Origin 软件或更加常用的 Excel 对数据进行拟合，软件将自动给出拟合参数及相关系数，用户可以通过相关系数判断拟合结果是否合理。

若使用软件得到拟合参数，往往参数会保留小数点后多位。若保留位数过多，不但对测量的精度影响不大，而且会造成计算量的增加，造成资源浪费，这在应用中尤其是硬件条件有限的情况下是需要考虑的问题；若保留位数过少，计算结果的偏差可能很大。如何保留较少的小数位数而又不会造成较大的误差？下面将对这种误差进行分析，用户可以根据自己要求的测量精度来确定需要保留的小数位数。

设二次多项式为

$$y = A + B \cdot x + C \cdot x^2$$

则 A、B、C 的取值误差 ΔA、ΔB、ΔC（对应于所取数值的小数点最后一位）对结果 y（精确的拟合值）造成的误差

$$\Delta y = \sqrt{\left(\frac{\partial y}{\partial A} \cdot \Delta A\right)^2 + \left(\frac{\partial y}{\partial B} \cdot \Delta B\right)^2 + \left(\frac{\partial y}{\partial C} \cdot \Delta C\right)^2} = \sqrt{(\Delta A)^2 + (x \cdot \Delta B)^2 + (x^2 \cdot \Delta C)^2}$$

若要使 y 的误差 $\Delta y < 0.2$，则要求：

$$\sqrt{(\Delta A)^2 + (x \cdot \Delta B)^2 + (x^2 \cdot \Delta C)^2} < 0.2$$

满足上式的一个解为：

$$\Delta A \leqslant 0.1, \quad x \cdot \Delta B \leqslant 0.1, \quad x^2 \cdot \Delta C \leqslant 0.1$$

于是可以通过 x 的数量级来确定各参量需要保留的小数位数。例如：x 取值为 10^3 数量级，则 $\Delta B < 10^{-5}$，$\Delta C < 10^{-8}$。即当 A 的取值精确到小数点后一位，B 的取值精确到小数点后五位，C 的取值精确到小数点后八位时，算得的 y 与精确的拟合 y 值的误差小于 0.2。考虑到拟合的 y 值与实际测量 y 值的误差，综合误差会大于 0.2，但若拟合结果较为理想，则不会偏差太多。

得到更为准确的二次拟合函数后，利用 $T(U)$ 方程得到结温计算值，与结温测量值比较计算误差，得到最大误差值，即在实验温度范围内结温测量的精度。

（5）研究结温对 LED 发光性能的影响：

表 4.18 – 5   结温对照度的影响实验

时间/s	电压/mV	结温/℃	照度(10lx)
10			
20			
30			
40			
50			
60			
80			
100			
150			
300			
600			

注：实验采用上面数据研究的结温与电压关系，通过测量电压计算结温，来探索结温对照度的影响。

根据表 4.18 – 5 中的数据，绘出照度与结温的关系曲线，与图 4.18 – 8 作比较。思考结温是如何影响 LED 的发光性能的。

(6)测量 LED 的稳态热阻：

表 4.18 – 6　计算平衡时 LED 的 PN 结到指定参考点之间的热阻

电流 I/mA	电压 U/mV	结温 $T_J/℃$	参考点温度 $T_X/℃$	热阻 $R_{\theta(J-X)}/℃/\text{W}$
300				

热阻与电阻有何相似之处？电阻对电流起阻碍作用，那么热阻对热流的作用呢？热阻的大小怎样影响 LED 的散热性能？

实验 4.18 – 3　LED 光学特性的研究

4.18 – 3.1　实验目的

1. 了解混色原理及相关定律和实现白光 LED 的方法；
2. 验证代替律、补色律、中间色律、亮度相加律；
3. 测量 LED 输出光空间分布特性。

4.18 – 3.2　实验仪器与装置

激励电源、测试仪、直线轨道、照度检测探头、混色器、混色控制盒及屏。

4.18 – 3.3　实验原理

4.18 – 3.3.1　LED 输出光空间分布特性

发光二极管芯片结构及封装方式不同，输出光的空间分布也不一样，图 4.18 – 9 给出其中两种不同封装的 LED 的空间分布特性（实际 LED 的空间分布特性可能与图示存在差异）。图 4.18 – 9 的发射强度是以最大值为基准，此时方向角定义为零度，发射强度定义为 100%。当方向角改变时，发射强度（或照度）相应改变。发射强度降为峰值的一半时，对应的角度称为方向半值角。发光二极管出光窗口附有透镜，可使其指向性更好，如图 4.18 – 9a 的曲线所示，方向半值角大约为 ±7°，可用于光电检测、射灯等要求出射光束能量集中的应用环境；图 4.18 – 9b 所示为未加透镜的发光二极管，方向半值角大约为 ±50°，可用于普通照明及大屏幕显示等要求视角宽广的应用环境。

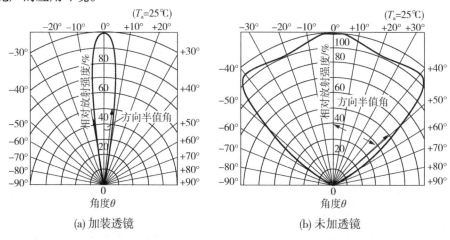

图 4.18 – 9　两种发光二极管输出光的空间分布特性曲线

4.18 –3.3.2　混色理论

实验证明，各种颜色可以相互混合。两种或几种颜色相互混合，将形成不同于原来颜色的新颜色。颜色混合有两种方式：色光混合和色料混合，如图 4.18 – 10 所示。

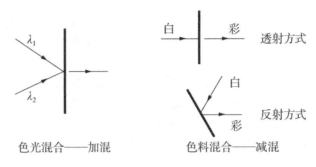

图 4.18 – 10　两种颜色混合方式

色光混合是不同颜色光的直接混合。混合色光为参加混合各色光之和，故又称之为加混色。

色料是对光有强烈选择吸收的物质，在白光照明下呈现一定的颜色。色料混合是从白光中去除某些色光，从而形成新的颜色，故又称为减混色。

（1）格拉斯曼颜色混合定律。

大量的混色实验揭示了颜色混合的许多现象。据此格拉斯曼于 1854 年总结出色光混合的下面几个基本规律，即格拉斯曼颜色混合定律，它是建立现代色度学的基础。需要注意的是，格拉斯曼颜色混合定律适用于色光混合，不适用于色料混合。

颜色的属性。人眼的视觉只能分辨颜色的 3 种变化：明度、色调、饱和度。这 3 种特性可以统称为颜色的三属性。明度是指人眼对物体的明暗感觉。发光物体的亮度越高，则明度越高；非发光物体反射比越高，明度越高。色调是指彩色彼此相互区分的特性。可见光谱中不同波长的辐射在视觉上表现为各种色调，如红、橙、黄、绿、青、蓝、紫等。饱和度表示物体颜色的浓淡程度或颜色的纯洁性。可见光谱的各种单色光的饱和度最高，颜色最纯；白光的饱和度最低。单色光掺入白光后，饱和度将降低，参入白光越多，饱和度就越低，但它们的色调不变。物体色的饱和度决定于物体表面反射光谱辐射的选择性程度。若物体对光谱某一较窄波段的反射率很高，而对其他波段的反射率很低，这一波段的颜色的饱和度就高。

补色律和中间色律。在由两个成分组成的混合色中，如果一个成分连续变化，混合色的外貌也连续地变化。由此导出两个定律：补色律和中间色律。

补色律：每种颜色都有一个相应的补色。某一颜色与其补色以适当的比例混合便产生白色或灰色，以其他比例混合便产生接近占有比例大颜色的非饱和色。

中间色律：任何两个非补色混合便产生中间色，其色调决定于两个颜色的相对数量，其饱和度主要决定于两者在色调顺序上的远近。

代替律。代替律指出外貌相同（即明度、色调、饱和度相同）的颜色混合后仍相同。

如果颜色 A = 颜色 B，颜色 C = 颜色 D，那么颜色 A + 颜色 C = 颜色 B + 颜色 D。由代替律知道，只要在视觉上相同的颜色便可以互相代替。设 A + B = C，如果没有颜色 B，而 $x + y$ = B，那么 A + ($x + y$) = C。这个由代替而产生的混合色与原来的混合色在视觉上是相同的。

亮度相加律。混合色的总亮度等于组成混合色的各颜色光亮度的总和。假定参加混色各色光亮度分别为 L_1，L_2，$\cdots$，L_n，则混合色光的光亮度 $L = L_1 + L_2 + \cdots + L_n$。

（2）颜色匹配。通过改变参加混色各颜色的量使混合色与指定颜色达到视觉上相同的过程，称作颜色匹配。从大量的颜色匹配实验中，可以得到如下的结论：

红、绿、蓝三种颜色以不同的量值（有的可能为负值）相混合，可以匹配任何颜色。

红、绿、蓝不是唯一的能匹配所有颜色的三种颜色。三种颜色，只要其中的每一种都不能用其他两种混合产生出来，就可以用它们匹配所有的颜色。

能够匹配所有颜色的三种颜色，称作三基色。人们通常选用红（R）、绿（G）、蓝（B）作为三基色，其原因可能是：用不同量的红、绿、蓝三种颜色直接混合几乎可得到经常使用的所有颜色；红、绿、蓝三种颜色恰与人的视网膜上红视锥、绿视锥和蓝视锥细胞所敏感的颜色相一致。

（3）白光的实现。在能源日趋紧张和环保压力日益加大的情况下，使用白光 LED 照明是节能环保的重要途径。

白光是一种组合光，白光 LED 可以分为单芯片、双芯片和三芯片等实现方式。

单芯片方式：目前包括蓝光/黄荧光粉、蓝光/（红 + 绿）荧光粉、紫外光/（红 + 绿 + 蓝）荧光粉，其中蓝光/黄荧光粉是一种目前较为成熟的实现方式。

双芯片方式：可由蓝光 LED + 黄光 LED、蓝光 LED + 黄绿 LED 以及蓝绿 LED + 黄光 LED 制成，此种器件成本比较便宜，但由于是由两种颜色 LED 形成的白光，显色性较差，只能在显色性要求不高的场合使用。

三芯片方式：即红光 LED + 绿光 LED + 蓝光 LED 组合方式。

另外还有四芯片方式，即红光 LED + 绿光 LED + 蓝光 LED + 黄光 LED 组合方式，可得到显色指数较高的白光。

4.18 – 3.4　实验内容与步骤

（1）LED 输出光空间分布特性测试。仪器操作方法与上面实验中"测量 LED 样品正向特性"相同，照度检测探头保持不动。

①将 LED 样品紧固在 LED 发射器上，在"稳流"模式下调节驱动电流至设定电流（高亮型 LED 驱动电流保持在 18mA 左右，功率型 LED 驱动电流保持在 200mA 左右）。

②松开 LED 光发射器底部的锁紧螺钉，缓慢旋转发射器，观察照度的变化，以照度最大处对应的角度为基准 0°，并记录基准 0° 与刻线 0° 的差值——零差（规定俯视时以零刻度线为准，顺时针方向为负，逆时针方向为正），以后的角度读数减去零差，才是实际转动角度。

③对高亮型 LED，每隔 2° 测量一次照度的变化，实验数据记入表 4.18 - 7；对功率型 LED，每隔 10° 测量一次照度的变化，实验数据记入表 4.18 - 8。

④数据记录完毕后，点击"复位"按钮，电流归零。点击"测试"按钮，测试状态指示灯灭，否则更换样品时可能出现短暂报警。

⑤更换样品，重复以上测试步骤。

（2）观察色光混合现象，验证代替律。混色器置于直线轨道一端并固定，屏置于直线轨道中央位置附近。激励电源"电源输出"与混色控制盒"输入"相连，控制盒"输出"与混色器相连。激励电源设置为稳压 36V 挡。将混色控制盒上三个 LED 调为导通状态，并根据激励电源上显示的电流变化情况将三个 LED 电流调至最大（光源点亮后请勿直视光源）。将屏幕移近光源至能观察到类似如图 4.18 - 11 所示图像（图中数字编号除外）。

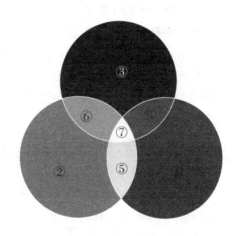

图 4.18 - 11　屏上成像

图 4.18 - 11 中所示各种颜色用带圈数字表示。通过控制三色 LED 的电路通断分别观察 ① + ③，① + ②，② + ③，① + ② + ③ 共计四种颜色的光混合时交叠区域的颜色，验证以下说法：

（a）④号色为①号色和③号色直接混合形成的颜色（即④↔① + ③）。

（b）⑤号色为①号色和②号色直接混合形成的颜色（即⑤↔① + ②）。

（c）⑥号色为②号色和③号色直接混合形成的颜色（即⑥↔② + ③）。

（d）⑦号色为①、②、③号色同时混合形成的颜色（即⑦↔① + ② + ③）。

若上述说法正确，可导出：⑦↔① + ② + ③↔① + ⑥↔② + ④↔③ + ⑤↔④ + ⑤ + ⑥，即验证了代替律。

（3）验证补色律。实验步骤：

①适当调节三个 LED 的各路电流大小使红绿蓝三色的混合色为白色或灰色。

②保持绿蓝两色 LED 电流大小不变，调节红色 LED 的电流值（增大或减小），观察混合色的变化，验证红色比例越大，混合色越偏红，否则越偏绿蓝的混合色。

③重复步骤①，按照步骤②的方法分别改变绿色或蓝色 LED 的电流值，验证类似说法。

思考：红、绿、蓝色的补色分别是什么颜色？如何得到？

（4）验证中间色律。打开任意两种颜色的 LED，调节两 LED 的电流值，观察两 LED 在不同电流比例下混合色的色调如何变化？饱和度如何变化？验证中间色律。

（5）通过蓝光/黄荧光粉实现白光。关闭红光和绿光 LED，点亮蓝光 LED。在自然白光下观察荧光片的颜色，然后将荧光片安装在混色器的出光孔处。再次观察荧光片上的颜色，颜色是否发生变化？通过调节蓝光 LED 电流大小，观察透过荧光片的颜色如何变化。

（6）验证亮度相加律。由于照度与亮度在实验条件下成近似正比关系，可通过测量照度间接验证亮度相加律。

移去屏，将照度探头进光孔与混色器出光孔正对放置，分别调节三个 LED 的电流至任意电流值，然后分别仅导通其中一路 LED，测量单路照度值。再打开三路 LED 测量组合照度值，将实验数据记入表 4.18 – 9。重复任意调节至少 3 次，验证亮度相加律。

4.18 – 3.5　实验数据记录与现象分析

表 4.18 – 7　高亮型 LED 输出光空间分布特性测量

实际转动角度/°		−14	−12	−10	−8	−6	−4	−2	0	2	4	6	8	10	12	14
照度 /lx	红色高亮															
	绿色高亮															
	蓝色高亮															
	白色高亮															

表 4.18 – 8　功率型 LED 输出光空间分布特性测量

实际转动角度/°		−70	−60	−50	−40	−30	−20	−10	0	10	20	30	40	50	60	70
照度 /lx	红色功率															
	绿色功率															
	蓝色功率															
	白色功率															

根据表4.18-3、表4.18-4，分别画出4只高亮型LED、4只功率型LED的输出光空间分布特性曲线。

表 4.18-9　测量各组合下的照度值

测量序号	照度/lx				
	1	2	3	⋯	⋯
红 E_R					
绿 E_G					
蓝 E_B					
红绿蓝组合 $E_{组合}$					
红绿蓝计算 $E_{计算}$					
相对误差 ω					

将每种组合下的单路照度值相加，计算结果记入表 4.18-9 中"红绿蓝计算 $E_{计算}$"行，然后计算 $E_{组合}$ 与 $E_{计算}$ 的相对误差。

实验 4.19　自组望远镜和显微镜

相信大家都有这样的生活经验，那就是自己的双眼无法分辨清楚极远处的物体，也无法分辨清楚近处极其微小的事物。而当远处的物体越来越近，或者近处的事物被放大，我们就能逐渐看清楚了。这是为什么呢？这是因为，决定人眼能否看清某样物体，并不由该物体的实际大小决定，而由该物体相对于人眼的视角决定。视角是被观察的两个光点相对于人眼球中心的张角，如图 4.19 – 1 所示。远处的物体变近，近处的物体被放大，视角变大，就由分辨不清楚到能分辨清楚。

图 4.19 – 1　视角示意图

在一般的照明环境下，正常人的眼睛在明视距离（约为 25cm）只能分辨相距约为 0.05mm 的两个光点。我们把这个极限称为人眼的分辨本领，此时的视角约为 1′，是人眼可分辨的最小视角。所以当一件较大的物体离我们很远，以及非常微小的物体离我们很近，我们都有可能看不清楚，因为此时的视角 < 1′。由此可见，人眼的分辨本领极其有限，无法满足我们对事物的进一步探求。因此人们想尽办法改善这种情况，于是就有了望远镜和显微镜。望远镜主要是将远处的物体拉近并放大，而显微镜主要是将细微的事物进行放大，两者都是增大视角。

望远镜和显微镜的种类非常多。广义的望远镜包括光学望远镜、射电望远镜、红外望远镜、X 射线和 γ 射线望远镜。显微镜主要包括光学显微镜和电子显微镜。不同的应用领域，对望远镜和显微镜的质量和参数的要求不同，不同级别的仪器，构造的复杂程度、制造成本也价格也都有很大差距。

本次实验只介绍使用不同焦距的双凸薄透镜和双凹薄透镜，为了简便起见文中简称凸透镜和凹透镜，组装结构最简单的折射望远镜和光学显微镜，观察其光学效果，让大家感受一下这两种光学镜片带来的视觉惊喜，并对组装的望远镜和显微镜的参数进行测量。

薄透镜的两个折射面在其光轴上的间隔（即厚度）与透镜的焦距相比可忽略，因此为方便作图可将其简化为图 4.19 – 2b 形状。文中光路图均使用简化图形。

双凸薄透镜　双凹薄透镜　　　　　双凸薄透镜　双凹薄透镜
　　　　　(a)　　　　　　　　　　　　(b)

图 4.19 – 2　透镜

4.19.1 实验目的

1. 组装望远镜和显微镜；
2. 观察多普勒望远镜与伽利略望远镜的区别；
3. 计算望远镜的放大倍数；
4. 可视化测量显微镜的放大倍数。

4.19.2 实验仪器

光具座、低压钠光灯(发散光源)、凸透镜、凹透镜、标准刻度尺。

4.19.3 实验原理

实验中使用凸透镜和凹透镜组装望远镜和显微镜，因此我们首先要回顾下这两种透镜的成像原理，然后在此基础上利用这两种透镜组装望远镜和显微镜。

4.19.3.1 薄透镜成像原理

如图 4.19-3 所示，对于薄凸透镜，平行于光轴方向的光过焦点，光过光心传播方向不变。对于薄凹透镜，平行于光轴方向的光反向延长过焦点 f，光过光心传播方向不变。在近轴光线条件下，薄透镜成像的规律可用高斯公式表示：

$$\frac{1}{u} + \frac{1}{v} = \frac{1}{f} \qquad (4.19-1)$$

式中，u 为物距，v 为像距，f 为透镜的焦距。u、v 和 f 均从透镜光心 O 点算起，v 的正负由像的虚实来决定：虚为负，实为正。对于凸透镜，f 取正值，对于凹透镜，f 取负值。

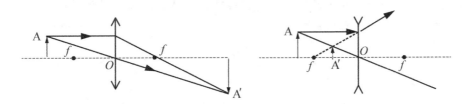

A 代表物，A′代表像

图 4.19-3 透镜成像

4.19.3.2 自组望远镜及望远镜放大倍数的计算

最简单的望远镜是由两个薄透镜组装而成，分为伽利略望远镜和开普勒望远镜。

　　伽利略望远镜的成像原理如图 4.19 - 4 所示，它用凸透镜作为物镜，凹透镜作为目镜组装而成，呈正立视角放大的虚像。在此强调"视角"放大的虚像，是因凹透镜 L_2 在某些位置处，所呈虚像尺寸虽然没有放大，但是距离拉近了，视角放大了。另外，当 A′到 L_2 的距离小于 f_2，就是我们实验 3.7 中所讨论的物距像距法测凹透镜焦距，如图 4.19 - 5 所示，大家要特别注意图 4.19 - 4、图 4.19 - 5 这两个光路图的不同。

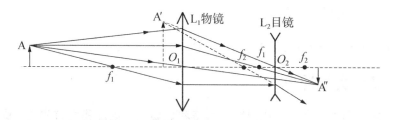

图 4.19 - 4　伽利略望远镜光路

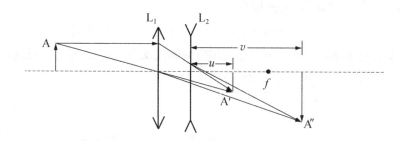

图 4.19 - 5　物距像距法测凹透镜焦距

　　开普勒望远镜如图 4.19 - 6 所示，分别由两个凸透镜作为物镜和目镜，呈倒立放大虚像。为使开普勒望远镜可以呈正立虚像，通常会在镜筒中加入如图 4.19 - 7 所示的屋脊棱镜或保罗棱镜进行正像。

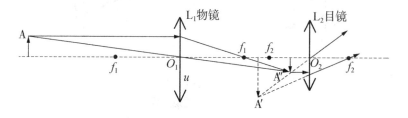

图 4.19 - 6　开普勒望远镜光路

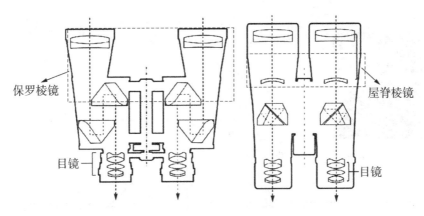

图 4.19 - 7　开普勒望远镜中的保罗棱镜、屋脊棱镜

　　根据图 4.19 - 5 和图 4.19 - 6 所示光路，只要已知两透镜的焦距，测量出两透镜之间的距离以及物距，就可以根据成像公式计算出像的大小，再结合我们在使用望远镜时眼睛紧贴着目镜的观察位置，可以计算出视角的放大倍数，也就是我们通常所说的望远镜的放大倍数。因为望远镜的物距通常很大，给可视化测量带来了一定的困难，所以我们通常不进行可视化测量。

4.19.3.3　自组显微镜及显微镜放大倍数的计算及可视化测量

　　同样，最简单的显微镜是由两个凸透镜组装而成，光路图如图 4.19 - 8 所示。显微镜将处于明视距离，即距离眼睛 25cm，我们通过将眼睛无法辨识的物体进行放大，从而达到可以用肉眼观察的目的，此时对放大虚像的观察也近似在明视距离。因此，在观察距离相等的情况下，根据视角的计算

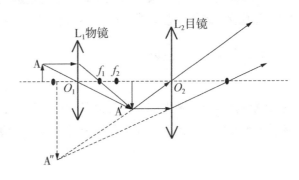

图 4.19 - 8　显微镜光路

公式，我们可以直接通过比较虚像相对于物体的尺寸放大倍数近似作为显微镜的视角放大倍数，其测量方法如图 4.19 - 9 所示。通过计算使标准尺通过半反镜所成像的位置与显微镜虚像通过半反镜成像的位置到人眼的距离相等。

　　从望远镜和显微镜的光路图可以看出，观察不同位置的物体，要想达到最好的观察效果，需要调节物镜和目镜之间的距离，这就是我们通常说的调焦。另外，根据组装望远镜和显微镜的光路图，貌似我们可以通过改变透镜的焦距以及两个透镜之间的距离就可以得到任意放大倍数的虚像，实则不然，当放大倍数过大物体距离

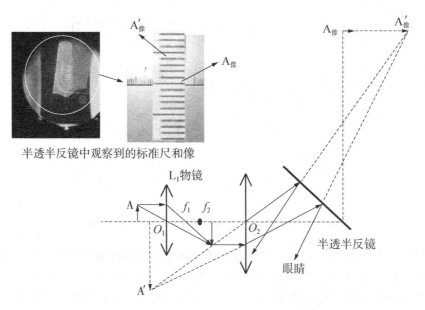

图 4.19 – 9　显微镜放大倍数的可视化测量

过近则容易产生色散及相差等失真现象，如出现物体边缘模糊、颜色失真，以及桶形畸形和枕型畸形等现象。因此，高性能的望远镜和显微镜的目镜不是单一的透镜，而是透镜组，制作工艺非常复杂，感兴趣的同学可以查阅相关资料深入学习。

4.19.4　实验内容

（1）观察单透镜的成像规律。按图 4.19 – 10 在光具座上摆放发散光源使光线照在被观察物体上。被观察物体可以是物屏也可以是其他物体，紧接着摆放透镜。观察当物距改变以及换上不同焦距的凸透镜及凹透镜成像的变化规律，并记录。

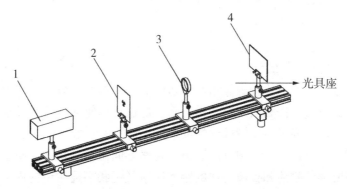

图 4.19 – 10　观察单透镜的成像规律

1—光源；2—物体；3—透镜；4—像屏或者人眼

（2）组装望远镜并计算其放大倍数。组装伽利略望远镜和开普勒望远镜。将光源、物体及两片透镜按照图 4.19-11 摆放。首先对两透镜进行共轴调节，具体步骤参照实验 3.7。调节物距及两透镜间距离直到能够清楚地观察到放大的虚像为止。伽利略望远镜是凸透镜物镜和凹透镜目镜，观察到正立虚像；开普勒望远镜是凸透镜物镜和凸透镜目镜，观察到倒立虚像。

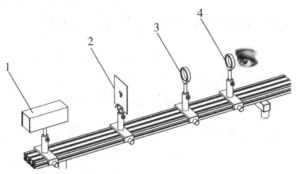

图 4.19-11　组装望远镜

1—光源；2—物体；3—透镜 L_1；4—透镜 L_2

记录物距、两透镜间距，根据两透镜焦距，假设人眼紧贴目镜观察，计算放大倍数，即视角的放大倍数。

（3）组装显微镜并对其放大倍数进行可视化测量。显微镜组装与开普勒望远镜类似，只是两透镜焦距大小选取要求不一样，光路摆放如图 4.19-12 所示。将两透镜调节共轴，调节物距及两透镜间距离直到能够清楚地观察到倒立放大的虚像为止。记录物距、两透镜间距，根据两透镜焦距计算出像的位置和大小，再计算出放大倍数。将物体换成标准尺，并按照图 4.19-12 摆放半透半反镜，根据图 4.19-9 的测量原理摆放参照标准尺，可进行放大倍数可视化测量。

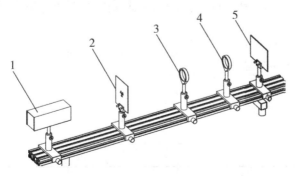

图 4.19-12　可视化测量显微镜放大倍数

1—光源；2—物体；3—透镜 L_1；4—透镜 L_2；5—半透半反镜

通过实验我们发现，开普勒望远镜和显微镜的光路极其相似，都是利用两个凸透镜呈放大倒立的虚像。很多同学也因此会将这两种光路弄混。而实际上，由于它们的功能不一样，开普勒望远镜侧重于将远处的物体拉近测量，显微镜则是将近距离微小物体放大，因此它们所用物镜的焦距差别很大，通常开普勒望远镜物镜的焦距较大，而显微镜的物镜焦距较小。

4.19.5 实验现象记录及数据计算与分析

（1）单透镜成像规律。选取一个已知焦距凸透镜，按照图 4.19 – 10 摆放光路，改变物距，将实验数据及实验现象记录于表 4.19 – 1。选取一个已知焦距凹透镜，用同样方法实验，将实验数据及实验现象记录于表 4.19 – 1。

表 4.19 – 1 单透镜成像规律记录表

	焦距/cm	物距/cm	实像/虚像	正立/倒立	放大/缩小
凸透镜		（物距 $<f$）			
		（$f<$ 物距 $<2f$）			
		（$2f<$ 物距）			
凹透镜		（物距 $<f$）			
		（$f<$ 物距）			

（2）自组放大镜和显微镜。

按照图 4.19 – 10 摆放光路组装望远镜和显微镜，并将相应数据记录于表4.19 – 2，计算得到的放大镜和显微镜的放大倍数。

表 4.19 – 2 单透镜成像规律记录表

类型 \ 测量	测量次数	物位置	物镜焦距	物镜位置	中间像位置	目镜焦距	目镜位置
自组伽利略望远镜	第一次						
	第二次						
自组开普勒望远镜	第一次						
	第二次						
自组显微镜	第一次						
	第二次						

思 考 题

1. 望远镜和显微镜有哪些相同之处？从用途、结构、视角放大率以及调焦方法等几个方面比较它们的相异之处。

2. 伽利略望远镜与开普勒望远镜所观察到的像有什么不同？两者相比较各有哪些优缺点？

第 5 章　粒子物理与虚拟仿真实验

粒子物理学是研究比原子核更深层次的、微观世界中的物质结构、性质，以及在很高能量下这些物质相互转化、产生规律的物理学分支，其研究对象是粒子。因为许多基本粒子在一般情况下不存在或不单独出现，物理学家只有借助粒子加速器在高能碰撞下才能进行研究，所以粒子物理学也称为高能物理学。

20 世纪 60 年代初，实验发现的基本粒子种类已达到近百种。随着加速器能量的提高，还会有大量的新粒子会被发现。这些粒子的发现促进了人们对宇宙的认知。但宇宙间仍有很多奥秘有待揭示，例如暗物质的本质、正反物质不对称、中微子的质量等。粒子物理实验需要用到高能加速器和粒子探测器等高要求的设备，目前极少有实验室能完成这类实验。粒子物理学的研究不仅在解开宇宙、物质形成之迷等领域有重要意义，而且对新工科学生深化物理学的基本知识和更好认识物质有重要作用。本章实验项目是在已知粒子模型和粒子的基本物理规律基础上进行的虚拟仿真实验。

实验 5.1　放射性测量的统计误差

5.1.1　实验目的

1. 验证原子核衰变及放射性计数的统计规律；
2. 了解统计误差的意义，掌握计算统计误差的方法；
3. 掌握对测量精度的要求，合理选择测量时间的方法。

5.1.2　实验仪器

虚拟核仿真信号源(NMS-6014-SING)、通用数据采集器（NMS-6014-S）。

5.1.3　实验原理

放射性原子核的衰变彼此是独立无关的，一般情况下无法预知每个原子核的衰变时刻。两次原子核衰变的时间间隔也不一样。在重复的放射性测量中，即使保持完全相同的实验条件，每次测量的结果也不完全相同，而是围绕着其平均值上下涨落，有时甚至差别很大。这种现象就叫做放射性计数的统计性。放射性计数的这种统计性反映了放射性原子核衰变本身固有的特性，与使用的测量仪器及技术无关。

　　放射性测量就是在衰变的统计涨落影响下进行的，因此了解统计误差的规律，对评估测量结果的可靠性是很必要的。

5.1.3.1　核衰变的统计规律

　　放射性原子核衰变的统计分布可以根据数理统计分析的理论来推导。放射性原子核衰变的过程是一个相互独立彼此无关的过程，即每一个原子核的衰变是完全独立的，与别的原子核是否衰变没有关系。而且，哪一个原子核先衰变，哪一个原子核后衰变也是纯属偶然，并没有一定的次序。因此，放射性原子核的衰变可以看成是一种伯努利试验问题：

　　设在 $t = 0$ 时，放射性原子核的总数是 N_0，t 时间内有一部分核发生衰变。已知任何一个核在 t 时间内衰变的概率为 $W = 1 - \mathrm{e}^{-\lambda t}$，不衰变的概率为 $q = 1 - W = \mathrm{e}^{-\lambda t}$，$\lambda$ 是该放射性原子核的衰变常数。利用二项式分布可以得到总核素 N_0 在 t 时间内有 N 个核发生衰变的概率 $W(N)$ 为

$$W(N) = \frac{N_0!}{(N_0 - N)!N!}(1 - \mathrm{e}^{-\lambda t})(\mathrm{e}^{-\lambda t})^{N_0 - N} \qquad (5.1 - 1)$$

　　在 t 时间内，衰变掉的原子核平均数为：

$$\bar{N} = N_0 W = N_0(1 - \mathrm{e}^{-\lambda t}) \qquad (5.1 - 2)$$

　　其相应的均方根差为

$$\sigma = \sqrt{N_0 W q} = \sqrt{\bar{N}(1 - W)} = (\bar{N}\mathrm{e}^{-\lambda t})^{\frac{1}{2}} \qquad (5.1 - 3)$$

假如 $\lambda t \ll 1$，即时间 t 远比半衰期小，这时 σ 可简化为

$$\sigma = \sqrt{\bar{N}} \qquad (5.1 - 4)$$

　　N_0 总是一个很大的数，如果满足 $\lambda t \ll 1$，则二项式分布可以简化为泊松分布。因为在二项式分布中，N_0 不小于 100，而且 W 不大于 0.01 的情况下，泊松分布能很好地近似于二项式分布，此时几率分布可写成

$$W(N) = \frac{N}{N!}\mathrm{e}^{-N} \qquad (5.1 - 5)$$

　　如图 5.1 - 1 所示，在泊松分布中，N 的取值范围为所有的正整数（1，2，3…），并且在 $N = \bar{N}$ 附近时，$W(N)$ 有一极大值。当 $\bar{N}$ 比较小时，分布是不对称的；$\bar{N}$ 比较大时，分布渐趋于对称。当 $\bar{N} \geqslant 20$ 时，泊松分布一般就可用正态（高斯）分布来代替：

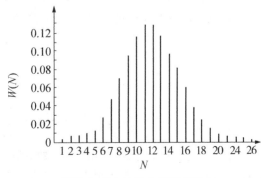

图 5.1 - 1　泊松分布示意图

$$W(N) = \frac{1}{\sqrt{2\pi}\sigma} e^{\frac{-(N-\overline{N})^2}{2\sigma^2}} \tag{5.1-6}$$

式中，$\sigma^2 = \overline{N}$，$W(N)$ 是在 N 处的概率密度值。

当用探测器记录衰变粒子引起的脉冲数时，这个脉冲数与衰变粒子原子核数成正比。通过观察大量的单个衰变事件就可以得到在预定时间间隔内可能发生的衰变数。假设在时间间隔 t 内核衰变的平均数为 $\overline{N}$，则在此时间间隔内衰变数为 N 的出现几率为 $W(N)$。当 $\overline{N}$ 值较大（一般大于 20）时，在同一测量装置上对同一放射源进行多次测量，在直角坐标纸上画出每一次测量值出现的几率，就可以得到高斯分布曲线。若以出现几率最大的测量值 $\overline{N}$ 为轴线，高斯分布曲线是对称的，它表示单次测量值偏离平均值（真值）的几率是正负对称的。偏离愈大，出现的几率愈小；出现几率较大的计数值与平均值的偏差较小。所以我们在实际测量中，当测量时间 t 小于放射物质的半衰期时，可以用一次测量结果 N 来代替平均值 $\overline{N}$，其统计误差为 $\sigma = \sqrt{N}$，测量结果可以写成

$$N \pm \sqrt{N} \tag{5.1-7}$$

它的物理意义表示在完全相同的条件下再进行一次测量，其测量值处于 $(N - \sqrt{N}, N + \sqrt{N})$ 区间的几率为 68.3%。用数理统计的术语说，我们把 68.3% 称为"置信度"。相应的置信度区间为 $N \pm \sigma$，而当置信区间为 $N \pm 2\sigma$ 和 $N \pm 3\sigma$ 时，相应的置信度为 95.5% 和 99.7%。测量的相对误差为

$$\delta = \frac{\sigma}{N} = \frac{\sqrt{N}}{N} = \frac{1}{\sqrt{N}} \tag{5.1-8}$$

δ 可以用来说明测量的精度：当 N 大时 δ 小，表示测量精度高；当 N 小时 δ 大，表示测量精度低。

5.1.3.2　测量时间的选择

测量放射性时，主要研究计数率 $n = N/t$（脉冲数/秒）或放射性的衰变率 A（衰变数/秒）。因为时间 t 的测量不受统计涨落的影响，所以

$$\frac{N \pm \sqrt{N}}{t} = \frac{N}{t} \pm \frac{\sqrt{N}}{t} \tag{5.1-9}$$

因此，计数率的统计误差可表示为

$$n \pm \sqrt{\frac{n}{t}} = n\left(1 \pm \frac{1}{\sqrt{nt}}\right) = n\left(1 \pm \frac{1}{\sqrt{N}}\right) \tag{5.1-10}$$

由上二式，只要计数 N 相同，计数率和计数的相对误差是一样的。当计数率不变时，测量时间越长，误差越小；当测量时间被限定时，则计数率越高，误差越小。

如果进行 m 次重复测量，总计数为 N_0，平均数为 $\bar{N}$，总计数和误差用 $m\bar{N} \pm \sqrt{m\bar{N}}$ 表示，平均计数及统计误差可表示为

$$\bar{N} \pm \sqrt{\frac{\bar{N}}{m}} = \bar{N}\left(1 \pm \frac{1}{\sqrt{m\bar{N}}}\right) = \bar{N}\left(1 \pm \frac{1}{\sqrt{N_0}}\right) \tag{5.1-11}$$

由此可见，测量次数越多，误差越小，精确度越高。但 m 次测量总计数 N_0 和平均值 $\bar{N}$ 的相对误差是一样的。

在测量较强的放射性时，必须对测量结果进行由于探测器系统分辨时间不够所引起的漏计数的校正。而在低水平测量时，必须考虑到本底计数的统计涨落。所谓本底计数是由于宇宙射线和测量装置周围有微量放射性物质的沾染等原因造成的。本底计数也服从统计规律。考虑到本底的统计误差后，源的净计数率的数学表达式为

$$n \pm \sigma = (n_s - n_b) \pm \sqrt{\frac{n_s}{t_s} - \frac{n_b}{t_b}} \tag{5.1-12}$$

而相对误差为

$$\delta = \frac{1}{n_s - n_b}\sqrt{\frac{n_s}{t_s} - \frac{n_b}{t_b}} \tag{5.1-13}$$

式中，n_s 为测量源加本底的总计数率，n_b 为没有放射源时本底计数率，t_s 为有源时的测量时间，t_b 为本底测量时间。

从(5.1-13)式可以看出：

(1)本底计数率越大，对测量精度的影响越大，因此在测量时应做好屏蔽，想方设法减小本底计数率。

(2)为了减少 n 的误差应增加 t_s 和 t_b，但过长的测量时间不现实，故要选择合适的测量时间。一般是在限定的误差范围内确定最短的测量时间，或者是在总测量时间一定时合理地分配 t_s 和 t_b 以获得最小的测量误差。根据 $\dfrac{\mathrm{d}\sigma_n}{\mathrm{d}t_s} = 0$ 或 $\dfrac{\mathrm{d}\sigma_n}{\mathrm{d}t_b} = 0$ 可以求出，当 $\dfrac{t_s}{t_b} = \sqrt{n_s/n_b}$ 时统计误差具有最小值。被测样品放射性愈强，本底测量时间就愈短。究竟选用多长的测量时间，由测量精度决定。由上面几式可以导出在给定的计数率相对误差 δ 的情况下，样品和本底的测量时间为

$$t_s = \frac{n_s + \sqrt{n_s n_b}}{(n_s - n_b)^2 \delta^2} \tag{5.1-14}$$

$$t_b = \frac{n_b + \sqrt{n_s n_b}}{(n_s - n_b)^2 \delta^2} \tag{5.1-15}$$

5.1.4 实验内容

①在相同条件下，对本底进行重复测量，作出本底的频率分布，并与理论分布图进行比较。

②根据实验精度要求，选择测量时间。

③用 χ^2 检验法检验放射性计数的统计分布的类型。

5.1.5 实验步骤与要求

①打开实验软件，选定"放射性测量的统计误差"实验。

②设置甄别器阈值、测量时间、测量次数等参数。

③测量本底统计分布。泊松分布要求测量次数在 500 次以上，高斯分布测量次数在 800 次以上。

④对一个放射源测量精度要求为 1%，选择总测量时间 T 及最佳分配测量样品和本底的时间 t_s 和 t_b，并进行测量和检验。

5.1.6 实验数据处理

(1)泊松分布和高斯分布数据都要处理。

(2)将实验数据列表并作出频率直方图。

(3)按公式计算理论曲线，并与实验曲线进行比较。

(4)计算算术平均值的统计误差。

(5)计算一次测量值的统计误差。

(6)测量数据落在 $N\pm\sigma$、$N\pm2\sigma$ 和 $N\pm3\sigma$ 范围内的频率。

思 考 题

1. 什么是放射性原子核衰变的统计性？它服从什么规律？在实验中如何判断你做的是泊松分布和高斯分布？

2. σ 的物理意义是什么？用单次测量值如何表示放射性测量值，其物理意义是什么？

3. 测量一个放射源(如本底计数 $n_b = 50$ 计数/分，$n_s = 150$ 计数/分)，若要求测量精度达到 1%，如何选择 t_s 和 t_b？

4. 测量 ^{137}Cs 的 γ 计数。不考虑本底的影响，测量时间是 30s，求计数的统计误差是多少。如果增加源强，假定 10s 测得的计数与 30s 相同，求两次计数的统计误差各是多少？

实验 5.2　NaI(TI)闪烁谱仪与 γ 能谱测量实验

5.2.1　实验目的

1. 学习闪烁 γ 谱仪的工作原理和实验方法；
2. 测定谱仪的能量分辨和能量线性；
3. 学习对谱仪的刻度(校准)；
4. 测量 137Cs 的 γ 能谱，并进行分析。

5.2.2　实验仪器与装置

虚拟核仿真信号源（NMS-0600-SING）、通用数据采集器（NMS-0600-S）。

图 5.2-1 为本实验使用的虚拟核仿真信号源及数据采集器。信号源产生核脉冲信号代替放射源、探测器与高压电源；通用数据采集器使用多道分析功能对信号源输出的核脉冲进行线性放大，并进行多道能谱测量与分析。通过上位机控制虚拟核仿真信号源的电压和放射源的状态可以得到相应的核脉冲信号，以及经过多道分析可以观察到相应的物理现象。

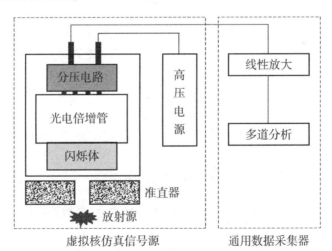

图 5.2-1　γ 能谱测量实验装置连接图

5.2.3　实验原理

5.2.3.1　γ 射线与物质的相互作用

(1)光电效应。当能量为 E_γ 的入射 γ 光子与物质中原子的束缚电子相互作用时，光子可以把全部能量转移给某个束缚电子使电子脱离原子束缚而发射出去，光子本身消失。发射出去的电子称为光电子，这种过程称为光电效应。发射出的光电子的动能为

$$E_e = E_\gamma - W_i \qquad (5.2-1)$$

W_i 为束缚电子所在壳层的结合能。原子内层电子脱离原子后留下空位，原子成了激发原子，其外部壳层的电子会填补空位，并放出特征 X 射线。例如 L 层电子跃迁到 K 层放出该原子的 K 系特征 X 射线。

（2）康普顿效应。γ 光子与自由静止的电子发生碰撞而将一部分能量转移给电子，使电子成为反冲电子，γ 光子被散射改变了原来的能量和方向。反冲电子的动能为

$$E_e = \frac{E_\gamma^2(1 - \cos\theta)}{m_0 c^2 + E_\gamma(1 - \cos\theta)} = \frac{E_\gamma}{1 + \dfrac{m_0 c^2}{E_\gamma(1 - \cos\theta)}} \qquad (5.2-2)$$

式中，$m_0 c^2$ 为电子静止质量，角度 θ 是 γ 光子的散射角，如图 5.2-2 所示。由图看出反冲电子以角度 φ 出射，φ 与 θ 间有以下关系：

$$\cot\varphi = \left(1 + \frac{E_\gamma}{m_0 c^2}\right)\tan\frac{\theta}{2} \qquad (5.2-3)$$

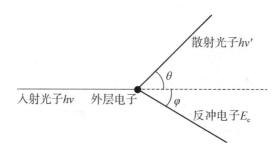

图 5.2-2　康普顿效应

由（5.2-2）式，当 $\theta = 180°$ 时，反冲电子的动能 E_e 有最大值：

$$E_{max} = \frac{E_\gamma}{1 + \dfrac{m_0 c^2}{2E_\gamma}} \qquad (5.2-4)$$

这说明康普顿效应产生的反冲电子的能量有一上限最大值，称为康普顿边界 E_c。

（3）电子对效应。当 γ 光子能量大于 $2m_0 c^2$ 时，γ 光子从原子核旁边经过并受到核的库仑场作用，可能转化为一个正电子和一个负电子，称为电子对效应。此时光子能量可表示为两个电子的动能与静止能量之和：

$$E_\gamma = E_e^+ + E_e^- + 2m_0 c^2 \qquad (5.2-5)$$

其中 $2m_0c^2 = 1.02\ \mathrm{MeV}$。

综上所述，γ 光子与物质相遇时，通过与物质原子相互作用产生光电效应、康普顿效应或电子对效应而损失能量，其结果是产生次级带电粒子，如光电子、反冲电子或正负电子对。次级带电粒子的能量与入射 γ 光子的能量直接相关。因此，可通过测量次级带电粒子的能量求得 γ 光子的能量。

5.2.3.2　闪烁 γ 能谱仪

(1) 闪烁谱仪的结构框图及各部分的功能：

闪烁谱仪的结构如图 5.2 - 3 所示，它可分为闪烁探测器与高压、信号放大与多道分析等两大部分。以下分别介绍各部分的功能。

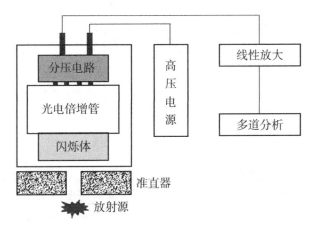

图 5.2 - 3　闪烁谱仪的结构

闪烁探测器与高压。闪烁探测器包括闪烁体、光电倍增管、分压电路以及屏蔽外壳。实验中测量 γ 能谱多使用无机闪烁体，如 NaI (Tl) 晶体。闪烁体的功能是在次级带电粒子的作用下产生数目与入射 γ 光子能量相关的荧光光子。这些荧光光子被光导层引向加载高压的光电倍增管，并在其光敏阴极再次发生光电效应而产生光电子，这些光电子经过一系列倍增极的倍增放大，从而使光电子的数目大大增加，最后在光电倍增管的阳极上形成脉冲信号。脉冲数目与进入闪烁体 γ 光子数目相对应。而脉冲的幅度与在闪烁体中产生的荧光光子数目成正比，从而和 γ 射线在闪烁体中损失的能量成正比(整个闪烁探测器应安装在屏蔽暗盒内以避免可见光对光电倍增管的照射引起损坏)。

信号放大与多道分析。由于探头输出的脉冲信号幅度很小，需要经过线性放大器将信号幅度按线性比例进行放大，然后使用多道脉冲幅度分析器测量信号的多道能谱。多道脉冲幅度分析器的功能是将输入的脉冲按其幅度不同分别送入相对应的道址(即不同的存贮单元)中，可直接给出各道址(对应不同的脉冲幅度)中所记录的脉冲数目，即得到了脉冲的幅度概率密度分布。由于闪烁 γ 能谱仪输出的信号幅度与 γ 射线在晶体中沉积的能量成正比，也就得到了 γ 射线的能谱。

γ 能谱的形状。闪烁 γ 能谱仪可测得 γ 能谱的形状。图 5.2 - 4 是典型 ^{137}Cs 的 γ 射线能谱图，纵轴代表各道址中的脉冲数目，横轴为道址，对应于脉冲幅度或 γ 射线的能量。

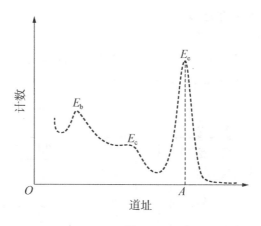

图 5.2 - 4　　^{137}Cs 的 γ 能谱

从能谱图上看，有几个较为明显的峰，光电峰 E_e，又称全能峰，其能量对应 γ 射线的能量 E_γ。这是 γ 射线进入闪烁体后，由于光电效应产生光电子，能量关系见 (5.2 - 1)式，其全部能量被闪烁体吸收。光电子逸出后，原子核内层会留下空位，必然有外壳层上的电子跃入填充，同时放出能量 $E_z = W_i$ 的 X 射线。一般来说，闪烁体对低能 X 射线有很强的吸收作用，这样闪烁体就吸收了 $E_e + E_z$ 的全部能量，所以光电峰的能量就代表 γ 射线的能量。对 ^{137}Cs，此能量为 0.661MeV。E_c 即为康普顿边界，对应反冲电子的最大能量。背散射峰 E_b 是由射线与闪烁体屏蔽层等物质发生反向散射后进入闪烁体内而形成的光电峰。一般背散射峰很小。

(3)谱仪的能量刻度和分辨率

谱仪的能量刻度。闪烁谱仪测得的 γ 射线能谱的形状及其各峰对应的能量值由核素的衰变纲图所决定，是各核素的特征反映。但各峰所对应的脉冲幅度是与工作条件有关系的。如光电倍增管高压的改变、线性放大器放大倍数的不同等，都会改变各峰位在横轴上的位置，也即改变了能量轴的刻度。因此，应用 γ 谱仪测定未知射线能谱时，必须先用已知能量的核素能谱来标定 γ 谱仪。由于能量与各峰位道址是线性的：$E_\gamma = kN + b$，因此能量刻度就是设法得到 k 和 b。例如，选择 ^{137}Cs 的光电峰 $E_\gamma = 0.661$ MeV 和 ^{60}Co 的光电峰 $E_{\gamma1} = 1.17$MeV，如果对应 $E_1 = 0.661$MeV 的光电峰位于 N_1 道，对应 $E_2 = 1.17$MeV 的光电峰位于 N_2 道，则有能量刻度

$$k = \frac{1.17 - 0.661}{N_2 - N_1} \text{MeV}$$

$$b = \frac{(0.661 + 1.17) - k(N_1 + N_2)}{2}$$

将测得的未知光电峰对应的道址 N 代入 $E_\gamma = kN + b$ 即可得到对应的能量值。

　　谱仪能量分辨率。γ 能谱仪的一个重要指标是能量分辨率。由于闪烁谱仪测量粒子能量过程中，伴随着一系列统计涨落过程，如 γ 光子进入闪烁体内损失能量、产生荧光光子、荧光光子在光阴极上打出光电子、光电子在倍增极上逐级倍增等，这些统计涨落使脉冲的幅度服从统计规律，而且有一定分布。定义谱仪能量分辨率

$$\eta = \frac{\text{FWHM}}{E_\gamma} \times 1$$

其中 FWHM(Full Width Half Maximum)表示选定能谱峰的半高全宽，E_γ 为与谱峰对应的 γ 光子能量，η 表示闪烁谱仪在测量能量时能够分辨两条靠近的谱线的本领。目前一般的 NaI 闪烁谱仪对 ^{137}Cs 光电峰的分辨率在 10% 左右。η 的影响因素很多，如闪烁体、光电倍增管等。

5.2.4　实验内容

　　1. 测量虚拟 ^{137}Cs 放射源的 γ 能谱，结合光电峰和背散射峰的能量，标定谱仪的能量刻度，并通过光电峰半高全宽 FWHM 估算谱仪的能量分辨率；

　　2. 将放射源换成 ^{60}Co，测量其 γ 能谱，记录其光电峰峰位，计算其能量，比较其是否符合实际值。

5.2.5　实验步骤与要求

　　①打开实验软件，选定"NaI(TI)闪烁谱仪与 γ 能谱测量实验"。

　　②加载探测器高压，设置放射源为 ^{137}Cs，预热 5min 后，打开多道分析仪软件，测量 γ 能谱，并用多道分析仪软件测出 ^{137}Cs 光电峰和背散射峰的峰位。

　　③结合光电峰和背散射峰的能量，计算谱仪的能量刻度，并通过光电峰 FWHM 估算谱仪的能量分辨率。

　　④将放射源换成 ^{60}Co，测量其 γ 能谱，记录其光电峰峰位，由上一步的能量刻度计算其能量，比较其是否符合实际值。

思 考 题

　　1. 用闪烁谱仪测量 γ 能谱时，要求在多道分析仪的道址范围内能同时测量出 ^{137}Cs 和 ^{60}Co 的光电峰，应如何选择工作条件？在测量中高压工作条件可否改变？

　　2. 若有一单能 γ 源，能量为 2MeV，试预言其谱形，并根据你的测量结果估计其全能峰的半高宽度。

实验5.3　X射线特征谱测量及X射线吸收实验

5.3.1　实验目的

1. 了解X射线与物质的相互作用，以及其在物质中的吸收规律；
2. 测量不同能量的X射线在金属铝中的吸收系数；
3. 了解元素的特征X射线能量与原子序数的关系。

5.3.2　实验仪器与装置

虚拟核仿真信号源(NMS-0600-SING)、通用数据采集器(NMS-0600-S)。

5.3.3　实验原理

图5.3-1为本实验使用的虚拟核仿真信号源和数据采集器。信号源产生核脉冲信号，代替放射源、探测器、高压电源与电荷灵敏放大器。通用数据采集器使用多道分析功能，对信号源输出的核脉冲进行线性放大并进行多道能谱测量与分析。通过上位机控制虚拟核仿真信号源的电压值、靶材料、放射源、吸收片厚度等状态量可以得到相应的核脉冲信号，经过多道分析可以观察到相应的物理现象。

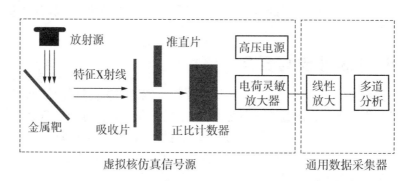

图5.3-1　X射线能谱测量及X射线吸收实验装置连接图

5.3.3.1　X射线的吸收

X射线是一种波长很短的电磁破，其波长在100Å到0.01Å之间。当一束单色的X射线垂直入射到吸收体，通过吸收体后，其强度减弱，即X射线被物质吸收。这一过程可分为吸收和散射两部分：

(1)光电吸收。入射X射线打出原子的内层电子，如K层电子，结果在K层出现一个空位，接着发生两种可能的过程：一是当L层或更外层电子迁移到K层空位上时，发出 K X 射线(对重元素发生几率较大)；二是发出俄歇电子(对轻元素发生几率较大)。

(2)散射。散射是电磁波与原子或者分子中的电子发生作用。散射也分为两种：一是波长不改变的散射，X 射线使原子中的电子发生振动，振动的电子向各方向辐射电磁波，其频率与 X 射线的频率相同，这种散射叫做汤姆逊散射；二是波长改变的散射，即康普顿散射。对于铝，当 X 射线的能量低于 0.04MeV 时，光电效应占优势，康普顿散射可以忽略。

如图 5.3 - 2 所示，设一厚度及成分均匀的吸收体，其厚度为 d，每立方厘米有 N 个原子。若能量为 $h\nu$ 的准直光束单位时间内垂直入射到吸收体单位面积上的光子能量为 I_0，那么通过厚度为 x 的物质后，透射出去的光子能量为 $I(x)$，则

$$I(x) = I_0 e^{-\mu x} \quad (5.3 - 1)$$

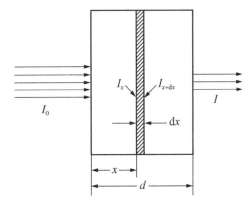

图 5.3 - 2　X 射线通过物质时的示意图

式中，μ 定义为线性吸收系数，$\mu = N\sigma$，σ 为截面，其单位为 $cm^2/atom$，μ 的量为 cm^{-1}。对于原子序数为 Z 的原子，K 层的光电截面为 $\sigma_{ph}(cm^2/electron)$。

$$\sigma_{ph} = 2^{5/2} \cdot \varphi_0 \cdot Z^5 \cdot \alpha^4 \left(\frac{m_0 c^2}{h\nu}\right)^{7/2} \quad (5.3 - 2)$$

其中，$\varphi_0 = \frac{8}{3}\pi r_0^2$，$r_0 = e^2/m_0 c^2$，$\alpha = 2\pi e^2/hc \sim \frac{1}{137.04}$。对于汤姆逊散射，每一个电子的截面是 $\sigma_T(cm^2/electron)$，

$$\sigma_T = \frac{8\pi}{3}\left(\frac{e^2}{m_0 c^2}\right)^2 = 0.6652 \times 10^{-24}(cm^2/electron) \quad (5.3 - 3)$$

$$\mu_{ph} = N\sigma_{ph} \quad (5.3 - 4)$$

$$\mu_T = NZ\sigma_T \quad (5.3 - 5)$$

总的线性吸收系数 μ 为二者之和，即：

$$\mu = \mu_{ph} + \mu_T \quad (5.3 - 6)$$

质量吸收系数为 μ_m：

$$\mu_m = \frac{\mu}{\rho}\left(\frac{cm^2}{g}\right) = \sigma \frac{N_A}{A} \quad (5.3 - 7)$$

所以(5.3 - 1)式又可表示为

$$I = I_0 e^{-\mu_m \rho x} \quad (5.3 - 8)$$

(5.3 -7)式中的 N_A 是阿佛加德罗常数, A 是原子量。图5.3 -3 表示了金属铅、铜、铝的质量吸收系数随波长的变化。在能量低于 0.1MeV 时, 随着能量减小截面显示出尖锐的突变。实验表明, 吸收系数随着 X 射线能量的增加而突然下降的波长(吸收限)与 K 系激发限的波长很接近。在长波长区还有 L 突变与 M 突变的存在, 由于 L 层和 M 层构造的复杂性, 这些突变不如 K 突变那么明显, 并且有几个最大值。

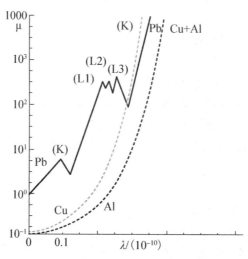

图5.3 -3　铅、铜、铝的质量吸收系数随波长的变化

各种元素对不同波长入射 X 射线的吸收系数通过实验确定。元素的质量吸收系数与入射 X 射线能量之间的关系可以用经验公式表示, 对于 $E' > E > E_K$:

$$\mu_m = C'_K \varphi^n (\mathrm{cm^2/g}) \tag{5.3 - 9}$$

或

$$\mu_m = C'_K (12.3981/E)^n$$

对铝吸收体, $E' = 6.20\mathrm{keV}$, $E_K = 1.5596\mathrm{keV}$, $C'_K = 16.16$, $n = 2.7345$。

5.3.3.2　X 射线的特征谱

原子可以通过核衰变过程即内转换及轨道电子俘获, 也可以通过外部射线如 X 射线、β 射线(电子束)、α 粒子或其他带电粒子与原子中电子相互作用产生内层电子空位, 在电子跃迁时产生特征 X 射线。玻尔理论指出, 电子跃迁时放出的光子具有一定的波长, 它的能量为

$$h\nu = Z^2 \frac{2\pi^2 \cdot m_0 \cdot e^4}{h^2} \left(\frac{1}{n_1^2} - \frac{1}{n_2^2} \right) \tag{5.3 - 10}$$

或

$$h\nu = (\alpha Z)^2 \frac{m_0 \cdot c^2}{2} \left(\frac{1}{n_1^2} - \frac{1}{n_2^2} \right) \tag{5.3 - 11}$$

其中 n_1、n_2 为电子终态, 始态所处壳层的主量子数, 对 K_α 线系, $n_1 = 1$、$n_2 = 2$ 对

L_α 线系，$n_1 = 2$、$n_2 = 3$。根据特征 X 射线的能量可以辨认激发原子的原子序数。

莫塞莱在实验中发现，轻元素的原子序数 K_α 及 L_α 系特征 X 射线的频率 $\nu^{1/2}$ 之间存在着线性关系，对于 K_α 线系，可以表示为

$$\nu^{1/2} = \text{constant} \cdot (Z - 1) \qquad (5.3 - 12)$$

对 L_α 线系也表示为

$$\nu^{1/2} = \text{constant} \cdot (Z - 7.4) \qquad (5.3 - 13)$$

5.3.4　实验内容

1. 测量不同元素的特征 X 射线谱；
2. 测量不用能量的 X 射线在铝中的吸收系数。

5.3.5　实验步骤与要求

(1)打开实验软件，选定"X 射线特征谱测量及 X 射线吸收实验"。

(2)测量不同元素的特征 X 射线谱：

①通过上位机操作界面，加载探测器高压，添加^{238}Pu 放射源，预热 5 min。

②添加 Pb 靶样品，打开多道分析仪软件测量 Pb 靶的特征 X 射线能谱，测量时间为 5 min，测量结束后寻峰并记录确定其特征峰位。

③依次将靶换成 Zn、Cu、Fe、Ni，重复以上步骤等，从资料中查出相应样品的特征 X 射线能量，作峰位 - 能量关系曲线。

(3)测量不同能量的 X 射线在铝中的吸收系数：

①将 Zn 样品作为靶片，从 0 片开始依次增加 Al 吸收片至 5 片，每次测量 5 min，固定每次的多道寻峰范围，记录净面积。结果按(5.3 - 7)式用最小二乘法拟合，求出 μ_m 值；

②更换样品为铜，依照上述重复测量及处理。

思 考 题

1. ^{238}Pu 源的 X 射线能量在 11.6 ～ 21.6 keV 之间。试说明其能否激发 Ag 的 K_α 线？

2. 试比较每个原子的汤姆逊散射截面与铝原子的光电效应截面。你认为汤姆逊散射截面是否重要？

3. 假设一束非理想准直束发射角为 10°、25°。估计其对铝的线性吸收系数实验值的影响。

实验 5.4 β射线吸收

5.4.1 实验目的

1. 了解 β 射线在物质中的吸收规律；
2. 利用吸收系数法和最大射程法确定 β 射线的最大能量。

5.4.2 实验仪器与装置

虚拟核仿真信号源(NMS-0600-SING)、通用数据采集器(NMS-0600-S)。

5.4.3 实验原理

图 5.4 – 1 为本实验使用的虚拟核仿真信号源和数据采集器。信号源产生核脉冲信号，由该信号模拟放射源、探测器。通用数据采集器使用单道分析定标计数功能，对虚拟核仿真信号源输出的核脉冲进行计数测量。通过上位机控制虚拟核仿真信号源的电压、吸收片、源的状态可以得到相应的核脉冲信号，经过单道定标计数测量后可以观察到相应的物理现象。

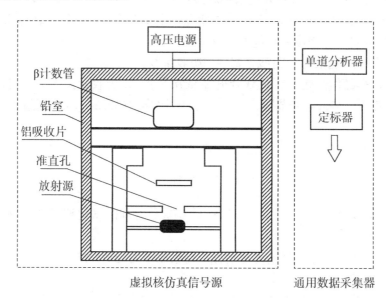

图 5.4 – 1   β 射线吸收实验装置连接图

5.4.3.1 β 射线的吸收

原子核在发生 β 衰变时放出 β 粒子，其强度随能量变化为一条从 0 开始到最大

能量 $E_{\beta max}$ 的连续分布曲线。一般来说，不同核素的最大能量 $E_{\beta max}$ 是不同的。因此，测定 β 射线最大能量为鉴别放射性核素提供了可靠的依据。

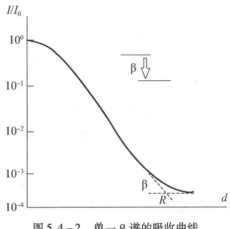

一束 β 射线通过一定厚度的物质时，其强度随吸收层厚度的增加而逐渐减弱，这是因为物质对 β 射线产生了吸收，称为 β 射线吸收。如图 5.4 – 2 所示，对大多数 β 谱，吸收曲线的开始部分在半对数坐标纸上是一条直线，这表明它近似地服从指数衰减规律：

图 5.4 – 2 单一 β 谱的吸收曲线

$$I = I_0 e^{-\mu d} = I_0 e^{-(\mu/\rho)(\rho d)} = I_0 e^{-\mu_m \cdot d_m} \qquad (5.4 – 1)$$

式中，I_0 为初始强度，I 为通过物质后的强度，d 和 d_m 是吸收物质的厚度和质量厚度（单位分别为 cm 和 g/cm²），ρ 为吸收物质的密度（g/cm³），μ 和 μ_m 是线性吸收系数（cm⁻¹）和质量吸收系数（cm²/g）。

连续 β 谱的吸收曲线是很多单能电子吸收曲线的叠加。同时，β 射线穿过吸收物质时，受到原子核的多次散射，原定方向有很大改变，因此无确定的射程可言。也不能如同单能 α 粒子的吸收那样，用平均射程反映粒子能量。确定 β 射线最大能量的方法，常用的有以下 2 种：

(1) 吸收系数法。实验证明，不同物质随其原子序数 Z 的增加而缓慢增加。对一定的吸收物质，μ_m 还与 $E_{\beta max}$ 有关。对于铝，有以下经验公式

$$\mu_m = \frac{17}{E_{\beta max}} \qquad (5.4 – 2)$$

其中 μ_m 的单位取 cm²/g，$E_{\beta max}$ 的单位取 MeV。可见只要取吸收曲线的直线部分数据，进行直线拟合求出 μ_m 代入 (5.4 – 2) 式，就可算出 $E_{\beta max}$。

(2) 最大射程法。一般用 β 射线吸收物质中的最大射程 R_β 来代表它在该物质中的射程，R_β 也称为吸收厚度。通过 R_β 和 $E_{\beta max}$ 的经验公式即可得到 $E_{\beta max}$。经验表明，在铝中 R_β (g/cm²) 和 $E_{\beta max}$ (MeV) 的关系如下：

当 $E_{\beta max} > 0.8$ MeV 时 ($R_\beta > 0.3$ g/cm²)：

$$E_{\beta max} = 1.85 R_\beta + 0.245 \qquad (5.4 – 3a)$$

当 0.15 MeV $< E_{\beta max} < 0.8$ MeV 时 (0.03 g/cm² $< R_\beta < 0.3$ g/cm²)：

$$E_{\beta max} = 1.85 R_\beta + 0.245 \qquad (5.4-3b)$$

当 $E_{\beta max} < 0.2 \text{MeV}$ 时：

$$R_\beta = 0.385 E_{\beta max}^{1.67} \qquad (5.4-3c)$$

在这种方法中，$E_{\beta max}$ 的不确定性与 R_β 和射程以及能量关系式的准确程度有关。实际测量中，常把计数率降到原始计数率万分之一处的吸收厚度作为 R_β。在测量吸收曲线时，γ 射线和韧致辐射的干扰使得在吸收厚度超过 R_β 后仍有较高的计数，例如为原始计数率的 1%。这就给射程估算法带来很大误差。因此，通常采用直接外推法进行处理。直接外推法的处理方法通常是：将吸收曲线上各点计数，作本底和空气吸收厚度校正后连接成一条新曲线。在新曲线上，计数率降低为原始计数率万分之一处对应的横坐标之值（g/cm^2）即为最大射程 R_β。对曲线不够长的情况，需按照趋势外推到万分之一处，故此称为直接外推法。这种处理射程方法对单纯 β 源比较精确。但是当放射源较弱，或者同时放出 2 种以上 β 射线且有 γ 射线时，外推法也存在一定的误差。

5.4.3.2　β 射线强度的测量原理

β 射线强度的测量时使用 GM 计数管。GM 计数管也称气体放电计数器。它是一个密封玻璃管，中间是阳极用钨丝材料制作，玻璃管内壁涂一层导电物质，或是一个金属圆管作阴极，内部抽空充惰性气体（氖、氩）、卤族气体。当射线进入计数管后气体被电离，带电粒子在电场中的加速运动又会引起次级电离，造成雪崩放电现象。在这一过程中卤族气体发挥淬灭作用，终止雪崩放电。这样在阳极丝上会形成一个较大的脉冲信号。单道分析器可以将这一脉冲信号转换成标准脉冲，定标器可以测量标准脉冲的个数，进而得到射线的强度。

5.4.4　实验内容

1. 测量未知 β 源的吸收曲线；
2. 分别选用吸收系数法和外推法求出该 β 射线的最大能量。

5.4.5　实验步骤与要求

①打开实验软件，选定"β 射线吸收实验"。

②加载高压，预热 5 min，不放置放射源与吸收片，用定标器测量 5 min 本底计数并记录。

③添加 ^{90}Sr β 放射源，从 0 片开始依次增加吸收片至 20 片，用定标器功能测量

计数，每次测量计数需要超过 500，记录每次的计数与测量时间。

　　④移除放射源和吸收片，再测量 5 min 本底，记录本底计数。

　　⑤分别选用吸收系数法和外推法求出该 β 射线的 R_β 和最大能量。

思 考 题

1. 试述 β 射线的射程与 α 粒子的射程有何区别，为什么？

2. 已知 ^{204}Tl 的 β 射线能量为 0.765MeV。试计算它在铝中的射程。

3. 散射对吸收曲线有哪些影响？应如何减少散射的影响？

实验5.5　半导体α谱仪与α粒子的能量损失

5.5.1　实验目的

1. 了解金硅面垒半导体探测器、α谱仪的工作原理和特性；
2. 了解α粒子通过物质时的能量损失及规律；
3. 学习从能量损失测量求薄膜厚度的方法。

5.5.2　实验仪器与装置

虚拟核仿真信号源(NMS-0600-SING)、通用数据采集器(NMS-0600-S)。

5.5.3　实验原理

图5.5-1为本实验使用的虚拟核仿真装置。该装置模拟放射源、探测器、电荷灵敏放大器；通用数据采集器使用多道分析功能，对信号源输出的核脉冲进行线性放大并进行多道能谱测量与分析。通过上位机控制虚拟核仿真信号源的电压、真空、源的状态，可以得到相应的核脉冲信号，经过多道分析可以观察到相应的物理现象。

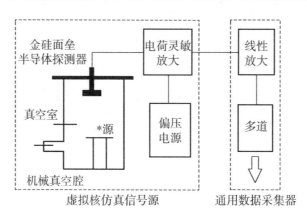

图5.5-1　α粒子能量损失实验装置连接图

5.5.3.1　半导体能谱仪的基本工作原理

半导体能谱仪的组成如图5.5-1所示。金硅面垒半导体探测器是用一片N型硅，蒸上一层薄金层(100～200Å)，接近金膜的那一层硅具有P型硅的特性，这种方式形成的PN结靠近表面层，结区即为探测粒子的灵敏区。探测器工作时加反向偏压，粒子在灵敏区内损失能量转变为与其能量成正比的电脉冲信号，经放大并由多道分析器测量脉冲信号，从而产生带电粒子能谱相应的电信号。为了提高谱仪的能量分辨率，探测器最好放在真空室中。另外，金硅面垒半导体探测器一般具有光敏的特性，在使用过程中，应有光屏蔽措施。

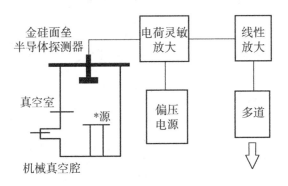

图 5.5 - 1　半导体能谱仪结构

金硅面垒型半导体 α 谱仪具有能量分辨率好、能量线型范围宽、脉冲上升时间短、体积小和价格便宜等优点。带电粒子进入灵敏区，损失能量产生电子空穴对。形成一对电子空穴所需的能量 W 和半导体材料有关，与入射粒子类型和能量无关。对于硅在 300K 时，能量 E 为 3.62eV，77K 时能量 E 为 3.76eV。对于锗，在 77K 时能量 E 为 2.96eV。若灵敏区的厚度大于入射粒子在硅中的射程，则带电粒子的能量 E 全部损失其中，产生的总电荷量 $Q = \dfrac{E}{W}e$。E/W 为产生的电子空穴对数，e 为电子电量。当外加偏压时，灵敏区的电场强度很大，产生的电子空穴对全部被收集，最后在两极形成电荷脉冲。它在持续时间内的积分等于总电荷量 Q。通常在半导体探测器设备中使用电荷灵敏放大器，它的输出信号与输入到放大器的电荷成正比。

当探测器输出回路时间常数远远超过电子空穴对收集时间时，输出电压脉冲幅度

$$V_0 = \frac{Q}{C_0} = \frac{Q}{C_d + C_i + C'} = \frac{Q}{C_1 + C_i'}$$
$$C_1 = C_d + C_{i'} \tag{5.5 - 1}$$

式中，C_d 是探测器结电容，C_i 是前置放大器的输入电容，C' 是分布电容。当 C_0 不变时，$V_0 \propto Q$，但 C_d 与所加反向偏压有关，任何偏压的微小变化或实用中有时要根据被测粒子射程而对偏压进行适当的调节，都会使输出脉冲幅度（对同一个 Q）变化，这对能谱测量不利，因此半导体探测器都采用电荷灵敏前置放大器。图 5.5 - 2 表示探测器和电荷灵敏放大器的等效电路。其中 K 是放大器的开环增益，C_f 是反馈电容，放大器的等效输入电容为 $(1 + K)C_f$。只要 $KC_f \gg C_f$ 就有

$$V_0 = - \frac{KQ}{C_1 + (1 + K)C_f} \approx - \frac{Q}{C_f} \tag{5.5 - 2}$$

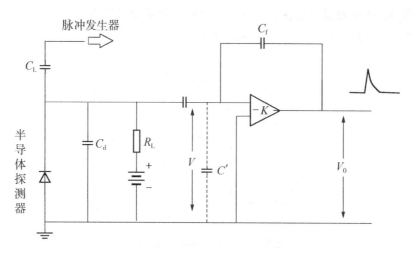

图 5.5 - 2　探测器等效电路和前置放大器

根据公式(5.5 - 2)，由于采用电荷灵敏放大器作为前级放大器，它的输出信号与输入电荷 Q 成正比，与 C_f 成反比，而与探测器的结电容 C_d 无关。但是结电容的大小直接影响噪声，结电容大，噪声就大。只要探测器结区厚度大于 α 粒子在其中的射程，输出幅度就与入射粒子能量有线性关系。

5.5.3.2　确定半导体探测器的偏压

对 N 型硅，探测器灵敏区的厚度 d_n 和结电容 C_d 与探测器偏压 V 的关系如下：

$$d_n = 0.5(\rho_n V)^{\frac{1}{2}} \quad (\mu m) \qquad (5.5 - 3)$$

$$C_d = 2.1 \times 10^4 (\rho_n V)^{-\frac{1}{2}} \quad \left(\frac{\mu m \cdot F}{cm^2}\right) \qquad (5.5 - 4)$$

式中，ρ_n 为材料电阻率($\Omega \cdot cm$)。因灵敏区的厚度和结电容的大小取决于外加偏压，所以偏压的选择首先要使入射粒子的能量全部损耗在灵敏区且由它产生的电荷完全被收集，电子空穴复合和"陷落"的影响可以忽略。其次还要考虑到探测器结电容对前置放大器来说还起着噪声源的作用。电荷灵敏放大器的噪声水平随着外接电容的增加而增加，探测器的结电容就相当于它的外接电容。因此，提高偏压降低电容相当于减少噪声，增加信号幅度，提高了信噪比，从而改善探测器的能量分辨率。但是，提高偏压，探测器的漏电流也增大，从而使能量分辨率变坏。因此，为了得到最佳分辨率，探测器的偏压应选择最佳范围。实验上可通过测量不同偏压下的 α 能谱的最佳偏压，并分析作出一组峰位和能量分辨率对应不同偏压的曲线，如图 5.5 - 3、图 5.5 - 4、图 5.5 - 5 所示，通过分析以上结果，并考虑需要测量的 α 粒子的能量范围，最后确定探测器的最佳偏压值。

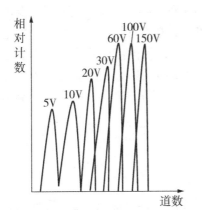

图 5.5 – 3 不同偏压的 α 谱曲线

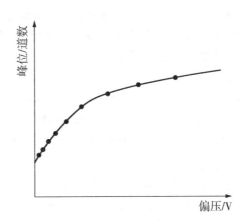

图 5.5 – 4 峰位曲线

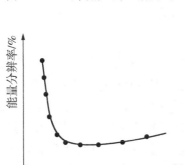

图 5.5 – 5 能量分辨率偏压曲线

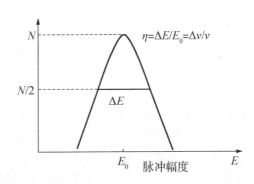

图 5.5 – 6 α 谱仪的能量分辨率

5.5.3.3 α 谱仪的能量刻度和能量分辨率

α 谱仪的能量刻度就是确定 α 粒子能量和脉冲幅度之间的对应关系，脉冲幅度大小以谱线峰位在多道分析器中的道址来表示。α 谱仪系统的能量刻度有两种方法：

(1)用 ^{239}Pu 和 ^{241}Am 的 α 粒子放射源，已知各核素 α 粒子的能量，测出该能量在多道分析器上所对应的谱峰位道址，作出能量对应道址的刻度曲线，并表示为

$$E_n = Gd + E_0 \qquad (5.5 - 5)$$

E 为 α 粒子能量(keV)；d 为对应能谱峰位所在道址(道)；G 是直线斜率(keV/每道)，称为能量刻度常数；E_0 是直线截距(keV)，它是由于 α 粒子穿过探测器金层表面所损失的能量。

(2)用一个已知能量的单能 α 源配合线性良好的精密脉冲发生器来做能量刻度。这是在 α 源种类较少的实验条件下常用的方法。一般谱仪的能量刻度线性大约为0.1%。常用谱仪的刻度源能量可查常用核素表。在与能量刻度相同的测量条件下(如偏压、放大倍数、几何条件等)，测量位置 α 源的脉冲谱，由谱线峰位置求得对

应 α 粒子的能量，从而确定未知 α 源成分。谱仪的能量分辨率也用谱线的半高宽度 FWHM 表示。FWHM 是谱线最大计数一半处的宽度，以道数表示，还可由谱仪的能量刻度常数转换为能量 ΔE，以 keV 表示。在实验中，谱仪的能量分辨率还用能量展宽的相对百分比表示，如图 5.5-6 所示。例如本实验采用金硅面垒探测器，测得 ^{241}Am 源的 5.48MeV 的 α 粒子谱线宽度为 17keV(0.31%)。半导体探测器的突出优点是它的能量分辨率好。影响能量分辨率的主要因素有：

①产生电子空穴对数的统计涨落(ΔE_n)。

②探测器的噪声(ΔE_d)。

③电子学噪声，主要是前置放大器的噪声(ΔE_e)。

④α 粒子穿过的探测器窗的厚度和放射源厚度的不均匀性所引起的能量展宽(ΔE_s)。实验测出的谱线宽度 ΔE 是由以上因素所造成的影响的总和，表示为

$$\Delta E = (\Delta E_n^2 + \Delta E_d^2 + \Delta E_e^2 + \Delta E_s^2)^{\frac{1}{2}} \tag{5.5-6}$$

5.5.3.4 α 粒子的能量损失

天然放射性物质放出的 α 粒子，能量范围 $3 \sim 8$MeV。在这个能区内，α 粒子的核反应截面很小，因此可以忽略。α 粒子与原子核之间虽然有可能产生卢瑟福散射，但几率很小，它与物质的相互作用主要是与核外电子的相互作用。α 粒子与电子碰撞将使原子电离、激发而损失其能量。在一次碰撞中，由于 α 粒子质量较大，其只有一小部分能量转移给电子。当 α 粒子通过吸收体后，经过多次碰撞才会损失较多能量。每次碰撞基本不发生偏转，因而它通过物质的射程几乎接近直线。α 粒子在吸收体内单位长度的能量损失率，称为线性阻止本领 S

$$S = -\frac{dE}{dx} \tag{5.5-7}$$

它的单位是 erg/cm，实用时常换算成 keV/μm 或 eV/μg · cm^{-2}。把 S 除以吸收体单位体积内的原子数 N，称为阻止截面，用 Σ_e 表示，并且常常取 eV/(10^{15} atom · cm^{-2})为单位。

$$\Sigma_e = -\frac{1}{N}\frac{dE}{dx} \tag{5.5-8}$$

对非相对论性 α 粒子($v \ll c$)，线性阻止本领用下面式子表示

$$-\frac{dE}{dx} = \frac{4\pi z^2 e^4 NZ}{m_0 v^2} \ln \frac{2m_0 v^2}{I} \tag{5.5-9}$$

式中，z 为入射粒子的电荷数，Z 为吸收体的原子序数，e 为电子的电荷，v 为入射粒子的速度，N 为单位体积内的原子数，I 是吸收体中的原子的平均激发能。由于 (5.5-9)式的对数项随能量的变化是缓慢的，因此可近似表示为：

$$\frac{dE}{dx} \propto -\frac{\text{constant}}{E} \tag{5.5-10}$$

当 α 粒子穿过厚度为 ΔX 的薄吸收体后，能量由 E_1 变为 E_2，可写成

$$\Delta E = E_1 - E_2 = -\left(\frac{\mathrm{d}E}{\mathrm{d}x}\right) \cdot \Delta x \tag{5.5 - 11}$$

$(\mathrm{d}E/\mathrm{d}x)_{\text{平均}}$ 是平均能量 $(E_1 + E_2)/2$ 的能量损失率。这样，测定了 α 粒子在通过薄膜后的能量损失 ΔE，则利用上式可以求出薄膜的厚度，即

$$\Delta X = \frac{\Delta E}{-\left(\frac{\mathrm{d}E}{\mathrm{d}x}\right)} \approx \frac{\Delta E}{-\left(\frac{\mathrm{d}E}{\mathrm{d}x}\right)_{E_1}} \tag{5.5 - 12}$$

当 α 粒子能量损失比较小时，可以用 (5.5 - 12) 式来计算厚度；当薄膜比较厚时，α 粒子能量在通过薄膜后损失很大，就应该用 (5.5 - 13) 式计算：

$$\Delta X = \int \frac{\Delta E}{-\left(\frac{\mathrm{d}E}{\mathrm{d}x}\right)_E} \approx \sum_{E_1}^{E_2} \frac{\Delta E}{-\left(\frac{\mathrm{d}E}{\mathrm{d}x}\right)_{E_1}} \tag{5.5 - 13}$$

式中，δE 可以取 10keV。在这个范围内，可将 S 当作常数。一般来说 α 粒子能量在 $1\mathrm{keV} \sim 10\mathrm{MeV}$ 之间时，在铝膜中的阻止截面可由以下经验公式确定：

$$\Sigma_e = \frac{A_1 E^{A_2}\left\{\frac{A_3}{E/100}\ln\left[1 + \frac{A_4}{E/1000} + \frac{A_5 E}{1000}\right]\right\}}{A_1 E^{A_2} + \frac{A_3}{E/1000}\ln\left[1 + \frac{A_4}{E/1000}\frac{A_5 E}{1000}\right]} \tag{5.5 - 14}$$

式中，A_1，A_2，A_3，A_4，A_5 为常数，见表 5.5 - 1。α 粒子能量 E 以 keV 为单位，得到的 Σ_e 以 $\mathrm{eV}/(10^{15}\mathrm{atom} \cdot \mathrm{cm}^{-2})$ 为单位。对于化合物，它的阻止本领可由布拉格相加规则将化合物的各组成成分的阻止本领 $(\mathrm{d}E/\mathrm{d}x)_i$ 相加得到，即

$$\left(\frac{\mathrm{d}E}{\mathrm{d}x}\right)_c = \frac{1}{A_C}\sum Y_i A_i \left(\frac{\mathrm{d}E}{\mathrm{d}x}\right)_i (\mathrm{keV} \cdot \mathrm{cm}^{-2} \cdot \mu\mathrm{g}^{-1}) \tag{5.5 - 15}$$

表 5.5 - 1　低能氦粒子阻止本领的系数（固体）

靶	A_1	A_2	A_3	A_4	A_5
H[1]	0.9661	0.4126	6.92	8.831	2.582
C[6]	4.232	0.3877	22.99	35	7.993
O[8]	1.776	0.5261	37.11	15.24	2.804
Al[13]	2.5	0.625	45.7	0.1	4.359
Ni[28]	4.652	0.4571	80.73	22	4.952
Cu[29]	3.114	0.5236	76.67	7.62	6.385
Ag[47]	5.6	0.49	130	10	2.844
Au[79]	3.223	0.5883	232.7	2.954	1.05

其中 Y_i、A_i 分别为化合物分子中的第 i 种原子数目、原子量，A_i（等于 $\sum_i Y_i A_i$）是化合物的分子量。利用已知的阻止截面，通过 α 粒子在铝膜中能量损失的测量，可以快速无损地测定薄膜的厚度。α 粒子的能量可用多道分析器测量，峰位可按最简单的重心法得到。

5.5.4　实验内容

（1）调整谱仪参数，测量不同偏压下 α 粒子的能谱，并确定探测器的工作偏压。

（2）测量 ^{241}Am 放射源（5.486MeV）以及 ^{239}Pu（5.155MeV）的能谱，对能量刻度定标。

（3）测量 ^{241}Am 的 α 粒子通过铝箔及 Mylar 薄膜后的能谱，并计算出其阻止本领和薄膜厚度。

5.5.5　实验步骤与数据处理要求

①打开实验软件，选定"半导体 α 谱仪与 α 粒子的能量损失实验"。

②先设定放射源为 ^{241}Am，再对仪器抽真空，再加载偏压，每隔 6V 测一次，等待信号输出指示灯亮起时，就可以点击开始测量，然后打开多道分析仪测量 α 粒子能谱。每一次测量都要确定峰位和能谱分辨率，作出相应的峰位和偏压以及能谱分辨率和偏压的关系图。

③在最佳偏压 120V 下分别测量 ^{241}Am 的能谱和 ^{239}Pu 的能谱，对多道谱仪进行定标。

④选择放射源为 ^{241}Am，偏压为 120V，测量 α 粒子分别被铝箔和 Mylar 膜（$C_{10}H_8O_4$）吸收后的能谱，并计算出阻止本领和薄膜厚度。

已知碳、氢、氧的原子密度分别为 $N(C) = 1.136 \times 10^{23}$ atm·cm^{-3}，$N(H) = 5.376 \times 10^{23}$ atm·cm^{-3}，$N(O) = 5.367 \times 10^{23}$ atm·cm^{-3}；质量密度为 $\rho_C = 2.267$ g·cm^{-3}，$\rho_H = 8.998 \times 10^{-5}$ g·cm^{-3}，$\rho_O = 0.001428$ g·cm^{-3}。

思 考 题

1. 试定性讨论 α 粒子穿过吸收体后能谱展宽的原因。

2. 设阻止本领为 S，薄膜厚度为 ΔX。试计算 α 粒子倾斜入射与表面法线交角为 4°、6° 时，能量损失为多少。

实验 5.6　放射性核素半衰期测量

5.6.1　实验目的

1. 掌握中等寿命的放射性核素半衰期(天、时、分、秒数量级)的测定方法;
2. 了解产生人工放射性核素的基本知识;
3. 学会使用多道分析仪的多定标功能。

5.6.2　实验仪器与装置

①虚拟核仿真信号源(NMS-0600-SING);

②通用数据采集器(NMS-0600-S)一台;

③ Am-Be 中子源及石蜡桶。用石蜡桶充分慢化 Am – Be 中子源的中子能量,将被活化样品放在石蜡桶中热中子通量最大的位置,以保证尽可能高的活化样品中活性的产生。

④铟片(或银片)。

⑤活性测量探测器。活化测量装置采用 $\Phi 40 \times 1mm$ 的 NS401 塑料闪烁探测器测量 β 放射性,以保证有尽可能高的活性测量技术率(和 γ 放射性比较,β 放射性有较高的活性测量计数率),1mm 的 NS401 塑料闪烁探测器还有利于降低环境放射性本底。为进一步降低环境放射性本底,闪烁探测器及前级放大器放在壁厚为 4cm 的铅室中。

⑥多道分析器及计算机。多功能分析器具有多次多定标、单次多定标和脉冲幅度分析三种功能,可用于穆斯堡尔谱学测量、寿命测量和脉冲幅度分析。该分析器只响应正幅度脉冲,而闪烁探测器前级放大器输出负幅度脉冲,因此两者之间需要有一倒相器变换脉冲极性。图 5.6 – 1 是实验系统框图。

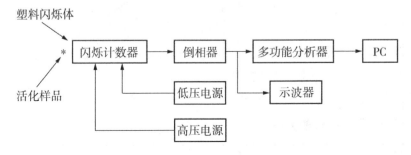

图 5.6 – 1　实验系统框图

5.6.3　实验原理

5.6.3.1　半衰期的测定

半衰期(或衰变常数)是放射性原子核的物理性质之一。每种核素都有它特有的半衰期,因此测定半衰期和测定原子核质量一样,可以用于鉴别原子核态。半衰期对研究放射性原子核有重要意义,由半衰期可以确定跃迁级次或多极性。在生产和应用放射性核素时,也需要了解其半衰期对放射性或衰变的关系,才能恰当掌握照射时间和不失时机地使用放射性核素活性。

不同放射性核素半衰期差别很大(从 10^{-18} s 到 10^{14} 年),不同范围的半衰期测量方法各不相同。毫秒级以下的短半衰期用核电子学的延迟等方法测量,10 年以上的长半衰期用比放射性的方法绝对测量,中等半衰期则通过测量衰变曲线求得。本实验测量 ^{116m}In 和 ^{108}Ag 的半衰期。^{108}Ag 属于中等半衰期的核素。

对单一放射性核素,该放射性原子核数目 $N(t)$、原子核衰变率(即活度)$A(t)$,$A(t) = N(t) * \lambda$,λ 是该原子核的衰变常数。探测器测到的活性计数率 $n(t) = A(t) * \xi$,ξ 为探测的效率常数,它们随时间的变化服从同一指数衰减规律:

$$N(t) = N(0)\mathrm{e}^{-\lambda t}, A(t) = A(0)\mathrm{e}^{-\lambda t}, n(t) = n(0)\mathrm{e}^{-\lambda t} \qquad (5.6-1)$$

$t=0$ 和 $t=t$ 分别表示开始测量时刻和开始测量后的 t 时刻。衰变常数与半衰期 $T_{1/2}$ 的关系为

$$T_{1/2} = \frac{\ln 2}{\lambda} \qquad (5.6-2)$$

由计数率的指数衰变规律可得

$$\ln n(t) = \ln n(0) - \lambda t \qquad (5.6-3)$$

计数率的对数和时间有如图5.6-2的直线关系,用最小二乘法拟合直线可得 λ,再算得 $T_{1/2}$。

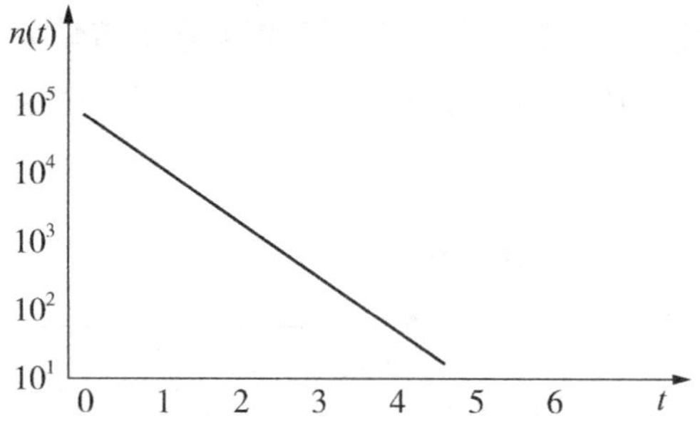

由于实际上不能测到 t 时刻的计数率 $n(t)$,测到的只是某一段时间 $\Delta t = t_2 - t_1$ 的计数 N,再由 $N/\Delta t$ 求得平均计数率 $\bar{n}$。$\bar{n}$ 和 $n(t)$ 的关系为

图 5.6-2　单一放射性核素衰变图

$$\bar{n} = \frac{1}{t_2 - t_1} \int_{t_1}^{t_2} n(t) \mathrm{d}t = \frac{n(0)}{\lambda(t_2 - t_1)}(\mathrm{e}^{-\lambda t_1} - \mathrm{e}^{-\lambda t_2}) \qquad (5.6-4)$$

可将 $\bar{n}$ 看作 t' 时刻的计数率 $n(t')$,即

$$n(0)\,\mathrm{e}^{-\lambda t'} = \bar{n} = \frac{n(0)\,\mathrm{e}^{-\lambda t_1}}{\lambda(t_2 - t_1)}\big[1 - \mathrm{e}^{-\lambda(t_2 - t_1)}\big] \tag{5.6 - 5}$$

可得到 t' 和 t_1、t_2 的关系：

$$t' = t_1 - \frac{1}{\lambda}\ln\frac{\big[1 - \mathrm{e}^{-\lambda(t_2 - t_1)}\big]}{\lambda(t_2 - t_1)} \tag{5.6 - 6}$$

在 $\lambda\Delta t = \lambda(t_2 - t_1) \ll 1$ 的条件下，展开 $\mathrm{e}^{-\lambda\Delta t}$ 可得

$$t' \approx t_1 - \frac{1}{\lambda}\ln\Big[1 - \frac{1}{2}(\lambda\Delta t) + \frac{1}{6}(\lambda\Delta t)^2\Big] \tag{5.6 - 7}$$

进一步展开 $\ln(1 - x)$ 可得

$$t' = \frac{t_1 - t_2}{2} - \frac{1}{24}\lambda(\Delta t)^2 \tag{5.6 - 8}$$

在综合考虑上述简化原理和 Δt 测量时间中计数的统计误差后，选取适当的 Δt，可以用 $\bar{t} = \dfrac{t_2 - t_1}{2}$ 代替 t'。

5.6.3.2　放射性核素的一般知识

将稳定核素 A 放在带电粒子或中子流中辐照，产生核反应 $A + a \longrightarrow B + b$。若剩余核素 B 可能是放射性的，其核素衰变常数是 λ，放射性核素 B 的数目 $N(t)$、活度 $A(t)$ 和测量到的活性计数率 $n(t)$ 三者之间仍然服从成比例关系。在核素 B 辐照前不存在的前提下，它们都按指数上升规律增长

$$N(t) = \frac{\Phi \cdot N_t \cdot (1 - \mathrm{e}^{-\lambda t})}{\lambda}$$

$$A(t) = \Phi \cdot \sigma \cdot N_t(1 - \mathrm{e}^{-\lambda t}) \tag{5.6 - 9}$$

其中 t 是辐照时间，σ 是该反应的反应截面(称活化截面)，N_t 为样品中稳定核素 A 的总数，Φ 是假设为恒定的入射量子通量。(5.6 - 9)式给出放射性核素 B 的数目 $N(t)$、活度 $A(t)$ 在辐照过程中的变化规律。表 5.6 - 1 给出了产生的活度与辐照时间 t 的关系，$A(\infty) = \Phi\sigma N_t$ 为饱和活度。因此，可以根据生产核素的半衰期和辐照条件权衡确定辐照时间。

表 5.6 - 1　A 随 t 的变化关系

$T = n\,T_{1/2}$	$0.5\,T_{1/2}$	$1\,T_{1/2}$	$2\,T_{1/2}$	$3\,T_{1/2}$	$4\,T_{1/2}$	$5\,T_{1/2}$	$6\,T_{1/2}$
$A(t)$	$0.293A(\infty)$	$0.5A(\infty)$	$0.75A(\infty)$	$0.875A(\infty)$	$0.938A(\infty)$	$0.969\,A(\infty)$	$0.985A(\infty)$

本实验用 Am-Be 中子源经石蜡慢化得到热中子，用慢中子活化天然铟（或天然银）产生放射性核素。天然铟的同位素丰度及活化反应有关的数据列于表 5.6 - 2，相应放射性核素衰变纲图见图 5.6 - 3。天然银活化的有关数据和衰变纲图见表 5.6 - 3 和图 5.6 - 4。当被激活样品中存在两种独立的放射性核素时，衰变曲线上的计数率是两种放射性核素的计数率之和：

$$n(t) = n_1(t) + n_2(t) = n_1(0)e^{-\lambda_1 t} + n_2(0)e^{-\lambda_2 t} \qquad (5.6 - 10)$$

表 5.6 - 2　天然铟中子活化的各种参数

同位素丰度	^{113}In　4.28%		^{115}In　95.72%		
活化后剩余核	^{114}In	^{114m}In	^{116}In	^{116m}In	^{116m}In
热中子活化截面	3.9b	4.4b	45b	65b	92b
剩余核半衰期	71.9s	50d	14.2s	54.1min	2.16s

表 5.6 - 3　热中子活化天然银的数据

同位素丰度	^{107}Ag　51.35%	^{109}Ag　48.65%	^{109}Ag　48.65%
余核及半衰期	^{108}Ag　2.4min	^{110}Ag　24.2s	^{110m}Ag　252d
热中子活化截面	37b	89b	4.5b

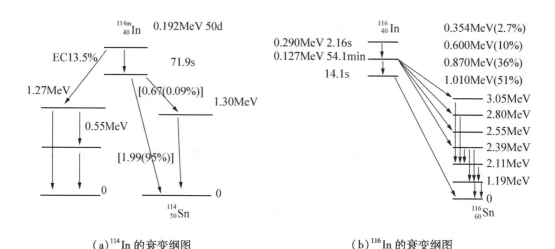

（a）^{114}In 的衰变纲图　　　　　（b）^{116}In 的衰变纲图

图 5.6 - 3

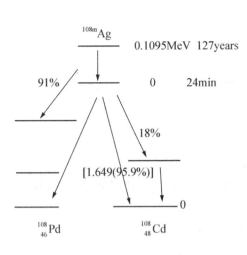

（a）^{108}Ag 的衰变纲图

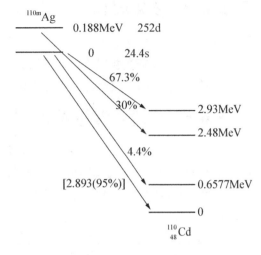

（b）^{118}Ag 的衰变纲图

图 5.6－4

总衰变曲线（图 5.6－5）定出较长半衰期$(T_{1/2})_2$，然后从 $n(t)$ 中扣除 $n_2(t)$，求出 $n_1(t)$，再得到 $(T_{1/2})_1$。铟活化后生成五种放射性核素和同质异能素。由于同质异能素^{116m}In 的半衰期和其他四种相差 1 ～2 个数量级以上，适当选择活化辐照时间和"冷却时间"（即从停止辐照到开始测量活性的时间），可以使其他四种放射性对^{116m}In 半衰期测量影响很小，故而可以用单一放射性半衰期的规律处理。

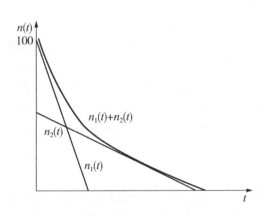

图 5.6－5　两个独立放射性核素混合衰变曲线

5.6.3.3　多道分析器（MCA）的多定标功能

多道分析器（MCA）可用于脉冲幅度分析（PHA），还可以用于多定标（MCS）。前者图谱的道址 x 轴表示确定的脉冲幅度段间隔 $V_i - V_i + \Delta V$，后者则表示确定的时间段间隔 $t_i - t_i + \Delta t$，图谱的 y 轴值都表示相应的脉冲计数。显然，多定标状态下的道相当于一个定标器，整个记录谱反映了一条随时间准连续变化的计数变化曲线；每道时间间隔 Δt 可以在很大范围内由 MCA 的内部设置选择设定。

5.6.4 实验内容

（1）测量^{116}In 的半衰期；

（2）记录^{116}In 衰变曲线多定标谱图；

（3）用图解法和加权最小二乘法求出半衰期和误差。

5.6.5 实验步骤与要求

（1）打开实验软件，选定"放射性核素半衰期测量"实验。

（2）根据 $\lambda \Delta t \ll 1$（已知^{116}In 的半衰期是 54.1min）的原则，以及时间道宽 Δt 内计数的统计误差（与活化片的活化相关）要求，选取多定标的每道时间道宽为 20s，总测量时间为 7200s。

（3）衰变曲线的测量：先测 10min 以上的本底，然后放入活化铟片，测量放射性衰变曲线约一个半衰期。最后取出活化铟片，再测 10min 以上的本底。

（4）记录衰变曲线多定标谱图以供用图解法和加权最小二乘法求出半衰期和误差。

①检查记录的多定标谱中是否有明显的外界干扰造成的不合理的过高计数，若有将其删除，并在报告中注明。注意只删除计数，而不能取消时间，否则会产生拟合错误。

②由前后两个本底段计算出平均本底计数率，在衰变曲线中扣除本底后，得到活性净计数衰变曲线，以供求出半衰期及其误差 $T_{1/2} + \Delta T_{1/2}$。

③用图解法和最小二乘法程序拟合两种方法求出半衰期及其误差 $T_{1/2} + \Delta T_{1/2}$。

思 考 题

1. 用表 5.6 – 2 中给出的数据，取活化辐照时间为 3 个^{116}In 半衰期，冷却时间为 10min，共测量 2 个^{116}In 半衰期的情况下，计算出铟片中其他四种半衰期活性与^{116}In 活性的比例，以说明用单一半衰期处理^{116m}In 半衰期的可靠性。

2. 结合本实验的具体装置和安排说明本实验采取了哪些具体措施来降低统计误差以提高测量精度，采取了哪些措施使本底统计误差的影响可以忽略。

附　录

附录1　中华人民共和国法定计量单位

表1-1　国际单位制的基本单位

量的名称	单位名称	单位符号
长度	米	m
质量	千克	kg
时间	秒	s
热力学温标	开[尔文]	K
电流	安[培]	A
物质的量	摩[尔]	mol
发光强度	坎[德拉]	cd

表1-2　国际单位制的辅助单位

量的名称	单位名称	单位符号
平面角	弧度	rad
立体角	球面度	sr

表1-3　国际单位制中具有专门名称的导出单位

量的名称	单位名称	单位符号		换算因数和备注
频率	赫[兹]	Hz	s^{-1}	1 达因 $= 10^{-5} N$
力、压力、重力	牛[顿]	N	$kg \cdot m/s^2$	1 尔格 $= 10^{-7} J$
压强、应力	帕[斯卡]	Pa	N/m^2	1 尔格/秒 $= 10^{-7} W$
能量、功、热	焦[耳]	J	$N \cdot m$	1 静电库仑 $= 10^{-9}/2.988 C$
功率、辐射通量	瓦[特]	W	J/s	1 静电伏特 $= 2.993 \times 10^{-2} V$
电荷量	库[仑]	C	$A \cdot s$	1 高斯 $= 10^{-4} T$
电位、电压、电动势	伏[特]	V	W/A	
电容	法[拉]	F	C/V	
电阻	欧[姆]	Ω	V/A	

（续表 1 - 3）

量的名称	单位名称	单位符号		换算因数和备注
电导	西［门子］	S	A/V	
磁通量	韦［伯］	Wb	V·s	
磁通量密度、磁感应强度	特［斯拉］	T	Wb/m^2	
电感	亨［利］	H	W/A	
摄氏温度	摄氏度	℃		
光通量	流［明］	lm	cd·sr	
光照度	勒［克斯］	lx	1m/m^2	
放射性活度	贝可［勒尔］	Bq	s^{-1}	
吸收剂量	戈［瑞］	Gy	J/kg	
剂量当量	希［沃特］	Sv	J/kg	

表 1 - 4 基本物理常量

量的名称	符号	数值	单位
真空中光速	c	2.99792458×10^8	m·s^{-1}
磁常量	μ_0	$4\pi \times 10^{-7} = 12.566370614\cdots \times 10^{-7}$	N·A^{-2}
电常量	ε_0	$8.854817871\cdots \times 10^{-12}$	F·m^{-1}
牛顿引力常量	G	$6.673(10) \times 10^{-11}$	m^3·kg^{-1}·s^{-2}
普朗克常量	h	$6.62606876(52) \times 10^{-34}$	Js
$h/2\pi$	$\hbar$	$1.054571596(82) \times 10^{-34}$	Js
基本电荷	e	$1.602176462(63) \times^{-19}$	C
磁通量子 $h/2e$	φ_0	$2.067833636(81) \times 10^{-15}$	Wb
电导量子 $2e^2/h$	G_0	$7.748091696(28) \times 10^{-5}$	S
电子质量	m_e	$9.10938188(72) \times 10^{-31}$	kg
质子质量	m_p	$1.67262158(13) \times 10^{-27}$	kg
质子 - 电子质量比	m_p/m_e	$1836.1526675(39)$	
精细结构常量	α	$7.297352533(27) \times 10^{-3}$	
精细结构常量倒数	α^{-1}	$137.03599976(50)$	
里德伯常量	R_∞	$10973731.568549(83)$	m^{-1}
阿伏伽德罗常量	N_A	$6.02214199(47) \times 10^{23}$	mol^{-1}
磁致常量 $N_A e$	F	$96485.3415(39)$	C·mol^{-1}

（续表 1 - 4）

量的名称	符号	数值	单位
摩尔气体常量	R	8. 314472(15)	$J \cdot mol^{-1} \cdot K^{-1}$
玻尔兹曼常量 R/N_A	k	1. 3806503(24) $\times 10^{-23}$	$J \cdot K^{-1}$
斯特藩 - 玻尔兹曼常量	σ	5. 670400(40) $\times 10^{-8}$	$W \cdot m^{-2} \cdot K^{-4}$
电子伏特：$(e/C)J$	eV	1. 602176462(63) $\times 10^{-19}$	J
（统一的）原子质量单位 $1u = m_u = \frac{1}{12}m(^{12}C)$ $= 10^{-3} kg \cdot mol^{-1}/N_A$	u	1. 66053873(13) $\times 10^{-27}$	kg

附录 2　在标准大气压下不同温度的水的密度

表 1 - 5　在标准大气压下不同温度的水的密度

温度 t (℃)	密度 ρ (g/mL)	温度 t (℃)	密度 ρ (g/mL)	温度 t (℃)	密度 ρ (g/mL)
0	0. 99984	17	0. 99877	34	0. 99437
1	0. 99990	18	0. 99860	35	0. 99403
2	0. 99994	19	0. 99841	36	0. 99369
3	0. 99996	20	0. 998203	37	0. 99333
4	0. 99997	21	0. 99799	38	0. 99297
5	0. 999965	22	0. 99777	39	0. 99259
6	0. 99994	23	0. 997638	40	0. 99222
7	0. 999902	24	0. 99730	41	0. 99183
8	0. 99985	25	0. 997044	42	0. 99144
9	0. 99978	26	0. 99678	50	0. 98804
10	0. 999700	27	0. 996512	60	0. 98320
11	0. 996605	28	0. 99623	70	0. 97777
12	0. 99950	29	0. 99594	80	0. 97179
13	0. 999277	30	0. 995646	90	0. 96531
14	0. 99924	31	0. 99534	100	0. 95835
15	0. 999099	32	0. 99503		
16	0. 99894	33	0. 99470		

附录3　在20℃时常用固体和液体的密度

表1-6　在20℃时常用固体和液体的密度

物质	密度 ρ (kg/m^3)	物质	密度 ρ (kg/m^3)
铝	2 698.9	石英	2 500～2 800
铜	8 960	水晶玻璃	2 900～3 000
铁	7 874	冰(0℃)	880～920
银	10 500	乙醇	789.4
金	19 320	乙醚	714
钨	19 300	汽车用汽油	710～720
铂	21 450	弗利昂-12(氟氯烷-12)	1 329
铅	11 350		
锡	7 298	变压器油	840～890
水银	13 546.2	甘油	1 260
钢	7 600～7 900		

附录4　液体的比热容

表1-7　液体的比热容

液体	比热容(kJ·kg^{-1}·K^{-1})	物质	比热容(kJ·kg^{-1}·K^{-1})
丙酮	2.20	甲醇	2.50
苯	2.05	橄榄油	1.65
二硫化碳	1.00	硫酸	1.38
四氯化碳	0.85	甲苯	1.70
蓖麻油	1.80	变压器油	1.92
乙醇	2.43	水	4.19
甘油	2.40	乙醚	2.35
润滑油	1.87	溴	0.53
汞	0.14		

表 1-8　固体的比热容

固体	比热容($J \cdot kg^{-1} \cdot K^{-1}$)	固体	比热容($J \cdot kg^{-1} \cdot K^{-1}$)
铝	908	铁	460
黄铜	389	钢	450
铜	385	玻璃	670
康铜	420	冰	2 090

附录 5　一些材料的弹性模量

表 1-9　一些材料的弹性模量

金属	杨氏模量 Y	
	（GPa）	（千克力/mm^2）
铝	69～70	7 000～7 100
钨	407	41 500
铁	186～206	19 000～21 000
铜	103～127	10 500～13 000
金	77	7 900
银	69～80	7 000～8 200
锌	78	8 000
镍	203	20 500
铬	235～245	24 000～25 000
合金钢	206～216	21 000～22 000
碳钢	196～206	20 000～21 000
康铜	160	16 300

附录6 部分电介质的相对介电常数

表1-10 部分电介质的相对介电常数

电介质	相对介电常数	电介质	相对介电常数
水蒸气	1.00785	固体氨	4.01
气态溴	1.0128	固体醋酸	4.1
氦	1.000074	石腊	2.0～2.1
氢	1.00026	聚苯乙烯	2.4～2.6
氧	1.00051	无线电瓷	6～6.5
氮	1.00058	超高频瓷	7～8.5
氩	1.00056	二氧化钡	106
气态汞	1.00074	橡胶	2～3
空气	1.000585	硬橡胶	4.3
硫化氢	1.004	纸	2.5
真空	1	干砂	2.5
乙醚	4.335	15%水湿砂	约9
液态二氧化碳	1.585	木头	2～8
甲醇	33.7	琥珀	2.8
乙醇	25.7	冰	2.8
水	81.5	虫胶	3～4
液态氨	16.2	赛璐璐	3.3
液态氦	1.058	玻璃	4～11
液态氢	1.22	黄磷	4.1
液态氧	1.465	硫	4.2
液态氮	2.28	碳(金刚石)	5.5～16.5
液态氯	1.9	云母	6～8
煤油	2～4	花岗石	7～9
松节油	2.2	大理石	8.3
苯	2.283	食盐	6.2
油漆	3.5	氧化铍	7.5
甘油	45.8		

附录7　一些固体物质的导热系数

表 1 - 11　一些固体物质的导热系数

物质	温度(K)	$\lambda[10^2 W/(m \cdot K)]$	物质	温度(K)	$\lambda[10^2 W/(m \cdot K)]$
银	273	4.18	康铜	273	0.22
铝	273	2.38	不锈钢	273	0.14
金	273	3.11	镍铬合金	273	0.11
铜	273	4.0	软木	273	0.3×10^{-3}
铁	273	0.82	橡胶	298	1.6×10^{-3}
黄铜	273	1.2	玻璃纤维	323	0.4×10^{-3}

附录8　常温下某些物质相对于空气的光折射率

表 1 - 12　常温下某些物质相对于空气的光折射率

物质	H_α 线(656.3 nm)	D 线(589.3 nm)	H_β 线(486.1 nm)
水(18℃)	1.3314	1.3332	1.3373
乙醇(18℃)	1.3609	1.3625	1.3665
二硫化碳(18℃)	1.6199	1.6291	1.6541
冕玻璃(轻)	1.5127	1.5153	1.5214
冕玻璃(重)	1.6126	1.6152	1.6213
燧石玻璃(轻)	1.6038	1.6085	1.6200
燧石玻璃(重)	1.7434	1.7515	1.7723
方解石(寻常光)	1.6545	1.6585	1.6679
方解石(非常光)	1.4846	1.4864	1.4908
水晶(寻常光)	1.5418	1.5442	1.5496
水晶(非常光)	1.5509	1.5533	1.5589

附录9 常用光源的谱线波长 λ

表1-13 常用光源的谱线波长 λ （单位：nm）

1. H(氢)	447. 15 蓝	589. 592(D$_1$) 黄
656. 28 红	402. 62 蓝紫	588. 995(D$_2$) 黄
486. 13 绿蓝	388. 87 蓝紫	5. Hg(汞)
434. 05 蓝	3. Ne(氖)	623. 44 橙
410. 17 蓝紫	650. 65 红	579. 07 黄
397. 01 蓝紫	640. 23 橙	576. 96 黄
2. He(氦)	638. 30 橙	546. 07 绿
706. 52 红	626. 25 橙	491. 60 绿蓝
667. 82 红	621. 73 橙	435. 83 蓝紫
587. 56(D$_3$) 黄	614. 31 橙	407. 78 蓝紫
501. 57 绿	588. 19 黄	404. 66 紫
492. 19 绿蓝	585. 25 黄	6. He-Ne 激光
471. 31 蓝	4. Na(钠)	632. 8 红

参 考 文 献

[1] 陈明东．大学物理实验[M]．广州：华南理工大学出版社,2019.

[2] 史金辉,邢键,张晓峻,等．大学物理实验双语教程[M]．哈尔滨：哈尔滨工程大学出版社,2014.

[3] 黄志高．新编大学物理实验[M]．北京：科学出版社,2011.

[4] 周晓明,於黄忠,贝承训,等．大学物理实验[M]．广州：华南理工大学出版社, 2012.

[5] 黄志高,等．新编大学物理实验[M]．北京：科学出版社,2012.

[6] 周殿清,等．基础物理实验[M]．北京：科学出版社,2009.

[7] 吴建宝,张朝民,刘烈,等．大学物理实验教程[M]．北京：清华大学出版社,2013.

[8] 赵敏福,等．大学物理实验[M]．合肥：中国科学技术大学出版社,2015.

[9] 周殿清．大学物理实验[M]．武汉：武汉大学出版社,2002:59-61.

[10] 南京大学．大学物理实验(二)[M]．南京：南京大学出版社,1996:64-67.

[11] 吕秋捷,陈因,陆申龙．第三届亚洲物理奥林匹克竞赛力学实验试题解答[J]．物理实验. 2002,22:34-37.

[12] 谭毅．夫琅和费单缝衍射实验的仿真研究[J]．物理通报.2011(6):53-56.

[13] 冯小琴,宋文爱,马锦红．光弹性技术测试应力[J]．电子测试.2009,2:6-8.

[14] 彭金松,彭金庆,廖杰,等．薄透镜焦距的测量研究[J]．河池学院学报.2016,36(2): 106-110.

[15] 郑庆华,王忠全．迈克尔逊干涉仪实验的物理思想[J]．淮南师范学院学报.2012,14(5): 109-111.

[16] 杨晓梅．白光再现激光全息照相的实验研究[J]．大学物理实验.2008,21(4):14-16.

[17] 龚勇清,何兴道．激光全息与应用光电技术[M]．北京：高等教育出版社,2019.

[18] 易明,等．几种位相光栅的移频效应[J]．南京大学学报,1984,(4).

[19] 是度芳,贺渝龙．基础物理实验[M]．武汉：湖北科学技术出版社,2003.

[20] 刘东华,于勉,王艳文．物理学实验教程[M]．第2版．北京：机械工业出版社,2012.

[21] 孟令芝,龚淑玲,何永炳．有机波谱分析[M]．武汉：武汉大学出版社,2009.